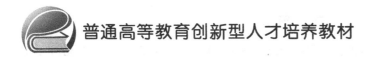

普通高等教育创新型人才培养教材

水处理中的高级氧化技术

韩卫清　魏卡佳　王祎　刘思琪　编著

北京航空航天大学出版社

内 容 简 介

本书以编者团队的研究工作为核心,在总结归纳前人研究成果的基础上,详细讲解了臭氧氧化、芬顿氧化、电化学氧化、光化学氧化、湿式氧化等高级氧化技术,并重点阐述了降解机理及实际工程应用案例。本书以水处理为主线,通过对不同高级氧化技术的概述、催化机理的描述以及实际工程案例的讲解,详细地叙述了水处理中高级氧化的相关技术与知识。

本书内容全面,实用性强,适合从事环境工程领域研究的企事业单位科研人员阅读,也可作为高等院校相关专业的教材用书。

图书在版编目(CIP)数据

水处理中的高级氧化技术 / 韩卫清等编著. －－北京：北京航空航天大学出版社,2023.8

ISBN 978 - 7 - 5124 - 4109 - 5

Ⅰ. ①水⋯ Ⅱ. ①韩⋯ Ⅲ. ①水处理—氧化—技术 Ⅳ. ①TU991.2

中国国家版本馆 CIP 数据核字(2023)第 101415 号

版权所有,侵权必究。

水处理中的高级氧化技术

韩卫清　魏卡佳　王祎　刘思琪　编著
策划编辑　董 瑞　　责任编辑　王 瑛　刘桂艳

＊

北京航空航天大学出版社出版发行

北京市海淀区学院路 37 号(邮编 100191)　http://www.buaapress.com.cn
发行部电话:(010)82317024　传真:(010)82328026
读者信箱: goodtextbook@126.com　邮购电话:(010)82316936
北京凌奇印刷有限责任公司印装　各地书店经销

＊

开本:787×1 092　1/16　印张:12　字数:315 千字
2023 年 8 月第 1 版　　2023 年 8 月第 1 次印刷　印数:1 000 册
ISBN 978 - 7 - 5124 - 4109 - 5　定价:49.00 元

若本书有倒页、脱页、缺页等印装质量问题,请与本社发行部联系调换。联系电话:(010)82317024

前　言

随着我国国民经济的快速发展,高浓度的有机废水对我国宝贵的水资源造成了威胁。目前,治理高浓度难降解有机废水的方法主要有氧化法、物化法和生物法等,然而对可生化性差、相对分子质量较大的物质处理起来较困难,而高级氧化法(Advanced Oxidation Process, AOPs)以产生具有强氧化能力的自由基(如羟基自由基、超氧阴离子自由基、过氧自由基等)为特点,在高温高压、电、光辐照、催化剂等反应条件下,使大分子难降解有机物氧化成低毒或无毒的小分子物质。根据产生自由基的方式和反应条件的不同,高级氧化法可分为臭氧氧化、芬顿氧化、电化学氧化、光化学氧化和湿式氧化等,在处理高浓度难降解有机废水方面具有独特的优势和巨大的应用潜力。

在国家自然科学基金面上项目"微孔钛基嵌入二氧化铅管式膜电极降解含氮杂环物质机理研究"(项目编号:51578287)"电化学催化-Fenton耦合技术深度处理化工尾水协同反应机制解析与调控策略研究"(项目编号:52070098)和国家自然科学基金青年科学基金项目"二维金属-非金属复合箔催化臭氧氧化构效关系研究与动态反应体系构建"(项目编号:5200100074)的支持下,编者所带领的团队在难降解废水处理领域开展了探索研究工作,研发了大量的环境催化新材料和新型高级氧化反应器,主要包括电化学催化-芬顿催化氧化技术及装备、臭氧催化氧化技术及装备、光电催化氧化材料及装备、AC/Fe类芬顿催化氧化新材料等,以这些研究工作为核心,在总结归纳前人的研究成果的基础上编成此书。

本书共7章。第1章介绍难降解废水及目前应用在难降解废水中的高级氧化技术(AOPs);第2章介绍臭氧高级氧化技术的基本原理、研究现状、相关的技术和反应器装置,以及臭氧技术实际运用时的工程案例;第3章介绍芬顿高级氧化技术的基本原理、研究现状、目前应用的反应器以及工程实例,其中着重对非均相芬顿催化材料的研究现状进行介绍;第4章介绍电化学高级氧化技术的基本原理、研究现状、在水处理中运用的工程实例,主要包括电极阳极氧化材料和电化学反应器以及电芬顿技术中的阴极材料和反应器;第5章介绍光化学高级氧化技术的基本原理、光催化剂和反应器、相关特征污染物光催化降解的机理,以及在实际废水中的工程应用;第6章介绍湿式氧化及其衍生技术的基本原理、湿式氧化催化剂和反应器及应用的工程实例,并对湿式氧化污染物降解路径进行研究介绍;第7章介绍相关难降解特征污染物的分类以及降解技术。

本书以南京理工大学韩卫清、魏卡佳教授团队的研究成果为主要内容。特别感谢南京理工大学各级领导和同事的帮助与支持,感谢团队所有成员的辛勤努力与付出。本书第1章绪论由课题组博士耿志琴编写,博士李维修改;第2章臭氧高级氧化技术由课题组硕士王陆、刘启擎、段雪影编写,由博士刘润修改;第3章芬顿高级氧化技术由课题组硕士张杰、黄芳、虞佳添、杨旺龙编写,由博士施凯强修改;第4章电化学高级氧化技术由课题组硕士陈思儒、于酉宁、李仁萍编写,由博士殷许修改;第5章光化学高级氧化技术由课题组硕士朱晶晶、朱全琪、赖骁威编写,由博士高志锋修改;第6章湿式氧化技术由课题组硕士周子杰、郑钜泰、侯旭丹编写,由博士朱洪威修改;第 7 章特征污染物的转化由课题组博士顾连凯编写。全书由韩卫清教授、魏卡佳副教授统稿,由王祎博士和刘思琪博士后修订。本书是集体智慧和辛勤劳动的结晶,佰此出版之际,我们向为本书出版作出贡献的所有同志表示最诚挚的谢意!在编写本书的过程中,引用了一些参考文献的图、表、数据等,在此向相关作者表示感谢。

由于编者水平有限,尤其是对一些探索性的问题研究还不够深入、系统,因此本书难免存在疏漏之处,敬请广大读者批评指正。

编 者

2022 年 8 月于南京

目 录

第1章 绪 论 ... 1
1.1 难降解废水的定义 ... 1
1.2 难降解废水的高级氧化技术 ... 5
1.2.1 芬顿反应 ... 6
1.2.2 臭氧氧化法 ... 6
1.2.3 电化学氧化法 ... 7
1.2.4 光化学氧化法 ... 8
1.2.5 湿式氧化法 ... 9
参考文献 ... 10

第2章 臭氧高级氧化技术 ... 11
2.1 概 述 ... 11
2.1.1 臭氧基本性质 ... 11
2.1.2 臭氧氧化反应机制 ... 12
2.1.3 臭氧氧化技术现状 ... 16
2.2 臭氧相关技术 ... 16
2.2.1 O_3/H_2O_2 组合工艺 ... 16
2.2.2 O_3/UV 组合工艺 ... 17
2.2.3 $O_3/$膜组合工艺 ... 18
2.2.4 催化臭氧氧化工艺 ... 19
2.3 臭氧相关技术反应器 ... 35
2.3.1 臭氧反应器概述 ... 35
2.3.2 催化臭氧反应器 ... 36
2.3.3 O_3/H_2O_2 反应器 ... 37
2.3.4 O_3/UV 反应器 ... 37
2.3.5 $O_3/membrane$ 反应器 ... 38
2.3.6 $O_3/$生物法反应器 ... 38
2.4 工程案例 ... 39
2.4.1 石化废水 ... 39
2.4.2 染料废水 ... 39
2.4.3 医药废水 ... 39
2.4.4 畜禽养殖废水 ... 40
2.4.5 糖精钠废水工程应用 ... 41
2.4.6 污水处理厂脱色工程应用 ... 41
参考文献 ... 42

第3章 芬顿高级氧化技术 ... 45

3.1 概述 ... 45
3.1.1 发展现状 ... 45
3.1.2 基本原理 ... 46
3.1.3 类芬顿氧化技术 ... 46

3.2 芬顿氧化催化剂 ... 48
3.2.1 均相芬顿反应 ... 48
3.2.2 非均相芬顿催化剂分类 ... 49
3.2.3 载体种类 ... 55

3.3 芬顿氧化反应器的应用 ... 60
3.3.1 固定床反应器 ... 60
3.3.2 流化床反应器 ... 62
3.3.3 膜芬顿反应器 ... 65
3.3.4 气泡反应器 ... 68

3.4 工程案例 ... 71
3.4.1 芬顿+A2/O联合工艺处理呋喃树脂生产废水工程实例 ... 71
3.4.2 芬顿氧化+SBR工艺处理家具喷漆废水的实例 ... 72
3.4.3 处理高盐分、高浓度和高氨氮农药生产废水 ... 74

参考文献 ... 76

第4章 电化学高级氧化技术 ... 81

4.1 引言 ... 81
4.1.1 电化学氧化法的基本原理 ... 81
4.1.2 电化学氧化水处理技术研究进展 ... 86
4.1.3 电化学氧化技术在水处理中的应用 ... 86

4.2 电化学阳极氧化技术 ... 87
4.2.1 电化学阳极氧化材料 ... 87
4.2.2 电化学反应器 ... 92

4.3 电芬顿氧化 ... 98
4.3.1 阴极材料 ... 98
4.3.2 电芬顿反应器 ... 102

4.4 工程案例 ... 104
4.4.1 江苏中渊嘧啶废水处理改造工程 ... 105
4.4.2 江苏激素研究所有限公司末端尾水总氮提标处理 ... 108
4.4.3 山东海邦制药有限公司废水处理设施提升改造方案 ... 110
4.4.4 内蒙古莱科作物保护有限公司废水处理改造方案 ... 112

4.5 总结与展望 ... 114

参考文献 ... 114

第5章 光化学高级氧化技术 ... 118

5.1 概述 ... 118

5.1.1　光激发氧化法 ……………………………………………………………… 118
　　5.1.2　光催化氧化法 ……………………………………………………………… 121
　5.2　光催化剂 …………………………………………………………………………… 123
　　5.2.1　光催化剂的制备及改性 ……………………………………………………… 123
　　5.2.2　新型光催化材料 ……………………………………………………………… 128
　5.3　反应器 ……………………………………………………………………………… 130
　　5.3.1　光化学氧化反应器 …………………………………………………………… 130
　　5.3.2　光催化氧化反应器 …………………………………………………………… 133
　5.4　特征污染物降解机理 ……………………………………………………………… 137
　　5.4.1　二甲硝唑 ……………………………………………………………………… 137
　　5.4.2　马拉硫磷 ……………………………………………………………………… 138
　　5.4.3　二嗪磷 ………………………………………………………………………… 139
　　5.4.4　亚硝基二苯胺 ………………………………………………………………… 140
　5.5　光催化实际废水应用 ……………………………………………………………… 141
　　5.5.1　造纸厂废水应用 ……………………………………………………………… 141
　　5.5.2　纺织废水应用 ………………………………………………………………… 141
　参考文献 ………………………………………………………………………………… 142

第6章　湿式氧化技术 …………………………………………………………………… 145

　6.1　湿式氧化技术及其衍生技术概述 ………………………………………………… 145
　　6.1.1　简　介 ………………………………………………………………………… 145
　　6.1.2　反应机理 ……………………………………………………………………… 146
　　6.1.3　工艺流程和特点 ……………………………………………………………… 146
　6.2　湿式氧化催化剂 …………………………………………………………………… 147
　　6.2.1　湿式氧化催化剂简介 ………………………………………………………… 147
　　6.2.2　催化剂制备 …………………………………………………………………… 147
　　6.2.3　非均相催化剂种类及载体 …………………………………………………… 150
　6.3　湿式氧化反应器 …………………………………………………………………… 153
　　6.3.1　湿式氧化反应器的分类和结构组成 ………………………………………… 153
　　6.3.2　反应器的设计与优化 ………………………………………………………… 153
　　6.3.3　湿式氧化技术相关工艺 ……………………………………………………… 155
　6.4　湿式氧化污染物降解 ……………………………………………………………… 157
　6.5　湿式氧化技术应用案例 …………………………………………………………… 158
　　6.5.1　裂解装置废碱液湿式氧化处理技术的工业应用 …………………………… 158
　　6.5.2　碱渣缓和湿式氧化＋SBR处理技术工业应用 ……………………………… 159
　　6.5.3　湿式氧化工艺处理丙烷脱氢装置含硫废碱液的工业应用 ………………… 160
　参考文献 ………………………………………………………………………………… 165

第7章　特征污染物的转化 ……………………………………………………………… 167

　7.1　引　言 ……………………………………………………………………………… 167
　7.2　特征污染物的分类 ………………………………………………………………… 167

7.3 特征污染物的降解 …………………………………………………………… 167
   7.3.1 苯及其衍生物 ……………………………………………………… 167
   7.3.2 含氮杂环及其衍生物 ……………………………………………… 173
   7.3.3 含氧杂环及其衍生物 ……………………………………………… 179
   7.3.4 含硫杂环及其衍生物 ……………………………………………… 180
参考文献 …………………………………………………………………………… 180

第1章 绪 论

1.1 难降解废水的定义

水资源作为重要的自然资源与经济资源，一直以来都是经济发展的制约因素，水资源的重要性不言而喻。目前全球水资源总量约为13.86亿立方千米，其中咸水占比为97.47%，淡水占比为2.53%，其中70%以上被冻结在南极和北极的冰盖中，加上难以利用的高山冰川和永冻积雪，有86%的淡水资源难以利用。尽管水资源是可再生资源，但受世界人口增长、人类对自然资源的过度开发、基础设施建设投入不足等因素影响，水资源供应可能会成为制约经济和社会发展的重要因素。

在全球人口增长和经济发展的背景下，自然水资源的需求日益增加。自然水资源的供应则由于污染、地下水的下沉以及气候变化等因素使人类可利用的自然水资源量正在萎缩。尽管全球海水资源极其丰富，但目前海水淡化成本较高且技术也不够成熟，尚未形成规模化生产。在当前的技术条件下，人类真正能够利用的淡水资源是江河湖泊和地下水中的一部分，仅占地球总水量的0.26%。目前，全世界有1/6的人口、约10亿多人缺水。专家估计，到2025年世界缺水人口将超过25亿。

我国的淡水资源总量为2.8万亿m^3，水资源总量占全球的6%，居世界第六位。但我国水资源的人均占有量较低，仅为2 240 m^3，约为世界人均的1/4，在世界银行连续统计的153个国家中居第88位。再加上水资源地区分布和年内年际分配的不均衡，我国的水资源缺乏情况较为普遍。

与之相对，中国是世界上用水量最大的国家，仅2002年，全国淡水取用量就达到5 497亿m^3，大约占世界年取用量的13%，是美国1995年淡水供应量4 700亿m^3的1.2倍。用水量的不断增长导致供求危机，日趋严重的水污染不仅降低了水体的使用功能，也进一步加剧了水资源短缺的矛盾，形成了很多水质性缺水城市。

我国水资源问题除水资源分布不均、水资源总量丰富但人均占有量低外，还有水资源污染严重的问题。通过对水资源公报中水资源质量的分析可知，我国地表水资源约1/5存在水质污染，大部分地表水资源水体富营养化严重。我国水质污染主要原因是废污水排放，从而影响水资源质量。我国废污水排放主要来源于农业灌溉排水、生活及工业废水。农业灌溉排水中有大量的药物残留，排出后流入自然水体或下渗补充地下水，这些都导致水资源受到污染；工业废水难以处理，不符合排放标准的工业废水一经排放，水体很难净化处理。

近些年来，我国工业和经济发展迅速，但伴随着工业经济的发展，不可避免地也带来了环境问题的加剧，其中尤其是水环境的影响。根据《中国环境状况总报》显示，中国作为水资源大国，2011—2015年的排水总量同比增长1.54%～3.88%，至2015年废水排放总量达到了735.3亿吨，其中工农业废水占比27.1%，总量为199.5亿吨。因此，我国仍面临着严峻的水环境污染挑战。化工行业作为工业经济中一个较强的支柱，虽然为社会创造了巨额的财富，但在化学品的生产过程中，一般都伴随着残留化学产品和副产品的扩散影响，对于环境而言是巨大的威胁。

我国工业废水排放主要集中在石化、煤炭、造纸、冶金、纺织、制药、食品等行业。其中，造纸和纸制品行业废水排放量占工业废水总排放量的16.4%，化学原料和化学制品制造业排放量占总排放量的15.8%，煤炭开采和洗选业排放量占总排放量的8.7%。我国政府一直非常重视工业废水的治理技术研发与应用，自20世纪70年代起，国家就集中科研院所、大学等优势力量，投入大量人力、物力、财力，开展工业废水处理技术研究，着力解决一批占国民经济比重较大的工业废水处理技术难题。

为加大工业废水的处理力度，保护生态环境，国家实施相关政策，将工业企业逐步迁入废水处理设施较为完善的工业园区，以实现工业废水集中收集、统一处理。根据生态环境状况公报数据，2018年，全国97.8%的省级及以上工业集聚区建成了污水集中处理设施并安装自动在线监控装置。

在政府与企业的共同努力下，采取了包括革新生产技术、淘汰落后产能、注重废水再生利用、降低单位产品水耗等一系列措施，使我国工业废水排放量自2011年开始逐年下降。根据《中国环境统计年鉴》数据，2009年我国工业废水排放量为234.4亿m^3，占全国废水排放总量的40%；2010年我国工业废水排放量237.5亿m^3；之后工业废水排放量进入下降期，2015年工业废水排放量为199.5亿m^3，而2017年下降到了181.6亿m^3，占全国废水排放总量的23.55%。随着《中国制造2025》战略的深入推进，我国工业生产技术不断更新，满足人们物质文化需求的工业品不仅门类多，产量巨大，而且由此产生的工业废水也具有新的特征，水中污染物种类增多、特性各异、处理难度增大，排入环境后造成的危害和持久性增加。

工业废水污染治理的一个突出难题是如何有效处置难降解废水。难降解废水是指含有高浓度难以被生物降解的有机物的废水。这些废水中含有的难降解和有毒有机物，包括苯、醛、酚、芳烃和杂环化合物，这些污染物的共同特点是：

① 毒性大，成分复杂，化学耗氧量高，难以被一般微生物降解。

② 结构稳定，在自然环境中极难降解，因此可在生态环境中长期滞留和积累，并在全球范围内长距离迁移。

③ 具有高的生物毒性或环境危害性，如多环芳烃和杂环有机物等对生物体具有致癌、致畸、致突变作用；抗生素类污染物会引起环境菌群抗药性，而环境激素污染物对生物体存在生殖、发育毒性等。

难降解有机废水来源广泛，包括工业的各项生产活动如印染、制药、焦化、石油化工等，我们生活中如抗生素、个人护理品等的使用等，也会释放难降解有机污染物到环境中。这些难降解污染物主要包括一些有毒有害物质如多环芳烃、杂环有机物、有机氯化合物、合成农药、合成染料和多氯联苯等，以及一些新型污染物如药物、个人护理品和内分泌干扰物等。我国每年工业废水量超过180亿吨，其中含有的各种难降解高毒害有机污染物对我国污水治理能力提出了严峻的考验，由于这部分污染物的结构稳定和生物毒性高，传统生物方法处理难降解有机废水存在效率低的问题，因此急需开发高效的针对难降解有机废水的处理技术。

中国的难降解有机污水一般来源于印染、石化和焦化废水。目前，中国印刷、制药、化工等难降解有机污水的排放量都很大，2007年，年排放量超过100亿吨，占总体的30%以上，并以2.2%的速度在增加。

① 印染废水。纺织印染从古到今一直是我国的优势领域，其工业总产值占全国很大比重，是我国的支柱产业之一。其所带来的水污染问题也同样名列各行业前列。据国家环保部

门统计,我国印刷和染色废水总排放量居世界第 5 位,而其污染物排放量(以 COD 计)刚刚上升为第 2 位。由印染过程可知,污染物主要有两个来源:一是来源于纺织所用的各种纤维原料及其本身的夹带物,有棉花、羊毛、蚕丝和麻等天然纤维,另外还有人造纤维和合成纤维;二是来源于各个生产工序中所用的浆料(如典型难降解 PVA 浆料)、染料和化学助剂(如柔软剂、均染剂)等。而目前随着染整技术的提高,新型助剂的普遍使用,更加大了现代纺织废水的处理难度。

② 石化废水。石化废水难降解污染物主要来源于石油的冶炼工业和以石油为原料生产乙烯、丙烯等化工合成行业。其 COD 一般为 2 500~15 000 mg/L,BOD_5 为 1 000~3 000 mg/L。合成橡胶及合成塑料等化工原料的生产工艺复杂且繁琐,容易产生副产物,掺杂其他物质,因此该工业废水中会含有原料、产品及副产品。石油化学工业的主要原料是石油、天然气和煤炭,所以其废水中普遍含油、氨氮、重金属、大分子有机物、环型难降解有机物以及其他成分,都具有很大毒性,如果没有处理就排放出去,将会污染环境。

石化工业废水主要来源多样,由于各种类型废水不同程度的混合,最终导致其污水水量大、成分驳杂、水质水量波动大等特点。

③ 焦化废水。焦化废水产生于炼铁、液化气在高温干馏、清洁和副产物收购这些过程中,造成带有挥发酚、苯系物和 O、S、N 等杂环化合物的化工污水,是没有办法解决的一类化工生产的有机污水。其中含氮化合物为焦化废水处理中总数比较多而且成分非常复杂的有机化合物;质谱仪器确定下的喹啉和一些烷基替代物,为疑似致癌物;酞酸酯类是污水中另一种致癌物,其中的酞酸二甲酯、酞酸二异辛酯为英国环境保护局首先选择检验的污染物质。总的来说,焦化废水具有需要处理的水体水流量转变大、有机化合物尤其是难降解有机化合物所占的比例高以及 NH_3-N 浓度值高等特点,其中有很多会引发癌症和导致胎儿畸形的生物活性化学物质,其出水量指标值常常没有达到环保标准,因此,寻找高效率且成本低的解决方式十分重要。

我国每年工业废水量超 180 亿吨,其中含有的各种难降解高毒害有机污染物对我国污水治理能力提出了严峻的考验。由于这部分污染物的结构稳定和生物毒性高,传统生物方法处理难降解有机废水存在效率低问题,因此急需开发高效、针对难降解有机废水的处理技术。

目前,治理高浓度难降解有机废水水污染已经成为全球水资源可持续利用和国民经济可持续发展的重要战略目标。随着科技的发展,环境污水的种类以及排放量越来越多,成分更加复杂多变,含有许多难降解的有机物,对环境和人类健康具有巨大的危害,其中有些有机物具有致癌、致畸等风险,可导致各种遗传病。近年处理高浓度难降解有机废水技术已经取得了一定的进展,国内外的处理方法主要有氧化法、物化法和生物法等。

1. 氧化法

氧化法被广泛应用于高浓度难降解有机废水的处理中,现代氧化技术主要包括湿式催化氧化法、电化学氧化法以及两种或两种以上氧化技术联合等废水处理的技术。

(1) 湿式催化氧化

湿式氧化主要是对高浓度难降解有机废水进行预处理的一种方法。其主要原理是在高温加压条件下将氧气变为具有强氧化性的氧化剂而将水中的有机物充分氧化,使高分子有机物分解为低分子化合物,或彻底氧化分解成 CO_2 和水。

湿式氧化具有二次污染低、适用范围广、可回收能量和有用物料、处理效率高、装置小等优点,可以应用于工业废水的治理中。缺点是该方法需要较高的温度和压力,因此需要耐高温高压、耐腐蚀的设备。

(2) 电化学氧化

电化学氧化法的基本原理是使有机污染物在电极上发生氧化还原反应,降解为二氧化碳和水。其主要作用分为两种,一种是有机物直接被电极氧化还原;另外一种是电极首先与水作用产生具有强氧化性的羟基自由基,随后羟基自由基与有机污染物反应,达到降解的目的。研究表明电化学法处理有机污染物效果较好,可以对难生物消化的有机污染物进行预处理,将其转化为可生物降解的有机污染物后进行自降解。

该方法发生在水中,不需要另加催化剂,能有效避免二次污染,具有处理效率高、操作方便、条件温和等优点,同时还有凝聚、杀菌等作用。

2. 物化法

常用的物理化学技术主要包括吸附法、膜分离技术等。

(1) 吸附法

根据吸附的主要原理可将其分为物理吸附和化学吸附。物理吸附是通过分子间作用力进行吸附,化学吸附是通过电子转移形成化学键或形成配位化合物的方式进行吸附。影响吸附效果的因素较多,其中常见的主要包括温度、吸附剂结构、吸附剂用量以及污染物性质等,常用的吸附剂包括活性炭、树脂、高分子吸附剂、活性炭纤维等。吸附法的优点是占地面积小,处理效果好,成本低,不会造成二次污染;但由于吸附剂的吸附容量有限,再生能力弱,这些因素限制了该方法的实际应用。

(2) 膜分离技术

膜分离技术主要指借助膜的选择作用,在外界能量作用下对污水中的溶质和溶剂进行分离的技术手段,与常规分离方法相比,膜分离过程具有不污染环境、能耗低、效率高、工艺简单等优点。膜分离技术主要包括超滤(UF)、纳滤(NF)、反渗透(RO)和电渗析(electrodialysic)等。

已有的研究表明,采用壳聚糖超滤膜处理印染废水能取得较好的效果。喻胜飞等人制备了用活性炭填充共混的改性壳聚糖超滤膜,所制得的壳聚糖活性炭共混超滤膜具有良好的分离脱色效果和良好的渗透性,能应用于染料污水处理,处理效果显著,降低率超过90%。

3. 生物法

高浓度降解有机废水的生物处理技术研究已经取得较好的成果,有缺氧反硝化技术、厌氧水解酸化预处理技术等。

(1) 缺氧反硝化技术

缺氧反硝化技术是指在缺氧的条件下提供一定浓度的氮源给反硝化菌吸收,提高反硝化菌的降解效率的方法。与好氧条件相比,缺氧条件下污水的降解速率上升。进水时的碳氮比对缺氧反硝化的降解效果有很大影响,只有适宜的碳氮比,才能得到较好的效果。有研究运用缺氧反硝化技术处理焦化废水中的难降解有机物,结果表明焦化废水中含有的大量有毒难降解有机物在经过缺氧反硝化技术处理后几乎完全被降解,取得较好的效果。

(2) 厌氧水解酸化预处理技术

研究表明厌氧水解酸化预处理技术在处理含高浓度难降解有机物的废水时,能将难降解的大分子有机物转化为易降解的小分子有机物,同时经预处理后水质稳定,改善了废水的可生化性。有研究通过厌氧酸化预处理技术对焦化废水进行预处理,结果表明焦化废水中大部分的难降解有机物可被生物利用,提高了废水的可生化性。

1.2 难降解废水的高级氧化技术

随着难降解有机废水造成的环境问题日益严峻,各国学者逐渐把眼光转向高级氧化技术(AOTs)。1976 年,高级氧化概念最先被 Hoigne 等人命名为绿色化学,指能从源头上解决污水治理中的再污染问题,在一定的外界条件作用下产生羟基自由基,以及自由基与污染物发生一系列的·OH 链反应,最终能完全降解为水、二氧化碳和微量无机盐,彻底无害化,达到零污染零排放。可以说,目前国内外学者对高级氧化技术概念普遍的认同是:以产生强氧化活性的羟基自由基为标志,通过电、声、光辐照、催化剂等作用方式,使污水中难降解物质直接矿化,或利用自由基强氧化作用将大分子物质降解为小分子易降解物质,提高污水的可生化性。

在水处理领域,对于难降解有机废水的治理,当前首选的理想方法就是高级氧化技术。从绿色化学角度讲,主要因为高级氧化技术从根本上解决了污染治理过程中的环境再污染问题,且氧化效率高,作用时间短,具有独特的优势和巨大的潜在应用前景。具体特性如下:

① 高级氧化技术是在不断提高羟基自由基的产生效率的基础上发展起来的。羟基自由基(·OH)氧化能力极强(氧化电位 2.8 V),其氧化能力仅次于氟(3.06 V),而它相比氟来说,又具有无二次污染的优势,在处理污水时能实现零环境污染零废物排放的目标。

② 羟基自由基是一种无选择进攻性最强的物质,具有广谱性、无选择性。

③ 由于·OH 属于游离基反应,羟基自由基所发生的化学反应速率极高,比臭氧化学反应速率常数高出 7 个数量级以上,·OH 形成时间极短,为 10~14 s,反应时间约为 1 s,所以可在 10 s 内完成整个生化反应,这样就大大缩短了治理污染的工艺时间,提高了处理效率。

④ 既可单独处理,又可与其他处理工艺联用,如利用 UV-Fenton 组合联用时处理效果很好,但也能单独利用 Fenton 技术处理难降解废水,可降低处理成本,同时也能取得较好的效果。

高级氧化技术(AOPs)是产生及利用以羟基自由基(·OH)为主的自由基矿化污染物的过程,羟基自由基可以通过利用太阳能、电能、声能等从水中产生,也可以通过催化剂或直接利用过氧化氢、臭氧等化学物质产生。其他自由基如超氧阴离子自由基(·O_2^-)和过氧自由基(·HO_2^-)也被应用于多种高级氧化工艺中,但它们的活性都远不如羟基自由基。如今,除了羟基自由基外,利用其他自由基如硫酸根自由基的实验也取得了不错的效果,这些统称为高级氧化技术。

氧化电位为 2.8 V(对比普通氢电极)的羟基自由基(·OH)是一种强大的非选择性化学氧化剂,它与大多数有机化合物作用迅速,因此通常是化学氧化的首选氧化剂。氧化过程中形成的产物是水、二氧化碳和无机盐等,具体取决于目标污染物。然而,对于大分子难降解化合物,羟基自由基(·OH)不会使它完全氧化,会氧化成一些小分子有机物,如丙酸、丙酮等,可通过其他方法处理,如生物处理。因此,AOPs 既可以作为单一的水处理技术使用,也可以与其他方法结合使用。

AOPs 可应用于不同领域的水处理工艺,如工业废水处理,包括酒厂、农药、纸浆和造纸、纺织、油田和金属电镀废水;危险废水处理,包括医院和屠宰场废物,去除城市污水处理厂中的病原体和持久性药物残留物以及水中的砷和铬等重金属。

现阶段研究较多的高级氧化法主要有臭氧氧化法、芬顿氧化法、电化学氧化法、光化学氧化法和湿式氧化法。

1.2.1 芬顿反应

1894年,法国科学家Fenton发现在酸性条件下,过氧化氢(H_2O_2)与二价铁离子的混合溶液具有强氧化性,可以将当时很多已知的有机化合物如羧酸、醇、酯类氧化为无机态,氧化效果十分显著。但此后半个多世纪中,这种氧化性试剂却因为氧化性极强没有得到太多重视。进入20世纪70年代,芬顿试剂在环境化学中找到了它的位置,具有去除难降解有机污染物的高能力的芬顿试剂,在印染废水、含油废水、含酚废水、焦化废水、含硝基苯废水、二苯胺废水等废水处理中体现了其广泛的应用性。当芬顿发现芬顿试剂时,尚不清楚过氧化氢与二价铁离子反应到底生成了什么氧化剂具有如此强的氧化能力。二十多年后,有人假设可能反应中产生了羟基自由基,否则,氧化性不会如此强。因此,之后人们采用了一个较广泛引用的化学反应方程式来描述芬顿试剂中发生的化学反应:

$$Fe^{2+} + H_2O_2 \rightarrow Fe^{3+} + OH^- + OH\cdot \tag{1.1}$$

从上式可以看出,1 mol 的 H_2O_2 与 1 mol 的 Fe^{2+} 反应后生成 1 mol 的 Fe^{3+},同时伴随生成 1 mol 的 OH^- 外加 1 mol 的羟基自由基。正是羟基自由基的存在,使得芬顿试剂具有很强的氧化能力。

1.2.2 臭氧氧化法

1840年德国科学家舒贝因将电解和火花放电试验过程中产生的一种异味气体确定为O_3,命名为臭氧,臭氧的特性和功能开始进入科学研究领域,在发现其广谱灭菌效果后,逐渐进入了工业化生产应用阶段。1902年,世界第一座采用臭氧处理工艺的大型水厂在德国帕德博恩建立。1937年,世界上第一座使用臭氧处理的商业游泳池在美国启用,目前臭氧已成为奥运水中竞赛项目指定的水质消毒方式;20世纪六七十年代美国开始利用臭氧技术处理生活污水,1982年瓶装水开始使用臭氧杀菌,目前矿泉水、纯净水厂家几乎都装备了臭氧设备。到20世纪末,臭氧的工业应用已非常普遍,广泛应用于饮用水处理、污水处理、纸浆漂白、中间体合成、纺织脱色、香料合成、废旧轮胎处理、疾病治疗、仓储运输等领域。以瑞士Ozonia和德国WEDECO为代表的国际臭氧行业知名企业,国际化发展扩张迅速,分别于1995年和2002年进入中国市场,加大了对包括中国在内的新兴国家市场的开拓力度。我国臭氧技术起步较晚,20世纪70年代中期,国内开始进行臭氧技术的研究开发;90年代,随着矿泉水、纯净水臭氧消毒技术的推广应用,医药行业采用臭氧进行空气杀菌处理,以及小型家用臭氧发生器的应用,促进了我国臭氧行业的发展。2000年后,我国工业用大型臭氧设备制造技术的研究取得大量成果,在臭氧放电管、熔断器、中高频电源等大型臭氧发生器制造的关键技术上取得重大突破,相继研制成功的3~120 kg/h等大型中频臭氧发生器,将中国臭氧技术逐步提升到国际先进水平。2010年,《水处理用臭氧发生器》(CJ/T 322—2010)的实施,使我国臭氧发生器标准与国际先进标准接轨,对我国臭氧行业整体技术水平的提升和市场的规范起到重要作用。经过多年的发展,我国的臭氧系统设备制造技术水平和市场规模有了很大提高,并在市政给水、市政污水、工业废水、烟气脱硝、精细化工、泳池消毒、空间消毒、饮料食品等行业得到广泛应用。

1783年M·范马伦发现臭氧;1886年法国的M·梅里唐发现臭氧有杀菌性能;1891年德国的西门子和哈尔斯克用放电原理制成臭氧发生装置;1908年在法国尼斯分别建造了用臭氧消毒自来水的试验装置。20世纪50年代臭氧氧化法开始用于城市污水和工业废水处理;

70年代臭氧氧化法和活性炭等处理技术相结合,成为污水高级处理和饮用水除去化学污染物的主要手段之一。

臭氧与水中抗生素的反应较为复杂,在一个反应体系中,往往既出现臭氧直接氧化反应,又出现自由基间接氧化反应。溶液的pH值对O_3氧化反应选择何种机理起决定作用,在强酸性介质中以直接氧化反应为主,而在碱性介质中则以自由基间接氧化反应为主。

1.2.3 电化学氧化法

1. 电化学氧化法概述

电化学是一门历史悠久、应用前景广阔的交叉学科,作为一种环境友好技术,在能源、材料、金属的防腐与保护、环境保护等领域发挥了很大作用。早在20世纪40年代,已有人提出采用电化学方法处理废水,但受电力的限制发展缓慢。60年代在电力工业发展的推动下,电化学水处理技术逐渐引起人们的关注并应用于废水处理工艺的研究中。80年代高级氧化概念提出后,人们开始研究利用电化学方法产生的氧化性强、无二次污染的新型氧化剂处理废水,如(·OH)、臭氧、芬顿试剂等。90年代,随着利用(·OH)对废水进行无害处理研究的不断深入,电化学氧化工艺逐渐发展成熟。

所谓电化学氧化法是指在电场作用下,存在于电极表面或溶液相中的修饰物能促进或抑制在电极上发生的电子转移反应,使有毒有害的污染物变成无毒无害的物质,或形成沉淀析出或生成气体逸出,从而达到除去污染物的目的,而电极表面或溶液相中的修饰物本身并不发生变化的一类化学作用。

电化学氧化技术在水处理领域被称为"环境友好"技术[1],是很有潜力的绿色工艺,备受广大学者的青睐。电化学氧化法成为处理难生物降解有机废水领域的研究热点,因其具有其他方法难以比拟的优越性,表现为:

① 能量消耗低、效率高。反应在较低温度下进行即可,同时可以通过控制反应条件减少副反应等引起的能量损失。

② 污染轻,处理污染物主要通过电子转移反应,不需添加其他试剂,避免因添加试剂产生的污染。同时反应的选择性高,电解产生的自由基可直接与有机污染物反应,并降解为简单低分子有机物和无机物,二次污染少。

③ 操作易于调控,设备简单,费用不高。

④ 占地面积小,可就地处理,适用于面积小、人口多的城市。

⑤ 可取代传统的方法单独使用,也可作为前处理,与其他方法有效结合,能将难生物降解的有机物转化为可生物降解的物质,提高废水的可降解性。

2. 电化学氧化法原理

电化学氧化法是通过发生得失电子反应,在电极表面上产生羟基自由基、过氧化氢等强氧化物质降解有机物的一种方法。这种降解方法会使废水中的有机物彻底氧化,不易产生有毒的中间产物,无需后续处理。

随着电化学氧化技术的发展,电化学氧化技术用于处理有机废水的研究不断深入。电化学氧化法降解有机物的方式一般分为直接电化学氧化和间接电化学氧化。

直接氧化和间接氧化的分类并不是绝对的,一个完整的有机污染物的电化学降解过程通常包括电极上的直接电化学氧化和间接电化学氧化两个过程。降解机理也不十分明确,且随实验条件和控制参数的变化降解机理也随之变化[1]。

1.2.4 光化学氧化法

1972 年 Fujishima 和 Honda 发现光照的 TiO_2 单晶电极能分解水,引起人们对光诱导氧化还原反应的兴趣,由此推进了有机物和无机物光氧化还原反应的研究。

光化学反应是在光的作用下进行的化学反应。光化学反应需要分子吸收特定波长的电磁辐射,受激产生分子激发态,之后才会发生化学变化到一个稳定的状态,或者变成引发热反应的中间化学产物。光化学氧化可分为光分解、光敏化氧化、光激发氧化和光催化氧化。

光分解通常也称光氧化。其基本原理为反应物分子吸收光子后进入激发态,激发态分子通过化学反应消耗能量返回基态。此时吸收光子获得的能量使分子的化学键断裂,生成相应的游离基或离子。这些游离基或离子易与溶解氧或水分子反应而生成新的物质。可被分子吸收的光才能引起光解反应。分子中不同类型的化学键键能不同,只有其光子能量等于或大于分子中某一化学键键能的光才能被相应的分子吸收,引发光分解反应。由于波长越短,光子所具有的能量越大,所以对于光分解,有效辐射主要是波长小于 300 nm 的紫外光。David Dulin 等(1986)的研究指出,由于氯苯只吸收波长为 264 nm、297 nm 的中紫外光,而四氯二苯并恶英(TCDD)可吸收波长大于 30 m 的近紫外光,所以虽然在中压汞灯(波长范围为 230~410 nm)的照射下,氯苯的光分解效率是 TCDD 的 100 倍以上,而在几乎不含氯苯能吸收的中紫外光的日光照射下,氯苯光分解的半衰期超过 TCDD 半衰期 100 倍以上。这证明了光分解只作用于对给定波长紫外光有较强吸收的物质。光分解的另一局限是通常不能达到完全氧化。David Dulin 等的研究还指出,芳香族氯化物光分解的主要产物是酚,而酚有可能在光分解过程中进一步反应生成毒性较原反应物更高的苯并呋喃和二恶英。当前对光分解的研究偏重于了解自然界水环境净化过程中光分解所起的作用,直接考虑工程应用的研究不多。目前美国有将紫外光分解和颗粒活性炭吸附结合的商品——家用净水器,经过光分解后,活性炭吸附装置对总有机碳的去除效果可明显提高。

光敏化氧化是将对光能有强烈吸收的敏化剂(如染料类物质)加入反应物溶液中,敏化剂吸收光能后进入激发态,激发态敏化剂再与溶解氧或底物反应,最终导致对入射光并无吸收的底物被氧化。这里敏化剂起着将光子能量传递给反应物的作用。由于敏化剂在反应过程中可循环使用,所以通常在浓度很低的条件下就可起到敏化效果。

光激发氧化是将紫外光辐射和氧化剂结合使用的一种方法,常用的氧化剂有臭氧和过氧化氢等。在紫外光的激发下,氧化剂光分解产生氧化能力更强的游离基,如臭氧和过氧化氢都易被光分解生成·OH,在光激发氧化过程中,这些游离基的作用占主导地位。此外直接光分解和紫外辐射对反应物分子的活化也有一定作用。紫外光和氧化剂的共同作用,使得光激发氧化无论在氧化能力还是反应速率上,都远远超过单独使用紫外辐射或氧化剂所能达到的效果。多氯联苯、六氯苯、三氯甲烷和四氯化碳等难降解污染物不与臭氧反应,而在紫外-臭氧联合作用下它们均可被迅速氧化。Mal:k 等(1976)对五氯酚、马拉硫磷、DDT 及 VaPam 的紫外-臭氧氧化进行了研究。五种农药经紫外-臭氧的处理都迅速被破坏。其中一些品种可单独被臭氧或紫外光破坏。但除非将紫外-臭氧联用,没有一种农药可被完全氧化成 CO_2。对易为臭氧氧化或紫外光分解的有机物,紫外-臭氧结合可大大提高反应速率。Ca. lyR. Peyton(1952)指出,在未经净化的湖水中,初始浓度 100 mg/L 的四氯乙烯要达到 63% 的去除率,单用臭氧需用 26 min,紫外光分解要 20 min,而紫外-臭氧结合只需 7 min。在净化后的水中、pH 值等于 7 的条件下,同样浓度的四氯乙烯达到 95% 的去除率所需时间,臭氧氧化要 2 750 s,

而紫外-臭氧结合只需 89 s。紫外光与过氧化氢相结合的光激发氧化,去除水中优先污染物也有很好的效果。D. W. Sundstrod 等(1987)对紫外光-过氧化氢结合处理水中三氯甲烷、三氯乙烯、苯、二氯苯及氯酚的效果进行的研究表明,对水中难降解的脂肪族及芳香族化合物,紫外光-过氧化氢结合能有效地予以去除。紫外光-过氧化氢光激发氧化的反应速率是紫外光分解的 35 倍。为考察紫外-臭氧光激发氧化在饮用水深度处理中的应用前景,国内吕锡武等作了内容广泛的研究。试验结果表明,该方法对三氯甲烷、四氯化碳、氯苯、五氯苯酚及六氯苯等优先污染物有令人满意的去除效果。自来水中的三氯甲烷和四氯化碳经约 2 h 的处理,去除率达到 90% 以上。毛细色谱分析显示,自来水中 165 种有机物经过 2 h 处理,去除率可达 65%;505 显色法致突变试验证实强阳性的自来水,经 2 h 处理后,水质偏阴性。对臭氧不能氧化的六氯苯的有效去除表明,紫外-臭氧结合具有氧化能力很强的突出特点。紫外-臭氧结合是目前光化学氧化法中研究较多、技术上比较成熟的一种方法,已用于某些难处置的有害废水的处理。美国环保局 2019 年就正式规定紫外-臭氧技术为现阶段多氯联苯废水处理的最佳实用技术。在饮用水深度处理领域,紫外-臭氧结合也有良好的应用前景。该方法的设备较复杂,初期投资及运行费用都较高。因此尽管效果很好,但它的使用范围还是受到较大限制。

光催化氧化是以 n 型半导体为敏化剂的特殊光敏化氧化。n 型半导体在一定波长的入射光照射下被激发,其满带和导带上分别产生空穴和自由电子。光生空穴有很强的得电子能力,可夺取半导体颗粒表面有机物或溶剂中的电子,使原本不吸收入射光的物质被活化。水溶液中的光催化反应,在半导体催化剂表面失去电子的主要是水分子本身。水分子经上述反应而生成氧化能力极强的 ·OH,·OH 使得溶液中的有机污染物被氧化。用作敏化剂的一些 n 型半导体,其化学性质在反应前后不变,因此被称为催化剂。可作为催化剂的 n 型半导体中 ITO 的性能最为突出,它不仅催化活性高,化学稳定性也好,而且对人体无害,货源充足,价格不高。上述特点使得 ITO 成为最受重视的一种光催化剂。适用于激发 ITO 的紫外光为波长 300~400 nm 的近紫外光[2]。

1.2.5 湿式氧化法

湿式氧化技术(Wet Air Oxidation)简称 WAO,是一种新型的有机废水的处理方法。WAO 工艺最初由美国的 Zimmermann 在 1944 年研究提出,并取得了多项专利,故也称齐默尔曼法。最早采用 WAO 处理造纸黑液,在温度为 150~350 ℃、压力为 5~20 MPa 条件下,使黑液中的有机物氧化降解,处理后废水的 COD 去除率达 90% 以上。

20 世纪 60 年代之前,WAO 的研究内容主要是探索该方法的适用性和优质工艺条件,且 WAO 在处理造纸黑液及城市污泥方面得到了商业化的发展。Zimpro 公司建立了几个完全氧化城市污泥的 WAO 处理厂,并在此基础上,开发了用 WAO 处理污泥以改善污泥脱水和沉降性能、再生活性炭等新用途。

70 年代以后,WAO 工艺得到迅速发展,应用范围从回收有用物和能量进一步扩展到有毒有害废水的处理以及石油化工、宇航等行业的各种废物的处理;同时发展了催化湿式氧化技术,并将研究深入到 WAO 的反应机理和动力学。

80 年代以后,除了继续研究催化 WAO 以外,同时进行了超临界湿式氧化和湿式热裂解研究。

到目前为止,世界上已有几百套 WAO 装置广泛用于石化废碱液、烯烃生产洗涤液、丙烯腈生产废水、农药生产废水等有毒有害工业废水的处理。工业规模的 WAO 装置处理能力从

33 m³/天到多套装置并联,平均处理能力达 16 350 m³/天或更高。

湿式氧化法是在高温(125～320 ℃)和高压(0.5～20 MPa)条件下,以空气中的氧气为氧化剂(现在也有使用其他氧化剂的,如臭氧、过氧化氢等),在液相中将有机污染物氧化为 CO_2 和水等无机物或小分子有机物的化学过程。湿式氧化技术处理效率高,在合适的温度和压力条件下,WAO 的 COD 处理效率可达到 90%以上;氧化速率高,大部分的 WAO 处理废水时,所需的反应停留时间在 30～60 min 内[3]。

参考文献

[1] 李婧,柴涛.电化学氧化法处理工业废水综述[J].广州化工,2012,40(15):46-47+51.
[2] 李田.光化学氧化法的类型及研究进程[J].环境污染与防治,1993(1):32-34+31.
[3] 张艳花,时懂宇,田大民,等.湿式氧化技术原理、工艺与运用[J].化工时刊,2010,24(11):50-53+56.

第 2 章　臭氧高级氧化技术

2.1　概　述

　　臭氧(O_3)是一种清洁环保的强氧化剂(氧化还原电位为 2.07 eV),可破坏有机污染物的双键及苯环等结构,是一种相对清洁和环境友好的氧化剂。臭氧氧化技术目前常用于水处理、消毒和空气净化等污染控制领域,该技术以臭氧分子或者由臭氧分子分解产生的活性氧自由基为氧化剂,实现对有机污染物的氧化分解与矿化。然而,由于臭氧在水中的溶解度有限,导致臭氧气体的利用率不高,对有机污染物的氧化降解不够彻底。近年来研究者发现,在臭氧氧化过程中加入催化剂可有效提高臭氧利用率,并可促进臭氧转化为羟基自由基、超氧自由基、单线态氧等氧化能力更强的物质,从而对有机污染物进行更高效、无选择性地氧化降解[1]。

2.1.1　臭氧基本性质

　　臭氧是氧气(O_2)的同素异形体,在常温下,它是一种具有特殊气味的淡蓝色气体。英文臭氧(Ozone)一词源自希腊语 ozon,意为"嗅"。臭氧由三个氧原子呈"V"形排列形成,键角为 116°,其密度为氧气的 1.5 倍,通常以共振结构形式存在:中心氧原子带正电、两侧氧原子一个带负电、一个不带电,这种结构使其既具有亲电性也具有亲核性(见图 2-1)[2]。

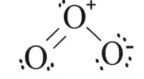

图 2-1　臭氧分子结构图

　　臭氧的稳定性较差,常温下臭氧会缓慢分解,分解反应式为($2O_3 \rightarrow 3O_2$),半衰期为 20~30 min。臭氧在水中的溶解度高于氧气的溶解度,约为氧气溶解度的 10 倍,臭氧在水中的溶解度主要与溶液的温度和气态臭氧浓度有关,臭氧在水中的溶解度随着溶液温度的升高而降低。臭氧在水中的分解速率主要受到水质、pH 值和水体温度的影响。

　　臭氧具有强氧化性,在水处理中的氧化能力仅次于原子氧(O)、羟基自由基(·OH)和氟,可直接氧化双键和芳香族类有机化合物。其中,一些典型氧化剂的氧化还原电位如表 2-1 所列。

表 2-1　一些常见氧化剂的标准氧化还原电势

氧化剂	标准氧化还原电势 E_0/V
F_2	3.06
·OH	2.80
O	2.42
O_3	2.07
Cl_2	1.36
H_2O_2	0.87

臭氧具有较强的毒性,当臭氧浓度达到 6.25×10^{-6} mol/L(0.3 mg/L) 时,对眼、鼻、喉有刺激作用;当臭氧浓度达到 $(6.25\sim62.5)\times10^{-5}$ mol/L(3~30 mg/L) 时,人体将出现头疼及呼吸器官局部麻痹等症状;当臭氧浓度达到 $3.125\times10^{-4}\sim1.25\times10^{-3}$ mol/L(15~60 mg/L) 时,其会对人体产生危害。其毒性还和接触时间有关,例如长期接触浓度为 1.748×10^{-7} mol/L 以上的臭氧会引起永久性心脏障碍,但短时间内(不超过 2 h)接触浓度为 2.0×10^{-5} mol/L 以下的臭氧,对人体无永久性危害。臭氧浓度的允许值定为 4.46×10^{-9} mol/L。

臭氧具有较强的腐蚀性能,除金和铂外,臭氧对几乎所有的金属都具有腐蚀作用。铝、锌等金属在臭氧条件下均会被强烈氧化。此外,臭氧对于非金属材料也具有强烈的腐蚀作用,如聚氯乙烯塑料滤板,在使用不久的臭氧加注设备中可以观察到疏松、开裂和穿孔。

2.1.2 臭氧氧化反应机制

臭氧一般通过两种途径氧化分解有机污染物:一种方式是直接利用臭氧分子,另一种方式是利用臭氧分解产生的·OH 等活性氧自由基间接降解有机污染物。两种反应机制如图 2-2 所示[2]。

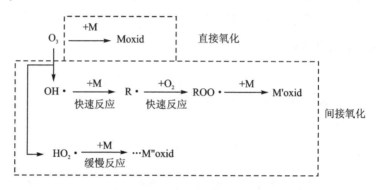

图 2-2 臭氧氧化反应机制

由于臭氧本身是一种强氧化剂,溶于水中后可以维持臭氧的分子形态,直接进行反应,或经过一系列的连锁反应,形成氧化能力更强的氢氧自由基,再以氢氧自由基作为主要氧化剂来进行间接反应。在臭氧氧化过程中,直接反应与自由基连锁反应可能同时发生,但随着溶液状态的不同,作用的主要机理也有差异。直接臭氧氧化反应和自由基连锁反应的对比情况如表 2-2 所列[3]。

表 2-2 臭氧直接反应与自由基连锁反应比较

项 目	直接反应	自由基连锁反应
氧化剂	臭氧分子(O_3)	氢氧自由基(·OH、HO_2·)
氧化能力	强	较强
溶液 pH 值	酸性(pH<7)、中性(pH=7)	碱性(pH>7)
反应速率	慢	快
作用机理	电偶极环加成反应、亲电子反应、亲核反应	亲电子反应、脱氢反应、电子转移作用
作用物选择性	未饱和芳香族、烯类、简单胺类;含 OH、$NH_{(2)}$、OCH_3 等官能基的化合物;非极性与微极性分子	无
氧化产物	醛类、酮类、羧酸、极性分子	醛类、酮类、羧酸、醇类

1. 直接氧化反应机制

直接氧化是指臭氧与有机物直接发生氧化反应。臭氧分子具有偶极性、亲核性及亲电性，这也导致了它在直接氧化有机污染物的过程中主要存在 3 种反应机制，即偶极加成、亲核反应及亲电反应[1]。

（1）偶极加成

臭氧分子具有偶极性，因此它能够攻击有机物中的不饱和键（三键或双键）使其断裂发生加成反应，形成的中间产物为初级臭氧化产物，在水溶液中初级臭氧化产物经过臭氧或者其他活性物质的氧化，再转化为简单小分子（如醛、酮和羧酸等）。图 2-3 为 Liebigs 提出的臭氧与烯烃的反应机理示意图。

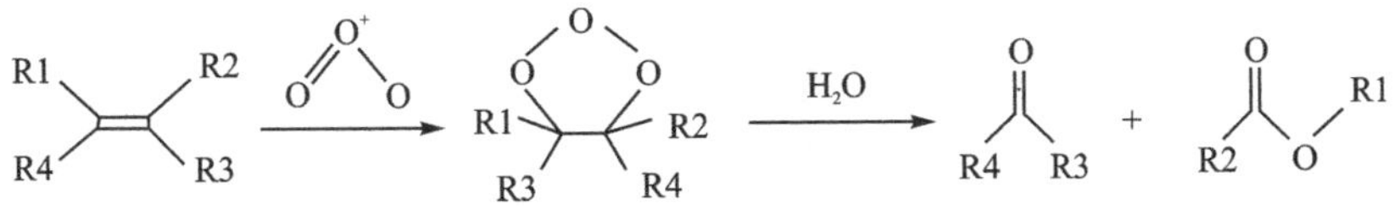

图 2-3 臭氧与烯烃的反应机理

（2）亲核反应

由于臭氧分子带有含负电荷的氧原子，故含有缺电子结构的化合物更容易被臭氧攻击发生亲核反应，主要发生在含有吸电子基团（如-Cl、-NO_2 等）取代的芳香族化合物上，反应在携带吸电子基的碳原子上发生的概率更大。此外，氧原子的转移也能诱导亲核反应的发生。

（3）亲电反应

亲电取代反应机理与亲核反应相反，由于臭氧分子中含正电荷的氧原子会进攻电子云密度高的结构，故它主要发生在有机污染物（尤其是芳香族化合物）结构中电子云密度较大的部位。一般含有供电子基团（如-OH、-NH_2、-CH 等）的芳香族取代物的邻位、对位碳原子上电子云密度很高，易于与臭氧发生亲电取代作用，并且反应速度较快；而相应含吸电子基团（如-COOH、-Cl、-NO 等）的芳香族化合物就难以发生亲电反应。发生亲电反应的有机物首先形成苯环的羟基化合物，随后进一步反应，被氧化为酮。

但是，臭氧与有机污染物的反应存在着很大的局限性，它主要容易趋于和不饱和的芳香类和脂肪类化合物以及某些特殊的官能团发生氧化反应，说明臭氧氧化具有选择性。通常情况下，臭氧与含有供电子基团的芳香族化合物和电离的有机物的反应趋向性更高，氧化速率也相对更高。表 2-3 为臭氧作用于不同类型化合物时的反应速率常数，可以看出臭氧作用于藻类时，反应速率常数普遍较高，但作用于农药或溶剂时，臭氧的反应速率常数与之有很大差距：其作用于地乐芬时的反应速率常数可达 10^5，而作用于异狄氏剂的反应速率常数甚至低于 0.02，这说明臭氧氧化过程是具有选择性的，这也是该技术的缺陷之一。

表 2-3 臭氧与不同类型化合物反应的速率常数

类 型	化合物	$k_{O_3}/[(mol \cdot L^{-1}) \cdot s^{-1}]$
藻类	二甲萘烷醇	<10^5
	二甲基异冰片	<10^5
	微胱氨酸-LR	3.4×10^4

续表 2-3

类　型	化合物	$k_{O_3}/[(mol \cdot L^{-1}) \cdot s^{-1}]$
农药	莠去津	6
	甲草胺	3.8
	呋喃丹	620
	地乐芬	1.5×10^5
	异狄氏剂	<0.02
	甲氧滴滴涕	270
溶剂	氯乙烯	1.4×10^4
	C_{is}-1,2-二氯乙烯	540
	三氯乙烯	17
	四氯乙烯	<0.1
	氯苯	0.75
	p-二氯苯	<3
燃料（添加剂）	苯	2
	甲苯	14
	邻二甲苯	90

2. 间接氧化

臭氧的化学性质不稳定，在水溶液中容易发生链式反应，激发产生氧化性极强的·OH，进而去攻击水中的有机物和无机物，完成污染物的高效彻底降解。其链式反应包括：链的引发、链的增长和链的终止。链式反应具体过程为

引发　　　　　　　　　　$O_3 + H_2O \rightarrow 2HO_2$　　　　　　　　　　　　(2.1)

　　　　　　　　　　　　$O_3 + OH^- \rightarrow O_3^- + \cdot OH$　　　　　　　　　　(2.2)

增长　　　　　　　　　　$HO_2 \cdot \rightarrow H^+ + \cdot O_2^-$　　　　　　　　　　　(2.3)

　　　　　　　　　　　　$\cdot O_2^- + O_3 \rightarrow O_2 + \cdot O_3^-$　　　　　　　　　(2.4)

　　　　　　　　　　　　$\cdot O_3^- \rightarrow \cdot O^- + O_2$　　　　　　　　　　　(2.5)

　　　　　　　　　　　　$\cdot OH \rightarrow \cdot O^- + H^+$　　　　　　　　　　　(2.6)

　　　　　　　　　　　　$\cdot OH + O_3 \rightarrow HO_2 \cdot + O_2$　　　　　　　　(2.7)

终止　　　　　　　　　　$2HO_2 \cdot \rightarrow O_2 + H_2O_2$　　　　　　　　　(2.8)

　　　　　　　　　　　　$HO_2 \cdot + \cdot O_2^- \rightarrow HO_2^- + O_2$　　　　　　　(2.9)

一般·OH氧化有机物又分为三种途径：加成反应、脱氢反应和电子转移反应。其中加成反应是最普遍和最快的反应，当加成反应不可进行时，羟基自由基与有机物发生夺氢反应，电子转移反应则相对少见[3]。

① 亲电子加成：一般在含有苯环或双键碳的有机化合物上会发生亲电子加成反应，这是因为碳键上含有大量的π电子云，能够与·OH发生加成反应：

$$\cdot OH + PhX(苯基化合物) \rightleftharpoons HOPhX \quad (2.10)$$

② 脱氢反应：不饱和有机物与羟基自由基反应会导致羟基自由基从有机物中抽出一个H，从而形成有机物自由基，自身则变成水：

$$\cdot OH + RH \rightleftharpoons R \cdot + H_2O \quad (2.11)$$

③ 电子转移：羟基自由基的电子转移反应是指从有机物中得到电子，自身变成氢氧根，在强碱溶液中，快速地转换到共轭碱。当溶液中含有大量氯离子、溴离子、碘离子等卤代官能基或分子本身具有立体阻碍时，·OH 无法进行脱氢反应或亲电子加成，有机物会将·OH 还原为 OH^-，进行电子转移：

$$\cdot OH + RH \rightleftharpoons RX^+ + OH^- \tag{2.12}$$

溶液 pH 值对自由基反应过程具有较大影响，臭氧分解产生·OH 的速率随着溶液 pH 值的升高而升高；当 pH 值较低时，臭氧分解产生·OH 的速率很低，此时臭氧氧化有机污染物主要通过臭氧分子直接氧化作用。在不同条件下臭氧在水中的半衰期如表 2-4 所列[3]。

表 2-4　不同 pH 值条件下臭氧在水中的半衰期

pH 值	半衰期/min	pH 值	半衰期/min
7.6	14	8.9	7
8.5	11	9.2	4

此外，水质对臭氧分解生成自由基的过程也有很大影响。水中的有机物质和无机物质成分复杂，对臭氧分解产生·OH 的影响因水体成分的不同而不同。水中的 OH^-、H_2O_2 及 Fe^{2+} 等可引发水中臭氧分解产生自由基过程，腐殖酸、伯醇及甲酸等可以促进水中臭氧的分解，而水中的碳酸根、碳酸氢根以及叔丁醇等物质则可捕获·OH 而又不再产生 $O_2 \cdot ^-$ 抑制链反应增长，是水中臭氧分解的典型抑制剂。

表 2-5 为羟基自由基与不同类型化合物的反应速率常数。从表中可以看出，当羟基自由基作用于不同类型的化合物时，其反应速率常数普遍很大，均达到了 $10^9 \, mol \cdot L^{-1} \cdot s^{-1}$，说明羟基自由基没有选择性，处理污染物的范围远大于臭氧。

表 2-5　自由基与不同类型化合物反应速率常数

类型	化合物	$k_{\cdot OH}/[(mol \cdot L^{-1}) \cdot s^{-1}]$
藻类	二甲萘烷醇	8.2×10^9
藻类	二甲基异冰片	3×10^9
藻类	微胱氨酸-LR	—
农药	莠去津	3×10^9
农药	甲草胺	7×10^9
农药	呋喃丹	7×10^9
农药	地乐芬	4×10^9
农药	异狄氏剂	1×10^9
农药	甲氧滴滴涕	2×10^9
溶剂	氯乙烯	1.2×10^9
溶剂	C_{is}-1,2-二氯乙烯	3.8×10^9
溶剂	三氯乙烯	2.9×10^9
溶剂	四氯乙烯	2×10^9
溶剂	氯苯	5.6×10^9
溶剂	p-二氯苯	5.4×10^9

续表 2-5

类 型	化合物	$k_{\cdot OH}/[(mol \cdot L^{-1}) \cdot s^{-1}]$
燃料（添加剂）	苯	7.9×10^9
	甲苯	5.1×10^9
	邻二甲苯	6.7×10^9

2.1.3 臭氧氧化技术现状

臭氧氧化法具有原料易得、反应迅速、工艺流程简单、没有二次污染问题等优点，在废水处理方面具有广阔的应用前景。然而，单独臭氧氧化技术对有机污染物矿化效率低，臭氧直接氧化的副产物通常是含有醇、醛和羧酸的小分子，危害人类健康和生态安全。尽管臭氧分解能产生具有强氧化性的活性氧自由基，但该反应对环境要求比较高（强碱性环境），不适用于多数实际水处理过程[2]。此外，消毒副产物（DBPs）的产生也是臭氧氧化工艺中一个重要的问题。为了解决臭氧利用效率低和有机污染物矿化效率低的问题，一些高级氧化工艺（AOP），如 O_3/UV 工艺、O_3/H_2O_2 工艺以及催化臭氧氧化工艺等应运而生。

2.2 臭氧相关技术

单独臭氧氧化技术主要通过直接反应去除有机物，从而表现出高选择性的缺陷。臭氧相关技术是指通过氧化剂、光照射、催化剂等催化途径，引发和促进臭氧分解产生含氧自由基，通过间接反应提高有机物的去除率和矿化度，从而弥补单独臭氧氧化技术的缺陷。臭氧相关技术主要分为臭氧-过氧化氢（O_3/H_2O_2）体系、臭氧-紫外光（O_3/UV）体系、臭氧-膜体系及臭氧-催化剂体系等。

2.2.1 O_3/H_2O_2 组合工艺

1. O_3/H_2O_2 组合工艺的机理

臭氧结合 H_2O_2 是一种高效的降解废水中难降解污染物的催化系统，臭氧与 H_2O_2 的结合促进臭氧分解为高活性·OH 从而更有效地降解有机污染物。臭氧与 OH^- 反应生成的 HO_2^- 为臭氧分解生成·OH 的速率控制步骤，而溶液中的 H_2O_2 会部分解离生成 HO_2^-，因此能够显著加快 O_3 分解生成·OH 的过程，进而提高有机污染物的去除效率和臭氧的利用率，反应方程式如下：

$$H_2O_2 \rightarrow HO_2^- + H^+ \quad (2.13)$$

$$HO_2^- + O_3 \rightarrow \cdot HO_2 + \cdot O_3^- \quad (2.14)$$

$$\cdot O_3^- + H^+ \rightarrow \cdot HO_3^- \quad (2.15)$$

$$\cdot HO_3^- \rightarrow O_2 + \cdot OH \quad (2.16)$$

有研究者曾采用常规臭氧氧化和 AOP O_3/H_2O_2 两种反应器系统对 Zürich 湖水进行处理，以去除微污染物。研究发现臭氧浓度越高，pH 值越大，溴化物浓度越低，减碳效率越高。H_2O_2 的加入加速了臭氧向·OH 的转变，更快地消除了耐臭氧的微污染物，且通过 H_2O_2 加成可以控制可能致癌的氧化副产物溴酸盐（BrO_3^-）的形成，并全面改善微污染物的消除。

2. O_3/H_2O_2 组合工艺的影响因素

(1) H_2O_2 的投加量

反应系统要控制好 H_2O_2 的投加量,过量的过氧化氢会清除·OH 并形成过氧化氢离子(·HO_2^-),过量的 H_2O_2 还会促进臭氧的衰变,这可能会缩短臭氧寿命并减小水中臭氧暴露量,从而降低消毒或降解能力;过氧化氢浓度过低也是不可取的,因为 H_2O_2 浓度过低时会与羟基自由基竞争且分解时不会氧化污染物。

(2) 臭氧剂量

"臭氧剂量阈值"是指与引发剂开始发生反应的臭氧剂量,高于此阈值时,加入 H_2O_2 才会提高·OH 的生成速率。例如,在废水处理中,只有当 O_3/H_2O_2 的摩尔比大于 2 时,H_2O_2 的加入才能将·OH 产率从 13% 提高到 37%。

(3) pH 值

pH 值对 O_3/H_2O_2 去除有机污染物的效率有影响。在合适的溶液 pH 值下(通常 pH>7),H_2O_2 去质子化得到的过氧氢根是臭氧分解的关键因素。在酸性溶液中 H_2O_2 不易去质子化,该体系较难产生羟基自由基。所以 O_3/H_2O_2 体系需要合适的 H_2O_2 浓度和溶液 pH 值。例如,与酸性 pH 值相比,布洛芬、磺胺甲恶唑和苯酚在碱性 pH 值下的降解效率更高[4]。

3. O_3/H_2O_2 组合工艺的不足

O_3/H_2O_2 高级氧化技术需要外加 H_2O_2,增加了能耗,而且残余的 H_2O_2 会造成水体的二次污染。

2.2.2 O_3/UV 组合工艺

1. O_3/UV 组合工艺的机理

臭氧结合 UV 辐射(O_3/UV)是一种有效的降解废水中难降解污染物的催化体系。该过程首先由臭氧光解开始,在小于 310 nm 的紫外辐射下,臭氧的光分解导致过氧化氢和羟基自由基的形成,反应式如下[4]:

$$O_3 + UV \rightarrow O_2 + \cdot O \tag{2.17}$$

$$\cdot O + H_2O \rightarrow 2 \cdot OH \tag{2.18}$$

$$2 \cdot O + H_2 \rightarrow \cdot OH + \cdot OH \rightarrow H_2O_2 \tag{2.19}$$

也可通过以下反应间接生成·OH:

$$O_3 + H_2O \rightarrow O_2 + H_2O_2 \tag{2.20}$$

$$H_2O_2 \rightarrow 2 \cdot OH \tag{2.21}$$

然而,大部分羟基自由基还会再复合成 H_2O_2,所以其产量相对较低,最终只能产生一小部分·OH[4]。

在臭氧体系中使用紫外线不仅可以促进臭氧的快速分解,缩短臭氧的寿命,而且可以通过生成 H_2O_2 来淬灭次溴酸(HOBr,生成溴酸的主要中间体),在处理含溴化物的废水时,O_3/UV 组合工艺生成的溴酸盐比单独臭氧工艺少。

在首次将紫外线灯和 O_3 结合起来的实验中发现,O_3/UV 组合工艺对 7 种目标原料药(即卡马西平、环丙沙星、克拉霉素、双氯芬酸、美托洛尔、西他列汀和磺胺甲恶唑),有 5 种的去除率为 80%~100%,其余 2 种的去除率为 40%~80%。

2. O_3/UV 组合工艺的影响因素

影响 O_3/UV 工艺经济高效运行的关键因素有溶液 pH 值、有机污染物浓度、臭氧浓度和 UV 辐射强度等[4]。

3. O_3/UV 组合工艺的不足

尽管 O_3/UV 具有强大的降解能力,但由于紫外线和臭氧的使用都需要消耗较高的电能,从而导致了更高的运行成本。另外由于废水中可能含有某些有机物、无机物、泥沙、浮游生物等,使得废水具有一定的浊度和色度,紫外光在废水中的透过性大大降低,加大了 O_3/UV 体系处理废水的工业应用难度。

2.2.3 O_3/膜组合工艺

膜工艺被认为是一种潜在的技术,可以作为臭氧化的预处理或后处理,从而在水处理过程中形成完整的屏障。工艺流程一般有三种,分别为臭氧化在膜过滤前发生、臭氧化和膜过滤同时进行以及膜过滤后再进行臭氧化。有实验表明,当使用臭氧(臭氧剂量为 15.2 mg/L)时,反渗透浓缩液可获得高达 89% 的溶解性有机碳去除率。

1. O_3/膜组合工艺常用滤膜

目前在水处理中应用较广泛的膜一般是微滤膜。微滤膜根据膜材料分为有机高分子膜和无机膜。

(1) 有机高分子膜

有机膜因其低廉的价格而得到广泛的应用,与臭氧偶联的有机膜通常由聚丙烯(PP)、聚偏氟乙烯(PVDF)、聚四氟乙烯(PTFE)制成,由于 PVDF 膜是最常见的膜,且其表面可以沉积一层催化剂,因此在催化臭氧化与滤膜耦合的研究中,PVDF 膜应用最广泛。

(2) 无机膜

陶瓷膜是目前应用最广泛的无机膜,具有对高压、高温、腐蚀性溶剂和极端 pH 值的优异抗性,近年来引起越来越多研究者的兴趣;然而由于合成和成型困难,陶瓷膜并不能满足实际的工程应用。

有研究者曾将 Mg、Ce 和 Mn 的氧化物通过共沉淀法包覆在平板陶瓷膜上,生成两种催化陶瓷膜(CCMs),即 Mg-Ce 膜和 Mg-Mn 膜。通过对羟基(·OH)的猝灭试验发现,与单独臭氧处理相比,CCMs 臭氧处理能产生更多的·OH 自由基,增强了有机降解能力;此外,膜反应器中的催化臭氧氧化对减缓膜污染起到了有效的作用。

2. O_3/膜组合工艺的优缺点

臭氧化和膜过滤的耦合是非常有前途的,因为它可以结合过滤以及催化臭氧化的优点。

臭氧对膜也有负面影响,比如臭氧和·OH 的强氧化能力可导致有机膜的氧化或降解,从而降低过滤性能。

3. O_3/膜组合工艺未来研究方向

膜的长期稳定性是未来在工业和水处理厂中应用的一个关键问题。催化膜的不可逆性污染和可能的催化剂释放都有待于进一步研究。催化剂生成·OH 的机理尚不清楚,有待进一步阐明。

2.2.4 催化臭氧氧化工艺

催化臭氧氧化工艺是指通过投加催化剂强化臭氧的分解速率,从而促进羟基自由基等具有强氧化性的氧自由基生成,进而提高水中有机污染物的去除率和臭氧的利用率。该技术具有反应迅速、流程简单、氧化能力强等优点[2]。相比 O_3/H_2O_2 体系和 O_3/UV 体系,O_3/催化剂体系处理污染物范围广,反应条件易得,不需要光照设备和调节废水 pH 值,可以降低操作费用。

1. 催化剂的制备

目前臭氧氧化催化剂的常用制备方法有浸渍法、共沉淀法、溶胶-凝胶法、水热法等。

(1) 浸渍法

浸渍法的基本原理分为两点:

① 固体与液体接触时,由于表面张力而产生毛细管压力,使得含有活性组分的液体渗透到固体内部;

② 活性组分负载在载体表面。

浸渍法主要有以下优点:各种外形与尺寸的催化剂载体价廉、易得,省去催化剂成型步骤;合适的载体可以提供较为合适的比表面积、孔径、机械强度等,满足催化剂所需物理结构特征;活性组分不仅仅负载在表面,利用率高、用量少、成本低,这对于贵金属催化剂尤为重要。

很多研究者都是采用浸渍焙烧法制备出了多元催化剂,其中负载氧化铝的臭氧催化剂制备工艺如下:将 γ-Al_2O_3 载体用蒸馏水清洗,并在马弗炉中于 65 ℃干燥。将 1%硝酸锰、1%硝酸铁和 1.5%硝酸铈溶于 100 mL 蒸馏水中,形成前驱体浸渍液。将 γ-Al_2O_3 载体(20 g)浸入前驱体浸渍液中,采用振荡浸渍和静态浸渍两种方式浸渍。振荡浸渍时间为 12 h,振荡温度为 30 ℃,振荡速度为 180 r/min;静态浸渍时间为 12 h,温度为 30 ℃。将过滤后的浸渍液放入 65 ℃的烘箱中干燥 12 h,再将干燥的催化剂放入密闭马弗炉中于 600 ℃焙烧 4 h,最终得到 Mn-Fe-Ce/γ-Al_2O_3 三元催化剂。研究发现,该催化剂有助于产生羟基自由基,具有较好的催化性能。制备流程如图 2-4 所示。

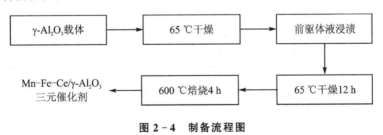

图 2-4 制备流程图

(2) 共沉淀法

共沉淀法是制备含有两种或两种以上金属元素的复合氧化物的重要方法。共沉淀法的优点在于:能够通过溶液中的各种化学反应直接得到化学成分均一的纳米粉体材料;容易制备粒度小而且分布均匀的纳米粉体材料。

有研究者曾采用共沉淀法合成了硅质铁:将含硅酸钠的前驱液溶于硝酸铁中,用 10 mol/L 的 NaOH 将 pH 值调至 7.5±0.2。经过三次离心沉淀(10 min、1 000 r/min)后冷冻干燥至少 24 h,得到硅质铁材料。实验发现,其在碱性溶液中具有良好的催化性能。制备流程如图 2-5

所示。

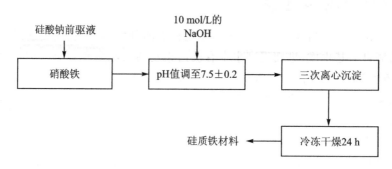

图 2-5 制备流程图

(3) 溶胶-凝胶法

有研究者曾采用溶胶-凝胶法制备了磁性可分离 $MnFe_2O_4$,具体实验方法如下:将六水合锰和非水合硝酸铁溶解在去离子水中形成混合溶液,在剧烈搅拌下将混合溶液缓慢滴入柠檬酸溶液中。缓慢加入氨水,调节溶液 pH 值至 5,形成稳定的硝酸-柠檬酸盐溶胶,在 60 ℃ 下连续搅拌 2 h,然后在 85 ℃ 水浴中蒸发,形成棕色粘性凝胶。将凝胶在 70 ℃ 下干燥后放入马弗炉中加热到 250 ℃,凝胶在此温度下发生自燃。将燃烧后的粉末置于马弗炉中于不同温度下煅烧 2 h。实验结果表明,$MnFe_2O_4$ 是一种可回收、高效、持久的臭氧氧化催化剂。制备流程如图 2-6 所示。

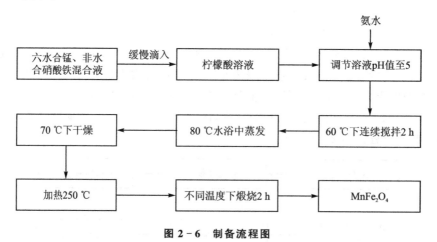

图 2-6 制备流程图

(4) 水热法

有研究者曾采用水热法制备了不同的 MnO_2 晶体。具体制备方法如下:将 $KMnO_4$ 和 $Mn(Ac)_2$ 放入高压釜中于 140 ℃ 反应 2 h 以合成 $\alpha\text{-}MnO_2$;再将 $MnSO_4 \cdot H_2O$ 和 $(NH_4)_2S_2O_8$ 放入高压釜中于 140 ℃ 反应 12 h 以合成 $\beta\text{-}MnO_2$,于 90 ℃ 反应 24 h 合成 $\gamma\text{-}MnO_2$。结果表明:$\alpha\text{-}MnO_2$ 具有最高的催化性能,对 IBU 和 MET 的降解效率可达 99%。制备流程如图 2-7 所示。

还有研究者曾通过水热法制备出了 Co_3O_4 纳米材料。他们将 0.50 g $Co(CH_3COO)_2 \cdot 4H_2O$ 溶解在 25.0 mL 的水中,在剧烈搅拌下加入 2.5 mL 25% 的氨。将混合物在空气中搅拌约 10 min,形成均匀的褐浆。将悬浮液转入 48.0 mL 的密封高压釜中并在 423 K 下维持

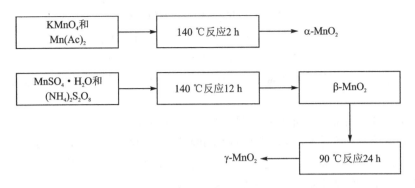

图 2-7 制备流程图

3 h,将其自然冷却至室温。通过离心分离出黑色固体产品,用水洗涤后在 383 K 下干燥 4 h,得到纳米 Co_3O_4 催化剂材料。研究发现,纳米 Co_3O_4 催化臭氧化苯酚的机理可能是臭氧分子直接与污染物反应的过程。制备流程如图 2-8 所示。

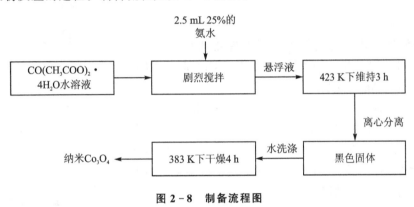

图 2-8 制备流程图

根据催化剂的类型,臭氧催化技术分为:
① 均相催化臭氧氧化技术,催化剂多为金属离子;
② 非均相催化臭氧氧化技术,催化剂种类有金属氧化物、矿物、碳材料以及复合催化剂等。

下面主要介绍这两种催化技术。

2. 均相催化臭氧氧化

(1) 均相催化臭氧氧化机理

均相催化臭氧氧化是指利用过渡金属离子分解臭氧。主要有两种均相催化臭氧氧化机制:

① 金属离子通过分解臭氧分子从而生成羟基自由基。

多数研究者均认可均相催化臭氧氧化过程遵循自由基机制,即臭氧分子在催化剂表面活性位上吸附并发生扭曲、分解,经过一系列电子传递过程生成羟基自由基、超氧自由基、单线态氧等强氧化性物质。这些自由基非常活泼,随后在催化剂表面或液相中进攻有机污染物,将它们氧化降解。

此过程可用以下方程式简单表示[4]:

$$M^{n+} + O_3 + H^+ \rightarrow M^{(n+1)+} + \cdot OH + O_2 \tag{2.22}$$

$$O_3 + \cdot OH \rightarrow O_2 + HO_2^- \cdot \quad (2.23)$$
$$M^{(n+1)} + HO_2^- \cdot + OH^- \rightarrow M^{n+} + H_2O + O_2 \quad (2.24)$$
$$M^{n+} + \cdot OH \rightarrow M^{(n+1)+} + HO^- \quad (2.25)$$

由于过量的金属离子会清除生成的羟基自由基,因此优化催化剂用量对催化臭氧氧化过程至关重要。

② 有机分子与催化剂之间形成络合物,并使络合物氧化。

对一些相对低分子质量的酸,如草酸和丙酮酸等,金属离子与污染物间形成络合物可能是催化臭氧化的主要反应途径[4]。

其中溶液的 pH 值和过渡离子的浓度等参数会影响均相催化氧化过程的效率和机理。

Pines 和 Reckhow[5] 曾报告了在存在 Co(Ⅱ)离子的情况下草酸的催化臭氧氧化机制:通过有机分子和金属离子之间的络合物进行(如图 2-9 所示)。

(2) 均相催化剂

在均相催化氧化中应用较为广泛的催化剂有:Mn(Ⅱ)、Fe(Ⅲ)、Fe(Ⅱ)、Co(Ⅱ)、Cu(Ⅱ)、Zn(Ⅱ)、Cr(Ⅲ)、Ni(Ⅱ)、Co(Ⅱ)、Cd(Ⅱ)、Ag(Ⅰ)等。

有研究者曾探究了 Co(Ⅱ)、Fe(Ⅱ)、Mn(Ⅱ)、Ni(Ⅱ)和 Zn(Ⅱ)5 种不同的过渡金属离子降解小浓度的 p-CBA 的催化性能,研究发现,O_3/Co(Ⅱ)和 O_3/Fe(Ⅱ)体系的降解效果最好,催化体系提高了臭氧的分解速率并产生了更多的羟基自由基,从而提高了 p-CBA 的降解速率。

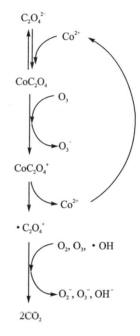

图 2-9 Co(Ⅱ)离子存在下草酸氧化机理

有研究者提出了溶液 pH 值为 3 时 Fe^{2+}/O_3 的反应机理(式 2.26～式 2.27)。臭氧与 Fe^{2+} 反应生成 FeO^{2+} 和 O_2,FeO^{2+} 再与水反应生成羟基自由基和 Fe^{3+}。当 Fe^{2+} 浓度比较高时,FeO^{2+} 会与 Fe^{2+} 反应生成 Fe^{3+},而不会产生羟基自由基(式 2.28)。

$$O_3 + Fe^{2+} \rightarrow FeO^{2+} + O_2 \quad (2.26)$$
$$FeO^{2+} + H_2O \rightarrow Fe^{3+} + \cdot OH + OH^- \quad (2.27)$$
$$FeO^{2+} + Fe^{2+} + 2H^+ \rightarrow 2Fe^{3+} + H_2O \quad (2.28)$$

也有研究者曾通过实验评价了不同金属离子(Fe^{2+}、Co^{2+} 和 Al^{3+})对城市污水的消毒效果。结果表明,Fe^{2+} 是最有效的抑制再生的金属离子,且在臭氧氧化过程中加入金属离子能够同时增强消毒、除害以及抑制细菌复活的能力,与单一臭氧氧化相比,可节省 30%～50% 的臭氧剂量需求。

(3) 局限性

尽管均相催化臭氧氧化工艺在某些情况下可以有效地去除水中的有机污染物,但同时均相催化剂也存在以下问题:

① 金属离子的回收再利用非常困难,一般需要联合后续金属离子分离技术,增加了该体系的操作复杂性及运行成本;

② 未回收的金属离子催化剂易造成水体的二次污染,对人类健康和生态安全造成不利

影响;

③ 催化效果受溶液 pH 值影响较大,溶液 pH 值的大小决定了金属离子在水体中的存在形态,均相催化剂催化臭氧氧化过程通常需要在酸性条件下进行,而实际废水的溶液 pH 值一般在 6~9 范围内,不利于均相催化剂的实际应用。

3. 非均相催化臭氧氧化(HCO)

(1) 非均相催化臭氧氧化机理

在非均相催化臭氧氧化过程中,有机污染物的降解包括以下三种途径:

① 臭氧吸附在催化剂表面,分解成·OH 等活性氧自由基,再氧化降解有机污染物;

② 有机污染物吸附在催化剂表面或者与催化剂形成催化剂-有机污染物复合物结构,臭氧攻击、降解吸附在催化剂表面的有机污染物;

③ 臭氧和有机污染物均吸附在催化剂表面,然后二者在催化剂表面发生反应。

1) 自由基反应机理

自由基反应机理主要是指臭氧吸附在催化剂表面的活性位点上并被分解为氧化能力更强的羟基自由基(·OH),再以羟基自由基氧化有机物。羟基自由基有着比臭氧更高的氧化电位,其与大多数有机物的反应速率能达到 $10^7 \sim 10^{10}$ mol·L^{-1}·s^{-1},可以与有机物无选择性地进行氧化反应,从而提高有机物的去除率和矿化度。羟基自由基与有机物的反应有三种类型:加成反应、夺氢反应和电子转移反应。加成反应是最普遍、最快的反应,当加成反应不可进行时,羟基自由基与有机物发生夺氢反应,电子转移反应则相对少见。

Bulanin 等[6]提出了 O_3 被催化剂表面的金属氧化物氧化产生自由基的机理,机理如下:

$$M_xO_y + O_3 \rightarrow M + O_2^- \cdot \tag{2.29}$$

臭氧与 M_xO_y(M 指金属元素,O 为氧原子)作用产生了 $O_2^- \cdot$ 和 HO_2^-。

$$O_2^- \cdot + O_3 \rightarrow O_3^- \cdot + O_2 \tag{2.30}$$

$$O_3^- \cdot + H^- \rightarrow HO_3 \cdot \tag{2.31}$$

$$HO_3 \cdot \rightarrow \cdot OH + O_2 \tag{2.32}$$

氧空位理论属于自由基理论中的特例。氧化物的表面常存在大量的晶格缺陷,这些缺陷对催化剂上臭氧的分解途径产生了很大的影响,其中磁性多孔尖晶石结构 $MeFe_2O_4$ 就具有大量的氧空位。在催化氧化过程中,晶格氧失去电子被氧化成氧气,原晶格氧位置形成了空穴,在富氧状态下空穴导电迅速还原成晶格氧,从而确保了氧的连续供应及催化活性。

2) 表面配位络合机理

表面络合机理是指催化剂通过配位络合作用吸附有机物,然后被催化剂表面或液相中的氧化剂(O_3、·OH 等)氧化分解。对于非均相催化剂,络合机理类似于均相金属离子催化臭氧反应机理:过渡金属离子具有空的 d 轨道,同时大多数有机污染物具有不饱和键、芳环等电子云密度很大的官能团,两者之间容易形成金属有机配合物[4]。表面配位络合理论适用于容易被催化剂表面吸附的有机污染物(如草酸、水杨酸、丙酸、丙酮酸等)。在该机理中,溶液 pH 值与催化臭氧氧化效率的关系密切,因为催化剂表面对 O_3 和有机物的吸附受催化剂的 pH_{pzc}、有机物的 pK_a 和溶液 pH 值的影响很大[4]。

Legube 等人[7]的研究发现,金属负载催化剂活化臭氧降解有机酸的过程遵循表面配位络合机理(如图 2-10 所示)。

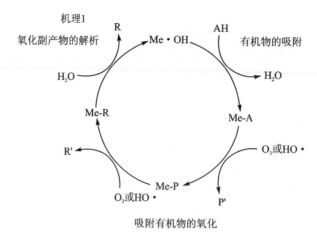

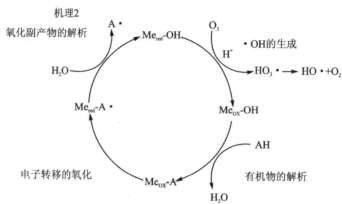

图 2-10 负载金属型催化剂的催化臭氧氧化机理

3) 二者结合机理

催化剂配位络合与自由基反应相结合的机理是指催化剂与臭氧和有机物均有相互作用,它既能吸附水中有机污染物形成亲和性的表面螯合物,又能催化臭氧分子分解产生高氧化性的自由基,可以取得更好的催化臭氧氧化效果。在酸性条件下臭氧分子反应尤为明显,在碱性条件下臭氧分子和羟基自由基($\cdot$OH)都有助于除去水中有机污染物。

(2) 非均相催化剂

在非均相催化臭氧氧化过程中,固体催化剂可回收再利用,从而避免或者减弱了催化剂带来的二次污染,也降低了催化剂的使用成本。制备高效稳定的固体催化剂是非均相催化臭氧氧化技术的重点。近几十年来,各种固体催化剂被研究应用于催化臭氧氧化技术中。目前应用较广泛的非均相催化剂主要有以下几大类:金属氧化物、碳基材料、矿物和复合材料等[4]。

1) 金属氧化物催化剂

固态多相催化能更有效地分解 O_3 生成 $\cdot$OH,并将环境中一般不溶性金属元素由弱酸转化为弱碱,具有分离方便、可重复利用等优点。以过渡金属氧化物为主要活性组分的多相催化剂因其高活性、高稳定性和低成本而受到广泛关注。

决定金属氧化物催化特性的主要参数是酸度和碱度。金属及金属氧化物的物理及化学特性包括比表面积、密度、孔隙体积、晶体结构、粘滞度、孔隙率、化学稳定性、活性位置、Lewis 酸碱位置等也影响着催化剂的活性。Lewis 酸位置位于金属阳离子上,而 Lewis 酸位被认为是金属氧化物表面的活性位置。金属氧化物离子交换能力可以用 pH_{PZC} 判断,即金属氧化物在零价电位点时的 pH 值。大部分的金属氧化物都具有两性离子的交换能力,而硅的 pH_{PZC} 较低,因此只具有阳离子交换的能力。金属氧化物表现为酸性还是碱性,主要取决于其 pH_{PZC} (见图 2-11)。

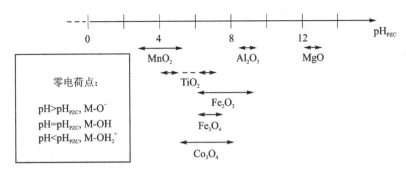

图 2-11 不同金属氧化物的 pH_{PZC} 的映射

金属氧化物主要分为铁基、锰基、铝基、钛基等,以下列举了一些应用较为广泛的金属氧化物催化剂。

a) 锰基催化剂

锰元素在地壳中含量丰富,作为重金属元素其含量仅次于铁,且价格低廉、无毒。由于锰有多种可变的氧化价态(+2~+7),使其电子很容易发生转移,所以锰氧化物具有很高的催化活性[1],是目前较为常见的臭氧氧化催化剂,其中研究最多的是 MnO_2。

氧化锰催化臭氧氧化的反应机理主要有两种:

(i) 氧化锰的晶型 Mn^{3+} 作为活性位分解臭氧产生含氧自由基;

(ii) 氧化锰吸附有机物降低了臭氧与有机物直接反应的活化能。

Zhou 等人[8]曾探究过二氧化锰催化臭氧氧化降解苯酚的机理,如图 2-12 所示。

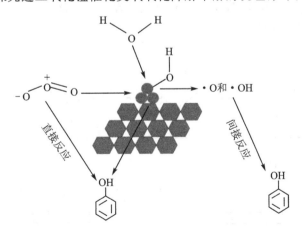

图 2-12 MnO_2 催化臭氧氧化降解苯酚的机理

有研究者曾采用水热法制备了不同的 MnO_2 晶体。具体制备方法如下:将 $KMnO_4$ 和 $Mn(Ac)_2$ 放入高压釜中于 140 ℃反应 2 h 以合成 α-MnO_2;再将 $MnSO_4 \cdot H_2O$ 和 $(NH_4)_2S_2O_8$ 放入高压釜中于 140 ℃反应 12 h 以合成 β-MnO_2,于 90 ℃反应 24 h 合成 γ-MnO_2。研究发现 α-MnO_2 晶体含有丰富的氧空位和易于还原的表面吸附氧,其对 IBU 和

MET 的降解效率很高,可达 99%,且 α-MnO_2 的引入促进了活性氧(O_2^-、O^-、OH^-)的生成,在 IBU 降解过程中发挥了重要作用。

为了提高 MnO_2 催化剂的耐水性,研究者们曾提出三种方法:掺杂其他电负性相对较高的金属,诱导 Mn-O 的结构畸变;将 MnO_x 分散在活性炭、γ-Al_2O_3 等载体上,增加表面氧空位的比例;通过酸、碱和热脉冲处理修饰 MnO_x 的固有结构。有研究人员曾提出并应用选择性溶解 $LaMnO_3$ 的方法制备 γ-MnO_2,其中钙钛矿型 $LaMnO_3$ 前驱体是采用溶胶-凝胶法制备的。具体制备工艺如下:将 $La(NO_3)_3 \cdot 6H_2O$ 和 $Mn(NO_3)_2$ 与过量柠檬酸溶解在 500 mL 去离子水中,得到凝胶前驱体溶液。于 80 ℃下剧烈搅拌凝胶前驱体溶液直到形成黄色凝胶,将凝胶在 120 ℃下干燥过夜,使其变成海绵状的干燥固体。对固体进行粉碎并分别在 300 ℃ 和 700 ℃下煅烧 3 h 和 5 h,以稳定钙钛矿结构。为了将结构从钙钛矿转移到锰氧化物,将 $LaMnO_3$ 前驱体在 3 mol/L HNO_3 溶液中浸泡 4 h 并用去离子水冲洗到中性 pH 值,在 80 ℃下干燥过夜。该方法有效地结合了第一种和第三种方法。结果表明,该催化剂在稀 HNO_3 溶液中表现出更高的比表面积且其表面存在大量氧空位,提高了氧化性能,且无论是在干燥或潮湿的环境中,类 γ-MnO_2 的活性和稳定性均得到显著提高。

b) 铁基催化剂

由于铁基材料具有优越的催化活性,在自然界中含量丰富,很容易合成且材料几乎没有毒性,其在环境修复中得到了广泛的研究。某些铁基催化材料还具有特殊的性质,如 Fe_3O_4 和铁基尖晶石类催化剂具有一定磁性,FeOOH 具有较高的羟基密度,以此为代表的铁基催化剂在催化臭氧化体系中均表现出了较高的活化性能。

氧化铁催化臭氧氧化的反应机理主要有三种:

(i) 氧化铁表面羟基基团作为活性位分解臭氧产生含氧自由基;

(ii) 氧化铁中晶格 Fe^{2+} 作为活性位分解臭氧产生含氧自由基;

(iii) 氧化铁吸附有机物降低了臭氧和有机物直接反应的活化能。

Zhang 等人[9]曾提出 FeOOH 催化臭氧氧化过程是通过催化臭氧分解其表面羟基,生成羟基自由基实现的(机理见图 2-13)。

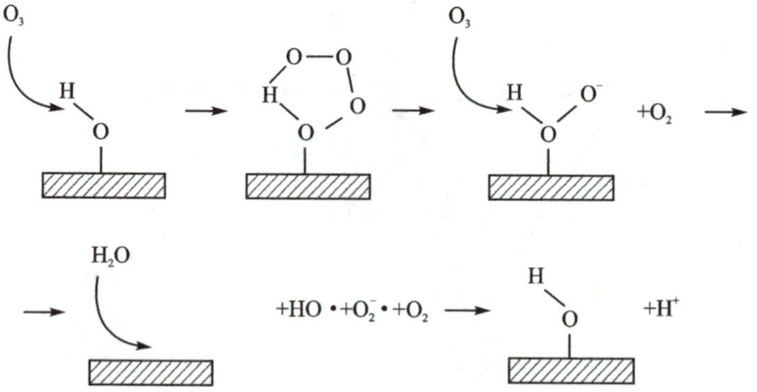

图 2-13 FeOOH 存在下羟基自由基的生成机理

Zhu 等[10]研究了多孔 Fe_3O_4 催化臭氧氧化水中(pH = 5.5)莠去津的效果。他们采用了 KIT-6 纳米铸造工艺制备有序介孔 Fe_3O_4:将 1.0 g $Fe(NO_3)_3 \cdot 9H_2O$ 溶解于 20 mL 乙醇中,加入 1.0 g 介孔二氧化硅 KIT-6。在室温下搅拌 12 h 后得到干粉,随后在烤箱中慢慢加热至 600 ℃并在此温度下煅烧 6 h。用碱处理的方法去除硅模板,用水和乙醇进行多次清洗后在

60 ℃真空条件下干燥过夜。最后,在 5% H_2-95% Ar 的气氛下,将得到的复合材料于 350 ℃下加热 1 h。结果表明,单独臭氧氧化中莠去津去除率为 9.1%,纳米 Fe_3O_4 催化臭氧氧化中莠去津的去除率为 25.0%,多孔 Fe_3O_4 吸附作用的莠去津去除率为 5.1%,多孔 Fe_3O_4 催化臭氧氧化中莠去津去除率为 82.0%,且实验发现,多孔 Fe_3O_4 催化臭氧分解产生的羟基自由基是提高莠去津去除率的主要因素。

尖晶石铁素体 $MnFe_2O_4$ 是一种典型的含锰铁化合物。它是一种优良的软磁材料,具有优良的结构稳定性[10]。其稳定的矿物学结构可以防止金属离子的浸出,同时其丰富的表面羟基可以为催化臭氧分解提供活性位点。有研究人员曾采用静电纺丝法制备了可分离的磁性 $MnFe_2O_4$,具体制备流程如下:首先采用改进的 Hummers 法合成氧化石墨烯(GO),将 0.11 g、0.56 g、1.13 g 的 GO 分别加入含有 10 mL 乙醇和 10 mL DMF 的溶液中;再加入 $Fe(NO_3)_3$ 和 $Mn(NO_3)_2$[Fe(Ⅲ):Mn(Ⅱ)的摩尔比为 2:1]得到混合溶液;然后在上述混合溶液中加入 10% 的 PVP,在室温下大力搅拌,形成粘性均匀的溶液,用于纺丝。在此制备过程中采用静电纺丝机对纤维进行定型,将电纺复合纳米纤维放入烤箱中于 80 ℃下反应 8 h;然后将干燥的复合材料分别在 300 ℃、400 ℃、500 ℃ 和 600 ℃下煅烧并冷却至室温。结果表明,$MnFe_2O_4$ 催化臭氧氧化分解效率高,有利于产生更多的羟基自由基。

c) 铝基催化剂

氧化铝多作为复合催化剂中的载体被研究,但由于其本身也具有催化活性,故也被广泛用作催化臭氧氧化的金属氧化物。

氧化铝催化臭氧氧化的反应机理主要有两种[11]:

(i) 氧化铝表面羟基基团作为活性位分解臭氧产生含氧自由基;

(ii) 氧化铝吸附有机物降低了臭氧与有机物直接反应的活化能。

相关文献中有对 Al_2O_3 催化臭氧氧化反应机理的猜测:首先臭氧与 Al_2O_3 表面上的羟基发生反应,从而生成 HO_2^-。HO_2^- 是一种自由基链式反应的引发剂,HO_2^- 与臭氧分子发生反应,最终生成羟基自由基。也有研究者曾尝试用声化学法制备磁性氧化铝纳米材料并将其应用于催化臭氧氧化城市二级废水中的苯并三唑,具体实验流程如下:将 1.2 g 异丙醇铝溶解于乙醇(250 mL)中形成透明溶液,将 720 mg Fe_3O_4 NPs 溶解于异丙醇铝溶液中,超声处理 20 min;随后加入 300 mL 水和乙醇的混合溶液(1:1)再超声处理 2 h。将得到的固体分离,用纯乙醇洗涤 5 次,随后在 80 ℃真空干燥 12 h,将干燥的棕色粉末在 500 ℃下煅烧 3 h。实验发现污染物去除率受初始 pH 值影响较大,在接近零电荷的 pH 值时,催化活性最高,说明氧化铝的表面羟基在催化过程中起着重要作用。

d) 钛基催化剂

二氧化钛(TiO_2)是另一种常用的催化剂,其在臭氧氧化过程中具有较好的化学稳定性,生产成本相对低廉,且无毒。

二氧化钛催化臭氧氧化的反应机理主要有三种:

(i) 二氧化钛表面质子化羟基基团作为活性位分解臭氧产生含氧自由基;

(ii) 二氧化钛的晶格 Ce^{3+} 作为活性位分解臭氧产生含氧自由基;

(iii) 二氧化钛吸附有机物降低了臭氧与有机物直接反应的活化能。

Chen 等人[12]提出当金属氧化物被用作催化剂时,材料中的晶格氧也会参与催化反应,有助于金属价态的循环,如 Ni^{2+}/Ni^{3+};且在此基础上提出了 $NiCo_2O_4/O_3$ 体系去除 SMT 的可能机理,如图 2-14 所示。

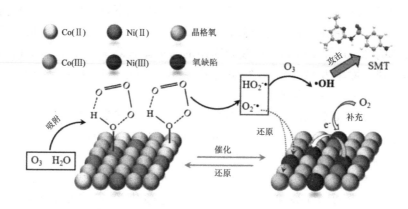

图 2-14 NiCo$_2$O$_4$/O$_3$ 体系去除 SMT 的可能机理

  晶体相被认为是影响 TiO$_2$ 催化活性的主要因素之一。TiO$_2$ 有四种主要的物理形态：铝矾土(正交)、锐钛矿(四方)、金红石(四方)和 TiO$_2$-b(可能是单斜晶)。通常认为锐钛矿是光催化反应中的活性相，而纯金红石在光催化反应中几乎没有表现出催化活性。有研究者曾采用水热法合成了具有不同形貌和微晶相的 TiO$_2$ 纳米结构，具体实验流程如下：将 3 g 二氧化钛粉末溶于 10 mol/L NaOH 中并在不同温度(110 ℃、160 ℃ 和 200 ℃)下于常压下放置 24 h，将沉淀的粉末冷却到室温后，用 0.1 mol/L HCl 和去离子水过滤和洗涤，直至溶液 pH 值为 7.0。产品在 80 ℃ 风干后，分别在 400 ℃、600 ℃、750 ℃ 和 800 ℃ 的箱式炉中以 5 ℃/min 的升温速率煅烧 2 h，然后让其自然冷却至室温。结果发现苯酚的初始降解速率(IDR)主要由表面羟基主导，较大的比表面积和较高的金红石更有利于苯酚的催化臭氧氧化，而 TiO$_2$ 的形貌对苯酚催化臭氧氧化的影响很小。

  二氧化钛纳米管阵列催化剂在光催化和臭氧技术等高级处理技术中也有大规模应用。Lincho 等人通过光催化和臭氧技术制备了不同的 TiO$_2$ 纳米管催化剂，并分析了它们对尼泊金甲酯(MP)、尼泊金乙酯(EP)和尼泊金丙酯(PP)混合物的去除效率。结果表明钛纳米管主要是通过分子臭氧的直接途径完成对羟基苯甲酸酯的降解。

  2) 其他氧化物催化剂

  除了上述几种催化剂，还有其他常见的氧化物催化剂，如 ZnO、MgO、Co$_3$O$_4$ 等。

  有报道曾提出，MgZnO 催化臭氧氧化脱除 INH 的机理(如图 2-15 所示)：水分子首先吸附在 MgZnO 表面，分解成 OH$^-$ 和 H$^+$。0.10-MgZnO 上的 Lewis 酸位点和 Brønsted 碱基位点分别与 OH$^-$ 和 H$^+$ 相互作用，溶液 pH 值(7.2)远低于 MgZnO 的 pH$_{pzc}$，使表面羟基质子化，溶液中的 H$^+$ 浓度降低。加入 MgZnO 后，溶液 pH 值增大到 7 以上，溶解的臭氧既直接与 INH 反应，也与溶液中的 OH- 反应生成 ·O$_2^-$。此外，溶解的臭氧通过静电力和氢键与表面质子化的羟基相互作用，形成 ·O$_2^-$。在 MgZnO 臭氧氧化过程中形成的两部分 O$_2^-$ 均与 INH 反应，提高了 INH 的去除率。

  有研究者制备了 5 组孔径为 10~168 nm 的氧化锌纳米管阵列，作为内催化臭氧的微柱催化剂反应器(MCRs)，结果表明 ·OH 暴露量随着孔径的减小而显著增大，孔径最小的 MCRs 处理效果最佳。

  也有研究者曾通过臭氧单独、臭氧/Co$_3$O$_4$ 和臭氧/Co$_3$O$_4$ 纳米颗粒的半连续实验，研究了苯酚在水溶液中的降解效率。采用了水热法制备 Co$_3$O$_4$ 纳米材料，具体实验流程如下：将

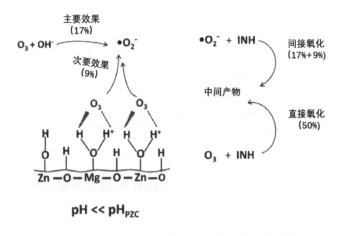

图 2-15　MgZnO 催化臭氧氧化脱除 INH 的机理

0.50 g Co(CH₃COO)₂·4H₂O 溶解在 25.0 mL 的水中,在剧烈搅拌下加入 2.5 mL 25% 的氨,将混合物在空气中搅拌约 10 min 直至形成均匀的褐浆。将悬浮液转入 48.0 mL 的密封高压釜中并在 423 K 下维持 3 h,然后自然冷却至室温。将黑色固体产品进行离心和洗涤后于 383 K 下干燥 4 h 得到 Co_3O_4 纳米颗粒。结果表明,与体积较大的 Co_3O_4 和单独臭氧降解相比,Co_3O_4 纳米催化剂催化臭氧降解苯酚及其中间体的效率显著提高。

3) 复合材料

然而,单一金属载体催化剂,如 MgO 或 MnO_2,尽管价格低廉,但仍无法满足实际工程的需求。近年来,复合催化剂的发展成为多相催化臭氧氧化的研究热点。将催化剂负载在具有特殊表面性质的载体上可以增加材料的表面积和活性位点[4],现阶段应用较广泛的复合材料主要分为金属和金属复合、金属和非金属复合两大类。

a) 金属和金属复合的催化剂

在金属和金属复合的催化剂中常用的载体是金属氧化物(Al_2O_3、ZnO、CeO_2),它们具有表面积大、化学稳定性好、促进催化效果能力强等优势。

多元金属氧化物催化臭氧氧化的反应机理主要有四种:

(i) 催化剂表面羟基基团或质子化的羟基基团分解臭氧产生含氧自由基;

(ii) 催化剂晶格中低价态的过渡金属离子与臭氧发生电子转移反应产生含氧自由基;

(iii) 催化剂吸附有机物降低臭氧与有机物的直接反应活化能;

(iv) 不饱和有机物和臭氧反应产生的过氧化氢与臭氧反应产生含氧自由基。

有研究者曾提出 MgO/Co_3O_4 金属氧化物复合催化剂催化臭氧氧化的反应路径(见图 2-16):在第一步中,臭氧将氧原子转移到催化剂表面活性位点(氧空位等)的 Cl^- 离子上,产生 Cl^- 离子。次氯酸再氧化催化剂上的 NH_4^+ 离子形成中间产物(氯胺等),这些中间产物进一步氧化生成 NO_2^-、NO_3^- 等气态氮化合物。

据报道,通过浸渍焙烧法可以成功制备介孔 $\gamma\text{-}Al_2O_3$ 负载的锰铈混合氧化物($Mn\text{-}CeO_x/\gamma\text{-}Al_2O_3$)催化剂,在催化臭氧化溴胺酸(BAA)时发现催化剂表面质子化的羟基 $S\text{-}OH_2^+$ 是臭氧分解的活性位点,·OH 和 $O_2\cdot^-$ 是主要的活性氧物种。$Mn^{3+/4+}$ 和 $Ce^{3+/4+}$ 的多价态氧化还原偶以及这些氧化还原偶与晶格氧之间的电子转移,使 Mn 和 Ce 具有协同作用,催化活性得以提高。

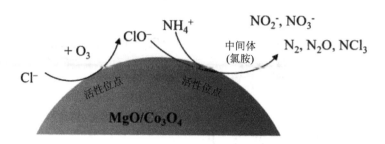

图 2-16 Cl^- 在 MgO/Co_3O_4 上催化臭氧化氨的途径

有研究者曾采用湿浸渍法将氧化镍负载在氧化铝上,研究其对废水中 2,4,6-三氯苯酚的降解效能。具体制备流程如下：将 $Ni(NO_3)_2 \cdot 6H_2O$ 溶液与 EDTA 溶液混合并用 NH_4OH 调节溶液 pH 值使其保持在 8 左右以得到蓝色的 Ni-EDTA 络合物溶液。为了制备载体,将 5 g 氧化铝溶解于 50 mL 的去离子水中,在氧化铝混合物中加入硝酸,直到溶液 pH 值小于氧化铝的 pH_{zpc},将 Ni-EDTA 络合物溶液缓慢加入氧化铝混合物中,并于 100~150 ℃ 搅拌以去除溶剂。制备的催化剂在 105 ℃ 下干燥过夜以除去水分,并在 550 ℃ 下煅烧 1 h。研究发现,在较高的 pH 值下,臭氧分解和羟基自由基的生成使污染物脱除效率提高,当催化剂用量为 5 g/L,污染物浓度为 75 mg/L,pH 值为 4,反应时间为 40 min 时,脱除率最高,可达 83.44%。

也有人曾采用浸渍法制备了负载在 $\gamma\text{-}Al_2O_3$ 微球上的锰和铜氧化物,以提高其去除率。实验结果表明,$MnO_2/\gamma\text{-}Al_2O_3$ 和 $CuO/\gamma\text{-}Al_2O_3$ 催化剂均表现出良好的催化性能。在 71 s 内,CuO/Al_2O_3 对 COD 的去除率为 86.3%,MnO_2/Al_2O_3 为 76.9%,单独 Al_2O_3 为 71.6%,单独臭氧氧化为 35.8%。此外,$CuO/\gamma\text{-}Al_2O_3$ 催化剂在长时间连续流动试验（100 h）中保持了相对稳定的活性。

还有研究者发现在低负载量下负载铈的氧化钯（PdO/CeO_2）在催化臭氧化草酸盐时非常有效。结果表明,该催化剂的高活性与 PdO 和 CeO_2 的协同作用有关,表面的原子氧容易与表面的草酸铈配合物发生反应,从而提高催化性能。

据报道,通过传统热分解法可以成功合成掺镁 ZnO：将 $Zn(NO_3)_2$ 和 $Mg(NO_3)_2$ 在 600 ℃ 的马弗炉中煅烧 4 h,合成 Mg 掺杂 ZnO 粉末；$Zn(NO_3)_2$ 在同样的条件下煅烧以制备 ZnO 粉末。与单独臭氧氧化和氧化锌催化臭氧氧化相比,掺镁氧化锌催化臭氧氧化过程中异烟肼的去除率有所提高。

b）金属和非金属复合的催化剂

研究发现,通过金属-非金属的合理复配,可强化催化剂表面对臭氧/有机物的吸附性能和催化性能,进一步提升低浓度有机物下的反应效率。近年来,金属（或其氧化物）与非金属的复合型催化剂由于具备良好的催化效果与独特的反应机制,受到越来越多的关注。

南京理工大学魏卡佳团队还曾设计了一种掺杂 Fe/N 的微米级碳-Al_2O_3 框架（CAF）,并将其应用于煤气化二级出水的流化催化处理。催化剂的合成包括浸渍、预氧化、厌氧热解三个步骤：首先,将直径为 50~75 μm 的 Al_2O_3 粉末完全浸入含有 d-葡萄糖和柠檬酸铁铵的前驱体溶液中,振荡 10 min 后收集表面有前驱体的 Al_2O_3 粉末,风干 24 h。然后在空气中使用马弗炉进行预氧化,以 5 ℃/min 的速率将温度提高到 200 ℃,并保持 2 h。最后在氩气下进行厌氧热解,以 5 ℃/min 的速率将温度升到 600 ℃ 并保持 4 h,得到的黑色粉末为 Fe-N-CAF-h。研究发现,Fe/N 掺杂 CAF 的化学需氧量去除率常数和羟基自由基生成效率（Rct）分别比纯臭氧高 190% 和 429%,催化机理符合羟基自由基理论。

魏卡佳教授还提出了一种二维金属-非金属复合箔催化臭氧氧化构效关系研究与动态反应体系构建,并获得了国家自然科学基金。他提出三维催化剂"二维化":将催化剂厚度减小至微米级别,使其获得较高的比表面积,同时在长宽二维平面上维持毫米级以上的宏观尺寸并通过调节气/水条件使催化床层间歇膨胀以构建一种动态化的填充床臭氧反应器,从而提高反应体系的抗结垢性能与长期运行的稳定性。催化剂具体制备工艺如下:以 Ti、Al、Zn、Ni 等过渡金属的二维箔片(厚度 100~200 μm)为基础材料,通过脱脂、打磨、拉丝、水洗等工艺,处理得到表面存在凹凸条纹(拉丝条纹)的二维基底。以磷酸、硫酸、草酸等溶液为电解质,采用阳极氧化工艺在二维基底上原位制备对应的金属氧化物纳米孔阵列,经腐蚀、破孔、热稳定后,得到具有高比表面积、高粗糙度、半柔性的轻质二维载体;在载体基础上,以金属盐和有机物为前驱体,采用真空压力诱导-原位沉积-热氧化/还原技术,原位负载 Fe、Co 或 Mn 等臭氧催化活性金属(或其氧化物),以及 C、N 或 Si 等非金属,制备得到金属-非金属协同负载的轻质型二维臭氧催化材料。将二维催化材料进行碎片化处理,并在圆柱形填充床反应器内堆叠形成疏松的催化床层,利用水力调控与脉冲进气等手段促使催化床层间歇膨胀(即动态床),从而破坏成垢离子沉积所需的静态环境,抑制催化剂结垢过程并延长催化剂使用寿命,以此构建形成动态床臭氧催化氧化 q 反应体系。

有研究者曾通过共沉淀法合成了硅质水硬铁(FhSi),其采用不同 Si/Fe 摩尔比的硅酸钠和硝酸铁合成 FhSi:将含硅酸钠的前驱液溶于硝酸铁中,在 298.15 K 的温度下用 10 mol/L NaOH 滴定溶液至 pH 值为 7.5±0.2,对共沉淀的浆液进行 1 h 的陈化,以促进 pH 值的稳定。最后,将沉淀过滤三次,离心(1 000 r/min,10 min)并冷冻干燥至少 24 h 得到 FhSi 材料。表征结果发现,Fe-O-Si 键的形成没有改变纯 Fh 的非晶态,但增加了比表面积(SBET),降低了零电荷点(pH_{PZC}),促进了 FhSi 表面中性表面羟基物种的生成。也有研究者发现负载锰和负载铁的生物炭(MnO_x/生物炭和 FeO_x/生物炭)表现出良好的臭氧催化活性。在 pH=7.0 条件下,O_3(2.5 mg/L)可在 30 min 内去除 48% 的阿特拉津(ATZ),经证实羟基自由基(·OH)为催化氧化过程中的主要氧化剂。

还有人曾用过度浸渍法制备了 MgO/陶瓷蜂窝(MgO/CH)复合材料,并考察了其在中性初始 pH 值下对醋酸臭氧氧化的催化活性。具体制备工艺如下:在制备 MgO/陶瓷蜂窝复合材料前,将陶瓷蜂窝在超声浴中蒸馏水清洗 1 h,并在 600 ℃ 空气中煅烧 2 h,将清洗后的陶瓷蜂窝标记为 CH。将 CH(80.0 g)与硝酸镁溶液[0.7 mol/L $Mg(NO_3)_2$]在烧杯中超声浴 1 h,在没有超声的情况下继续保存 7 h。将硝酸镁溶液浸渍的 CH 在 110 ℃ 的空气中干燥 8 h,然后在 600 ℃ 的空气中煅烧 4 h 得到 MgO/CH。结果表明,在相同条件下,MgO/CH 的臭氧氧化效率明显高于单独臭氧氧化效率,MgO/CH 的表面活性位点也加快了臭氧的分解速率,从而使臭氧降解效率进一步提高。

Zhao 等人阐述了在浸渍 Mn 和 Cu 的蜂窝陶瓷上臭氧的分解机理(如图 2-17 所示):不带电表面结合的羟基引起臭氧分解,催化剂表面中间物质的生成加速了硝基苯在本体溶液中的分解。

4) 矿 物

臭氧氧化过程中用作催化剂的矿物有:纯堇青石、钙钛矿和沸石,也可以用金属或金属氧化物对矿物进行改性。

沸石是一种价廉易得的多孔架状硅铝酸盐材料,有着特殊的优良表面特性和吸附性能,作为催化材料或者复合材料的优选载体都体现出了极大的优势[1]。有研究发现很多金属沸石催

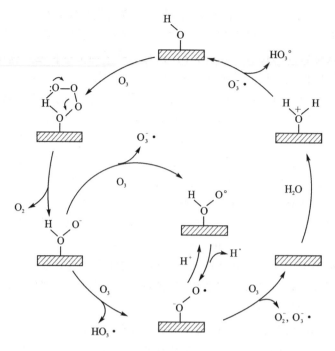

图 2-17 金属改性陶瓷蜂窝表面臭氧分解机理研究

化剂均对水杨酸(SA)降解有积极影响,在多相催化臭氧化过程中,无论使用何种沸石,都能提高有机物的矿化程度且沸石基催化剂稳定性很强。

研究发现,与臭氧自分解相比,存在火山砂的臭氧分解受自由基清除剂的影响较小。此外,通过 HCl-羟胺处理对沸石和火山材料进行改性,导致两种材料分解臭氧的能力发生变化。在改性沸石的情况下,分解臭氧的能力显著增强,可能是由于刘易斯酸位点的增加。结果表明,经盐酸酸化后的沸石结构发生了变化,导致铝以可溶形式排出,并被四个羟基取代:

钙钛矿型氧化物作为另一种矿物因其在不同领域(如废气或通过化学催化反应净化水)的优异性能而备受关注。由于钙钛矿中存在丰富的氧空位和阳离子空位,其催化活性很高。Zhang 等人发现,以钙钛矿氧化物($LaFeO_3$ 和 $LaCoO_3$)为催化剂在同步降解苯并三唑(BZA)和消除溴酸盐方面表现出良好的性能,催化过程符合自由基机理。

有研究者曾采用溶胶-凝胶法合成了具有不同 A 位的掺铈镧铁氧体钙钛矿氧化物($La_{1-x}Ce_xFeO_3$),并首次将其用作对硝基苯酚(PNP)矿化的臭氧氧化催化剂。具体制备流程如下:首先,将相应量的 $La(NO_3)_3 \cdot 6H_2O$、$Ce(NO_3)_3 \cdot 6H_2O$、$Fe(NO_3)_3 \cdot 9H_2O$ 溶解于去离子水中。然后将其加入到柠檬酸水溶液中,以保持总金属阳离子的摩尔量为柠檬酸的1.5 倍。将混合物放入水浴中(70 ℃)并剧烈搅拌直至产生粘性凝胶。将凝胶于 110 ℃下干燥

12 h 并在 500 ℃下煅烧 2 h,在 700 ℃下煅烧 4 h,得到催化剂产品。研究发现,催化活性按大小排序为 $La_{0.8}Ce_{0.2}FeO_3 > La_{0.4}Ce_{0.6}FeO_3 > La_{0.6}Ce_{0.4}FeO_3 > La_{0.2}Ce_{0.8}FeO_3 > LaFeO_3$,臭氧分解过程中的活性氧主要是羟基自由基($\cdot OH$)、超氧自由基($O_2^-$)和单线态氧($^1O_2$)。此外,$La_{0.8}Ce_{0.2}FeO_3$ 的优异活性可归因于其更高的比表面积、更丰富的晶格氧、更丰富的表面羟基基团以及促进氧化还原的 Ce^{3+}/Ce^{4+} 和 Fe^{2+}/Fe^{3+} 循环。

5) 碳基材料

虽然金属基材料作为均相/非均相催化剂表现出了优异的活性,但金属浸出带来的二次污染一直是这些金属基催化剂面临的问题。为了解决这个问题,人们研究了碳基催化剂的催化臭氧氧化。碳基材料具有性质稳定、机械强度较高、比表面积大、电子传递性能优异和来源丰富等特征,它既可以单独作为催化剂,也可以作为载体应用。目前,常用的碳材料催化剂包括:活性炭、碳纳米管、石墨烯等。

a) 活性炭

活性炭(AC)是最早用于催化臭氧氧化的碳催化材料。一些研究者发现 AC 可以促进臭氧分解生成 $\cdot OH$,且由于其高的比表面积和孔隙率,AC 也能吸附有机污染物,从而进一步提高 AC/O_3 体系对水中有机污染物的去除能力[2]。

活性炭催化臭氧的反应机理主要有两种:

(i) 活性炭表面的羧基或者氨基促进臭氧分解产生羟基自由基;

(ii) 活性炭吸附有机物,降低臭氧与有机物直接反应的活化能。

熊威[13]曾提出 AC/O_3 系统中苯酚降解的可能机理及中间产物的去除路径:在 pH=3.0 和 pH=11.0 条件下,AC/O_3 系统中均发生了活性炭的吸附作用,但不同条件下苯酚的臭氧氧化过程却完全不一样。在 pH=3.0 的条件下,苯酚主要被臭氧分子矿化形成小分子有机酸,之后再被臭氧进一步矿化,形成最终产物 CO_2 和 H_2O;而在 pH=11.0 的条件下,臭氧可与 AC 表面的羟基(FTIR 分析中的 O-H)和溶液中的 OH^- 发生反应生成活性自由基物质,之后利用这些具有强氧化能力的活性自由基物质($\cdot OH$,H_2O_2 和 $O_2^{\cdot -}$)降解和矿化苯酚生成小分子有机酸,再进一步完全矿化成 CO_2 和 H_2O。

有研究者发现 AC/O_3 体系表现出较高的矿化 1,3,6-萘三磺酸钠(NST)能力,且活性炭的催化作用和吸附作用共同促进了 NTS 矿化率的提高。

尽管 AC 表现出了一定的臭氧催化活性和有机物吸附性能,但 AC 在强氧化环境中容易被缓慢氧化,导致其催化活性逐渐降低;同时 AC 在催化臭氧氧化过程中会产生一定量的总有机碳(TOC),污染水体。

b) 碳纳米管

碳纳米管(CNT)是中孔材料,具有较大的比表面积且其主要为 sp^2 杂化的碳结构,表面大量的可自由移动的 π 电子使其具备良好的电子传递能力,而且 CNT 高的比表面积主要来自其易与反应物接触的外表面,更利于催化反应的传质过程[2]。

有研究者曾将多壁碳纳米管(MWCNT)应用于草酸催化臭氧氧化并提出了其催化的机理(如图 2-18 所示),结果表明:随着处理时间的增加,碳氧原子比增加,碳纳米管表面酸基数量增加,碳纳米管对草酸臭氧氧化的催化活性降低,说明对草酸的催化活性主要受多壁碳纳米管的化学性质的影响。

c) 石墨烯

石墨烯是一种二维碳纳米材料,具有优异的光学、电学、力学特性和良好的生物相容性。

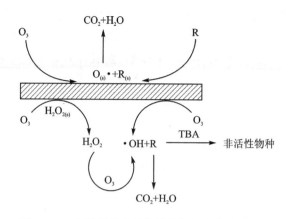

图 2-18　多壁碳纳米管催化臭氧氧化草酸的机理

与活性炭类似,石墨烯的表面含有丰富的亲水基团(羧基、羟基和环氧基等),具有较大的比表面积。而且,石墨烯的碳基面含有大 π-π 键,因此表面电子传递速率高,有利于催化反应的发生。然而,石墨烯本身的憎水性和易聚集性限制了它在水处理中的应用。

石墨烯催化臭氧的反应机理主要有四种:
(i) 石墨烯表面的羰基与臭氧及水反应生成过氧化氢;
(ii) 石墨烯表面的羟基与臭氧反应生成含氧自由基;
(iii) 石墨烯晶格缺陷位上的电子与臭氧反应;
(iv) 石墨烯中非定域化的 π 电子吸附水中的 H^+ 从而提高溶液 pH 值。

Francisco[14]等人曾探究了石墨基材料催化臭氧氧化的反应机理(如图 2-19 所示)。

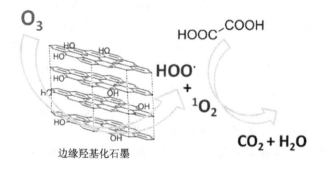

边缘羟基化石墨

图 2-19　石墨基催化臭氧氧化过程

有报道称石墨基催化剂表现出比母石墨、商业活性炭、商业多壁碳纳米管、商业金刚石纳米颗粒、氧化石墨烯或还原氧化石墨烯更高的活性。重要的是,石墨基材料的催化活性也高于基准臭氧催化剂如 Co_3O_4 或 Fe_2O_3,且石墨催化剂稳定性较好,重复使用 10 次后,催化活性仅轻微下降。

有研究者曾通过在静态空气或氮气下热还原氧化石墨烯(rGOs),合成了低缺陷/无序水平的还原氧化石墨烯(rGOs),并用于催化臭氧氧化 PHBA。其采用了改进的 Hummers 法制备氧化石墨烯(GO),具体制备流程如下:将 1 g 的 GO 在马弗炉中于 80 ℃加热 1 h,再于 300 ℃加热 1 h,得到的样品记为 rGO-300。另一还原氧化石墨烯样品在 N_2 气氛下制备:将 0.5 g 的 GO 在 700 ℃的 N_2 气氛下于管式炉中退火 1 h,得到的样品标记为 rGO-700。在 PHBA 的降解和矿化过程中,rGOs 的臭氧催化活性明显高于商业活性炭和氧化石墨烯。研究结果表明,富电子羰基是催化反应的活性位点,超氧自由基($\cdot O_2^-$)和单重态氧($^1O_2$)是降解 PHBA 的活性氧簇(ROS)。

将杂原子有意地加入碳骨架中,可以有效地调节其电子和化学性质,并创造新的活性位点。有研究者曾成功合成了掺杂氮、磷、硼、硫原子(N-、P-、B-和 S-rGO)的还原氧化石墨烯并评价了其在降解难降解有机物和消除溴酸盐时的臭氧催化性能。研究发现除硫外,杂原子的掺杂显著提高了石墨烯的臭氧催化活性且羟基自由基、超氧自由基、单线态氧和 H_2O_2 等活性中心均有利于形成活性氧簇(ROS)。

2.3 臭氧相关技术反应器

2.3.1 臭氧反应器概述

1. 臭氧反应器的分类和结构组成

臭氧反应器结构通常包括反应装置、臭氧投加装置、臭氧发生装置、尾气破坏装置、内部填料以及其他辅助装置。尽管市面上的臭氧反应器种类众多,但内部的功能结构基本相同,如采用不同类型的臭氧投加装置,改变内部填料的材质,设计合理的反应器结构等都能够优化臭氧反应器的降解性能,提高污染物的去除率。

通常将内部填料装填于反应区内,填料指具有催化臭氧氧化效果的催化剂,能够加快臭氧分解产生自由基,促进污染物的降解,并且根据内部填料和床层的类型不同可将反应器分为固定床反应器、移动床反应器和流化床反应器,其中固定床反应器的填料颗粒之间没有相互运动且床层位置固定不动,水流穿过床层时发生臭氧催化氧化反应,固定床反应器有催化剂易更换和分离,操作简单的优点,但同时也存在固液相接触面积小,水流湍流程度低等问题;移动床的填料颗粒之间没有相互运动而床层整体在反应区内进行有规律的移动,尽管相较于固定床有着更高的传质速度,但该类型的反应器在臭氧氧化技术中应用不多,原因在于高级氧化技术通常需要将不易被氧化的无机组分作为催化剂载体或活性组分,无机组分往往密度高且重量大,不适用于移动床体系;流化床反应器的床层没有固定位置,填料颗粒之间的相对位置也不固定,通常可采用粒径较小的粉末型催化剂,通过改变水流流向或是添加搅拌器等方式使催化剂在反应区内进行无规则运动,从而提高催化剂与水流之间的传质速率,但也存在着催化剂分离和回收成本高,催化剂磨损率高,不易运行的缺点。

根据臭氧投加装置不同可将投加方式分为曝气法、射流法、涡轮混合法等。通常情况下臭氧反应器使用微孔曝气头、曝气盘等曝气设备在反应区底部进行臭氧曝气,曝气设备的孔径越小,所需的气压越大,同时产生的气泡尺寸越小,气泡尺寸能够改变气液接触面积和传质速度,从而影响臭氧分解速度。

臭氧发生装置的气源为空气气源和氧气气源,用于产生臭氧氧化所需的臭氧气体,输送臭氧的气管应采用耐臭氧腐蚀的材料,如乙丙橡胶、氯丁橡胶等。尾气破坏装置用于收集并破坏未完全溶解的臭氧气体,可使用吸附剂或是 KI 溶液等进行尾气处理。辅助装置可以是搅拌器、紫外灯、超声组件等,能够起到强化臭氧氧化能力的作用。

目前常见的设计、优化臭氧反应器的思路通常为将填料特性与反应器结构有机结合,设计合理的反应器结构和运行方式或是添加辅助装置强化传质等。

2. 臭氧反应器设计、优化的理论基础

水中臭氧降解有机物的过程可概括为：首先气态臭氧穿过气液两相界面进入水中，溶解的臭氧在水中与有机物接触发生氧化反应，水中的臭氧能够直接氧化或是间接氧化有机物。间接氧化即臭氧先分解产生·OH，由·OH氧化分解有机物。然而臭氧分子在水中的溶解度和溶解效率并不高，水中的溶解态臭氧不能及时补充会导致自由基浓度过低，显著降低反应器的处理性能，所以如何提高水中的臭氧浓度或臭氧溶解效率是提高臭氧反应器降解性能的关键。

如果体系中包含催化剂，根据催化剂的催化机理不同，有机物在催化剂表面的降解过程还涉及臭氧分子的吸附、分解过程以及有机物的吸附、降解和脱附过程，而·OH与有机物的反应十分迅速，其速率远远高于臭氧分子、有机物在催化剂表面的更新速率，故该反应过程的控制步骤为·OH、有机物在液相与催化剂表面之间的传质过程，传质速度限制了臭氧催化氧化有机物的效率，所以如何提高固相、液相间的传质速率以及提高界面更新速率是提高臭氧反应器降解性能的关键。

2.3.2 催化臭氧反应器

通常可通过改变提高臭氧浓度梯度、气液接触方式，改变填料，减小臭氧气泡尺寸等方式提高传质系数使臭氧溶解速率提高，改善催化剂催化效果，从而优化臭氧反应器的处理性能。同时上述的几种方法不仅在臭氧反应器中得到应用，而且在臭氧相关技术反应器的设计与优化中也有较多的使用。

1. 提高臭氧浓度梯度

可通过提高气液两相间的浓度梯度从而提高水中臭氧浓度，可以直接提高气相中臭氧气体的分压，但该方法有成本高，不易操作的缺点，且高浓度的臭氧水容易腐蚀设备，存在较大的安全隐患，在实际应用中很难实现。刘钟阳[15]依据臭氧在低温的水环境中溶解度显著提高的特性，设计了一种循环冷却水臭氧旁流处理系统。该处理系统通过在臭氧反应塔中引入部分循环冷却水，能够在臭氧反应塔内部形成高浓度臭氧水并设置臭氧余量监测系统，防止臭氧水浓度过高腐蚀设备，高浓度的臭氧水经过适当稀释通入蓄水池后发生反应，在保证设备安全运行的同时降低了成本。

2. 改变气液接触方式

传统的臭氧反应器多为固定床反应器，尽管固定床反应器有催化剂易更换和分离，操作简单的优点，但同时也大大减小了固液相接触面积，水流湍流程度低且催化剂的催化效果差。孙峰[16]曾开发了一种新型的水处理臭氧催化氧化塔，为了优化催化效果，该装置通过半齿轮与齿条之间的啮合作用使装有催化剂的固定箱在反应塔内部进行竖向的往复运动，从而实现催化剂在固定箱内部的上下抖动，增大了催化剂与水的接触面积以及水中的湍流程度，优化了催化效果。

3. 改变填料

工业上通常采用带有搅拌桨的釜式反应器，通过电机带动水中的搅拌桨从而提高水流的湍流程度和传质系数，但该方法对于传质系数的提升十分有限且需要较高的运行成本，无法满足高效臭氧催化反应器的传质需求。若通过改变催化剂载体物理特性，改变反应器内部反应体系，亦能够实现高效传质，如杨宇成[17]构建了一种能够强化臭氧传质和氧化过程的水处理装置。该装置内部装填泡沫填料，通过旋转产生强离心力和剪切力，能够在强化气液流体的湍流程度的同时提高气液表面更新速率,从而提高反应器的催化效率。

4. 减小气泡尺寸

通过减小气泡大小可提高气泡的外侧比表面积,使相同体积的臭氧气体在气泡破裂时拥有更大的气液接触面积,有效提高臭氧溶解效率。为了增大气液接触面积,范伟[18]发明了一种基于流控微泡-臭氧耦合的水处理装置。该装置设有散气组件和超声组件,散气组件位于装置底部进行臭氧微泡曝气,产生的微气泡被装置内部的超声组件破坏后生成大量自由基,同时耦合超声空化热解,紫外辐射进一步促进臭氧分解,提高自由基产率。

2.3.3 O_3/H_2O_2 反应器

O_3/H_2O_2 反应器结构通常包括反应装置、臭氧投加装置、双氧水投加装置、气液混合装置、臭氧发生装置、尾气破坏装置以及其他辅助装置。相较于臭氧反应器的设计过程,O_3/H_2O_2 反应器还涉及双氧水的投加过程,双氧水的投加量以及臭氧、双氧水的混合过程等。合理设置双氧水的投加方式及气液混合方式,能够有效提高双氧水利用率,减小双氧水的投加量,降低反应器的运行成本。

为了提高臭氧利用效率,降低 O_3/H_2O_2 反应器的运行成本,石云峰[19]曾设计了一种 O_3/H_2O_2 氧化降解难降解工业废水的装置。该装置包含臭氧投加装置、双氧水投加装置、管道混合器以及反应装置,利用管道混合器将臭氧气体与双氧水充分混合,气液混匀后再通入反应装置,可有效提高臭氧的利用率,减小臭氧的投加量。

若能有效减小双氧水投加量,提高双氧水利用效率,则有利于 O_3/H_2O_2 反应器的规模化应用,为此卞小林[20]组建了臭氧协同微量双氧水催化装置。该装置内部设有气液缓冲区、微孔曝气区以及催化反应区,外部设有主进气管和增压进气管。主进气管连接微米孔道曝气板,主进气管的臭氧以微气泡形式进入反应器,而增压进气管的臭氧以增压气流的形式进入反应器,增压气流能够充分带动催化反应区内的气、液、固三相混合。同时增压进气管上设置有双氧水进样管,增压气流在气管内部形成负压,加快双氧水的进样,能够有效减小双氧水的投加量并提高协同催化效率。

宋海农[21]将多级处理的设计思路应用于 O_3/H_2O_2 反应器,构建了一种可用于处理造纸废水的臭氧-双氧水联合处理装置。该装置采用两级臭氧-双氧水联合氧化对废水进行处理,处理装置主要包含一级、二级臭氧反应器、臭氧投加装置以及双氧水投加装置,反应器底部设有微孔曝气盘,根据水质调整一级、二级臭氧反应器内部的臭氧浓度和双氧水浓度。一级臭氧反应器水质指标高,故投加多量的臭氧和双氧水,大部分有机物在一级臭氧反应器内被降解;二级臭氧反应器可减小臭氧与双氧水的投加量,对水质进行深度处理,降低运行成本,提高出水水质。

2.3.4 O_3/UV 反应器

O_3/UV 反应器结构通常包括反应装置、紫外照射装置、臭氧投加装置、臭氧发生装置、尾气破坏装置以及其他辅助装置。相较于臭氧反应器的设计过程,O_3/UV 反应器还涉及紫外照射的设置。由于光源会消耗大量电能,增加反应器的运行成本,所以合理设计反应器结构和紫外光源位置,提高光源利用效率,是臭氧-紫外耦合工艺能够规模化使用的关键。此外,O_3/UV 反应器中也存在臭氧利用率低,催化效率低的问题,所以臭氧反应器中涉及的增强传质效率的方法在该耦合工艺中也有较多应用。

为了提高紫外光利用效率和微污染水的处理效果,王凯军[22]研究发明了一种可用于微污染水处理的紫外联合臭氧装置。该装置包含了多个圆柱状的反应器单体,通过反应器单体的串联延长了紫外线照射水流的时间,扩大了照射面积,同时装置的占地面积小、集成度高且臭氧利用率高。

O_3/UV反应器的运行成本始终限制了该技术的实际应用,为能提高臭氧利用效率,有效增强反应器的催化效率并降低成本,伊学农[23]曾构建了一种超声化臭氧与紫外协同的水处理装置。该装置在填料层下部增设超声反应区,利用超声换能器的粉碎作用促使臭氧气泡粉碎成尺寸更小的微气泡,极大提高了臭氧的溶解速度,提高了单位时间内臭氧的浓度,同时超声波在水中发生空化效应,使局部产生大量空化泡,空化泡内部的高温高压环境能够促使臭氧快速分解。

2.3.5　O_3/membrane 反应器

O_3/membrane反应器结构通常包括反应装置、膜接触器、臭氧投加装置、臭氧发生装置、尾气破坏装置以及其他辅助装置。臭氧-膜技术耦合的优势在于臭氧强大的氧化能力能够有效降解水中的难降解有机物,有效缓解了反应器运行过程中膜污染问题。此外,将膜接触器应用于臭氧反应器,能够强化臭氧气液间传质,在单位体积内提供较大的气液接触面积,同时有效避免了填料塔、喷雾塔、鼓泡塔易发生的液泛、气雾夹带、泡沫等问题。膜组件上能够负载活性组分,在提高传质效率的同时,增强了反应器的处理性能。常见的膜接触器有中空纤维膜接触器和板式膜接触器,但板式膜接触器的装填密度低,催化效率差,中空纤维膜受制于制膜工艺的发展,且有堵塞、难清洗的缺点,无法大规模应用,所以开发新型的膜接触器,设计合理的反应器结构,是臭氧-膜技术耦合大规模应用的关键。

为了提高催化效率,减少膜污染问题的发生,全燮[24]曾设计了一种臭氧催化氧化自清洁陶瓷膜处理装置。该装置中的陶瓷膜上负载有臭氧催化剂,臭氧催化剂能够有效去除膜表面沉积的难降解有机物,使陶瓷膜兼具臭氧催化氧化和"自清洁"功能,有效减缓了膜表面污染物的堆积、堵塞。此外,该装置采用模块化结构,每个模块包含一组管状或多通道的陶瓷膜管,可以根据处理水量设计模块数量从而调整装置的处理能力。

接触方式能够显著影响O_3/membrane工艺的处理效率,为此王军[25]开发了新型卷式膜接触器,通过将板式疏水膜通过卷制后装填于膜壳内部,利用卷式膜接触器提高接触器的装填密度和气液接触面积,强化臭氧传质效率。同时在疏水膜靠近液相的一侧负载催化剂,增大膜两侧的臭氧浓度梯度,进一步提高了臭氧传质速度。

2.3.6　O_3/生物法反应器

O_3/生物法反应器结构通常包括反应装置、微生物载体、臭氧投加装置、臭氧发生装置、尾气破坏装置以及其他辅助装置。臭氧-生物法耦合的优势在于臭氧强大的氧化能力能够有效降解水中的难降解有机物,有效提高废水的可生化性,为微生物生长提供良好的水质环境,强化生物降解装置的处理能力和运行稳定性。

为了优化难降解有机物的降解效果,周丹丹[26]研究开发了一种基于臭氧氧化与生物降解近场耦合体系的有机工业尾水处理装置。该装置底部设有微孔曝气盘,内部投放附着和生长有生物膜的海绵载体,海绵载体能够在臭氧气体的作用下均匀流化。有赖于臭氧的强氧化能力,水中的难降解有机物被分解为可生物降解的小分子有机物,再通过海绵载体上的微生物协同臭氧去除水中残留的污染物。该降解方式有效降低了出水毒性,减小了占地面积,降低了运行成本,提高了反应器的处理性能。

2.4 工程案例

2.4.1 石化废水

与传统生活污水相比,石油化工行业产生的废水具有排水量大且波动大、污染物种类繁多、难降解有机物含量大、可生化性差、毒性大等特点。石化废水中常存在大量难降解有机物,如脂肪族、芳香族碳氢化合物、苯系物、氰化物和酚类物质等,这些污染物通常会对环境产生有害影响。石化废水的处理,可通过臭氧氧化过程进行。有研究者曾采用 $Mg(NO_3)_2·6H_2O$ 煅烧制备了 MgO 纳米颗粒催化剂并研究了单独臭氧氧化、吸附和以纳米 MgO 作为催化剂的催化臭氧氧化三种过程对苯、甲苯、乙苯和二甲苯等石化废水污染物的降解性能,实验结果表明,在催化臭氧氧化处理的 30 min 内,苯、甲苯、乙苯和二甲苯的去除率分别为 93%、83%、94% 和 99.2% 左右,比其他两种过程的去除效率高得多。

徐增益等人[27]采用等体积浸渍法负载 Zn 和 Co 金属活性组分,制备了 Zn-Co/ZSM-5 负载型双金属催化剂,并将其用于催化臭氧氧化处理精细化工废水。结果表明,当废水中臭氧通量为 2.0 L/min、臭氧质量浓度为 4 mg/L 时,采用单独臭氧氧化过程时废水的 COD 去除率仅为 30%,而采用催化臭氧氧化过程时,废水的 COD 去除率可达 96.1%。

2.4.2 染料废水

染料在纺织染色作业中广泛使用,由此产生的染料废水具有色度高、毒性大、成分复杂等特点,臭氧催化氧化法是一种可行的染料脱色方法。

有研究者曾采用 O_3、UV/O_3 和 UV/H_2O_2 三种工艺对 6 种偶氮染料进行了脱色试验,所有试验染料均能有效脱色。但含双偶氮连接的染料比单偶氮染料更难脱色。结果表明,UV/H_2O_2 法能耗最高,是 UV/O_3 法的 5~11 倍,是臭氧法的 265~520 倍。还有研究者曾分别采用 O_3/HCO_3^-、O_3/H_2O_2 和 O_3/PAC 法去除废水中的染料,研究发现,在 30 min 的反应时间内,所有工艺的染料去除率均在 99% 以上。说明臭氧相关工艺是染料脱色的有效方法之一。

2.4.3 医药废水

医药废水难降解物含量大,可生化性差,且具有污染物浓度高、含有毒有害物质、色度高、含盐量高等特点,在处理时应更加谨慎。我国人口众多,近年来人口老龄化越来越严重,对医药的需求量也与日俱增。近年来,医药工业产生的废水排放量持续增大,广泛分布于废水、地表水和地下水中,其生态毒性对水生生物产生了不可逆的有害影响,已经成为影响水环境的主要污染源之一。

有研究发现,单独臭氧氧化和 O_3/H_2O_2 工艺对 IBP(布洛芬)的去除速度均较高,反应 15 min 后 IBP 的去除率均能达到 99%。但 O_3/H_2O_2 工艺的矿化率较高,反应 180 min 后 TOC 去除率可以达到 70%,而单独臭氧氧化反应 3 h 后 TOC 的去除率仅为 44%。

有研究者探究了三种不同晶相的 MnO_2 催化剂($\alpha\text{-}MnO_2$、$\beta\text{-}MnO_2$ 和 $\gamma\text{-}MnO_2$),通过催化臭氧氧化过程考察其对布洛芬和美托洛尔(MET)的去除效能。研究表明,$\alpha\text{-}MnO_2$ 含有最丰富的氧空位和易于还原的表面吸附氧(O^{2-}、O^-、OH^-),促进了臭氧利用率的提高,对IBP和MET的降解效率最高,达99%。还有研究者曾选用新型催化剂硅铁合金,催化臭氧氧化水中的IBP,研究发现在优化的实验条件下,IBP的去除率达到75%,较单独臭氧的37%有很大提高。

曹强等人[28]曾在微填充床反应器(μPBR)中,采用浸渍法制备了负载在γ-Al_2O_3微球上的锰和铜氧化物催化剂以降解抗生素,研究发现在71 s内,抗生素和COD的去除率分别达到100.0%和62.9%~87.8%。

2.4.4 畜禽养殖废水

畜禽养殖废水含有高浓度的有机物、氨氮、悬浮物、大量的病原体,以及具有特定结构的有毒物质。即使经常规厌氧好氧处理后,色度急剧增加,COD仍然很高,严重危害了包括地下水和地表水在内的接收水体。

有研究者曾采用浸渍焙烧法制备了Mn-Fe-Ce/γ-Al_2O_3催化剂以修复奶牛养殖基地的废水。研究发现,该催化剂在奶牛养殖废水处理中表现出良好的催化性能,在最佳条件下,COD和色度的去除率可分别达48.9%和95%。还有人考察了O_3、O_3/H_2O_2、O_3/UV及$O_3/UV/H_2O_2$四种工艺对猪场废水中氯四环素(CTC)的降解和CTC耐药细菌的杀灭效果,结果表明,四种工艺对CTC和CTC耐药细菌的去除效果按大小排序为:$O_3 < O_3/H_2O_2 < O_3/UV < O_3/UV/H_2O_2$,$O_3$和$O_3/H_2O_2$对抗菌药物的降解作用不显著,反应15 min后对CTC的去除率仅分别为21.2%和26.3%,而O_3/UV和$O_3/UV/H_2O_2$在反应15 min后对CTC的去除率可达100%。此外,O_3/UV对抗菌药物的降解效果明显优于单独UV工艺,同时进一步提升了废水的消毒性能。

福州共创环保技术有限公司[29]以福建某大型猪场废水处理改造工程为例,探讨了固液分离-SBR-A/O-臭氧组合工艺处理猪场废水效果,并进行了运行成本分析。改造前猪场废水浓度很高,进水COD达17 490 mg/L,氨氮达2 051 mg/L,原工程处理出水COD在600 mg/L以上,氨氮在500 mg/L以上。废水处理工艺具体流程见图2-20,图中虚线部分为改造新增

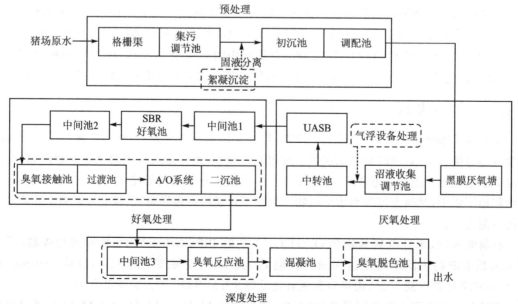

图2-20 处理工艺流程图(虚线部分为新增单元)

单元。猪场原水先经过预处理工艺,主要目的是拦截原水中注射器、胎衣、塑料袋及粪渣等大颗粒悬浮物;预处理出水进入厌氧处理系统,除去原水中大部分的有机物,并产生可再生能源沼气收集待利用;厌氧处理出水沼液进入好氧处理系统,进一步去除有机物和氨氮,但由于沼液中碱度不足,所以处理工艺固定向好氧段投加纯碱补充碱度消耗;好氧出水再经深度处理,产生的污泥均经脱水后进行综合利用或外运处置。

经过改造后,3个月的运行结果监测表明,出水COD平均浓度为150 mg/L,COD去除率为99.1%;出水氨氮平均浓度为13.3 mg/L,氨氮去除率为98.1%。处理成本主要包括电费、药剂费和人工工资,共计11.29元/m³。

2.4.5 糖精钠废水工程应用

北京某企业采用催化臭氧氧化工艺对以糖精钠生产废水为主的混合高含盐废水进行深度处理,催化臭氧氧化系统工艺流程如图2-21所示[30]。

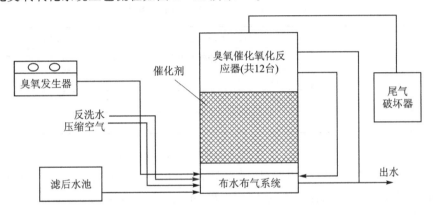

图2-21 催化臭氧氧化系统工艺流程图

该工程中应用了SODO-Ⅱ型催化剂(是以 $\gamma-Al_2O_3$ 为载体,负载双组分金属氧化物的新型催化剂),其具有抗压强度高、耐磨、稳定等特点,在工艺设备的有效运行期内不存在催化剂颗粒的流失与破碎现象,不需要补充且不增加额外的运行费用。该工程于2016年11月调试完成并投产,运行状况良好,处理出水水质稳定,出水COD和色度均达到《城镇污水处理厂污染物排放标准》(GB 18918—2002)一级A排放标准。2019年2月至5月监测结果显示,进水pH值6.5~8.8,COD 60~220 mg/L,色度150~330倍;出水pH值6.3~8.6,COD 16~48 mg/L,色度12~30倍。从工程运行结果来看,SODO-Ⅱ型催化剂在高含盐废水的处理中表现出优良的性能。该废水深度处理工程的直接运行费用为1.72元/m³,远远少于投加复合氧化剂的加药费用。

2.4.6 污水处理厂脱色工程应用

河北某污水处理厂[31]曾采用臭氧氧化技术对污水进行脱色处理,本工程处理规模为60万m³/d,其中包括污水处理厂老厂50万m³/d及脱色工程10万m³/d的污水量。进水色度为30度,出水色度控制在15度以下。工艺流程图如图2-22所示。

表2-6所列为脱色工程进出水水质比较表。

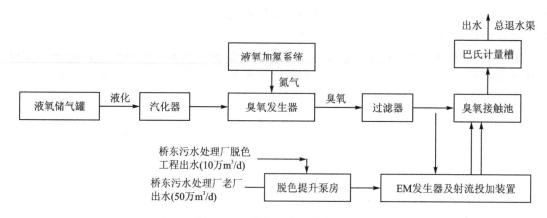

图 2-22 脱色工程工艺流程图

表 2-6 脱色工程进出水水质比较表

项 目	水量/ $(m^3 \cdot d^{-1})$	$COD_{cr}/(mg \cdot L^{-1})$		色度/倍	
		老厂出水	脱色工程出水	老厂出水	脱色工程出水
月平均	460 086	48	37	50.0	15.9
年平均	441 586	49	40	49.4	18.4
去除率/%			19		63

通过对污水处理厂脱色系统 10 个月的运行数据分析,可以看出:臭氧氧化对于该厂难降解 COD 的去除和色度的脱除作用明显、效果显著,应用臭氧氧化深度处理是可靠、可行的。根据现场运行记录,每吨水电耗成本为 0.107 元/m^3,药剂成本为 0.155 元/m^3。综上,本工程运行成本为 0.262 元/m^3。

参考文献

[1] 国谦. $CuFe_2O_4$/沸石复合材料的制备及催化臭氧化效果的研究[D]. 哈尔滨工业大学, 2020.

[2] 王晶. 金属负载及杂原子掺杂碳纳米管催化臭氧氧化有机污染物研究[D]. 大连理工大学, 2019.

[3] 李莹. 非均相催化臭氧氧化降解草酸的实验研究[D]. 吉林大学, 2011.

[4] Wang J, Chen H. Catalytic ozonation for water and wastewater treatment: recent advances and perspective[J]. Science of the Total Environment, 2020, 704: 135249.

[5] Pines D S, Reckhow D A. Effect of Dissolved Cobalt(Ⅱ) on the Ozonation of Oxalic Acid[J]. Environmental Science Technology, 2002, 36(19): 4046-4051.

[6] Bulanin K M, Alexeev A V, Bystrov D S, et al. IR study of ozone adsorption on SiO_2[J]. Journal of PHysical Chemistry, 1994, 98(19).

[7] Legube B, Leitner N K V. Catalytic ozonation: a promising advanced oxidation technology for water treatment [J]. Catalysis Today, 1999, 53 (1): 61-72.

[8] Zhou L, Zhang S, Li Z, et al. Efficient degradation of phenol in aqueous solution by cata-

lytic ozonation over MgO/AC[J]. Journal of Water Process Engineering, 2020, 36: 101168.

[9] Zhang T, Ma J, Journal of Molecular Catalysis A: Chemical 279 (2008) 82-89.

[10] ZHU S, DONG B, YU Y, et al. Heterogeneous catalysis of ozone using ordered mesoporous Fe_3O_4 for degradation of atrazine[J]. Chemical Engineering Journal, 2017, 328: 527-535.

[11] 沈佟栋. 含镁金属氧化物催化臭氧氧化水中有机物的效能和机理研究[D]. 浙江工业大学, 2020.

[12] Chen H, Wang J. Catalytic ozonation for degradation of sulfamethazine using NiCo2O4 as catalyst[J]. Chemosphere, 2021, 268: 128840.

[13] 熊威. 活性炭及其负载铁锰催化臭氧氧化苯酚的研究[D]. 中国地质大学(北京), 2019.

[14] Bernat-Quesada F, Espinosa J C, Barbera V, et al. Catalytic ozonation using edge-hydroxylated graphite-based materials[J]. ACS Sustainable Chemistry & Engineering, 2019, 7(20): 17443-17452.

[15] 刘钟阳, 裴亚迪, 陈祥荣, 等. 一种循环冷却水臭氧旁流处理系统及方法[P]. 辽宁: CN105585104A, 2016-05-18.

[16] 孙锋, 邢健, 孟亚, 等. 一种新型的水处理臭氧催化氧化塔[P]. 江苏省: CN211521722U, 2020-09-18.

[17] 杨宇成, 曾尚升, 张娜, 等. 一种强化臭氧传质和氧化过程的水处理装置和方法[P]. 福建省: CN110255698A, 2019-09-20.

[18] 范伟, 霍明昕. 基于流控微泡-臭氧耦合进行水处理的装置及水处理方法[P]. 吉林省: CN109748353B, 2020-08-14.

[19] 石云峰, 马丹燕. 一种臭氧/双氧水高级氧化难降解工业废水的装置[P]. 广东省: CN209906422U, 2020-01-07.

[20] 卞为林, 张威, 王林刚, 等. 一种臭氧协同微量双氧水催化装置[P]. 江苏省: CN211111241U, 2020-07-28.

[21] 宋海农, 林宏飞, 陈永利, 等. 用于造纸废水的臭氧♯双氧水联合处理装置及处理工艺[P]. 广西: CN106115975A, 2016-11-16.

[22] 王凯军, 汪翠萍, 阎中. 一种用于微污染水处理的紫外联合臭氧装置[P]. 北京: CN204265481U, 2015-04-15.

[23] 伊学农, 宋桃莉, 金鑫, 等. 超声化臭氧与紫外协同的水处理装置和方法[P]. 上海: CN102491451A, 2012-06-13.

[24] 全燮, 于洪涛, 王欣, 等. 一种臭氧催化氧化自清洁陶瓷膜水处理装置[P]. 辽宁: CN204714624U, 2015-10-21.

[25] 王军, 李魁岭, 张勇, 等. 用于臭氧水处理的卷式膜接触器及方法[P]. 北京: CN109205765A, 2019-01-15.

[26] 周丹丹, 苏媛毓, 董双石, 等. 一种基于臭氧氧化与生物降解近场耦合体系的有机工业尾水处理方法[P]. 吉林省: CN111018129A, 2020-04-17.

[27] 徐增益, 余金鹏, 李淼, 等. Zn-Co/ZSM-5催化臭氧氧化处理精细化工废水[J]. 化工环保, 2021, 41(5): 589-594.

[28] Cao Q, Lou F, Liu N, et al. Continuous catalytic ozonation of antibiotics using Mn and Cu oxides on γ-Al_2O_3 pellets in a micropacked bed reactor[J]. ACS ES&T Water, 2021, 1(8): 1911-1920.

[29] 韩志刚. 固液分离-SBR-A/O-臭氧组合工艺处理猪场废水的工程应用效果[J]. 中国沼气, 2021, 39(6): 83-88.

[30] 何灿, 黄祁, 张力磊, 等. 催化臭氧氧化深度处理高含盐废水的工程应用[J]. 工业水处理, 2019, 39(11): 107-109.

[31] 李一川, 邓金颖, 高宜. 臭氧氧化技术在污水处理厂脱色工程中的应用[J]. 辽宁化工, 2016, 45(6): 717-719+722. DOI: 10.14029/j.cnki.issn1004-0935.2016.06.017.

第3章 芬顿高级氧化技术

3.1 概 述

3.1.1 发展现状

芬顿氧化技术由科学家 H·J·芬顿在1894年提出,他发现 Fe^{2+} 和 H_2O_2 的混合溶液具有很强的氧化能力,能有效地将酒石酸氧化,后人将这两种试剂命名为芬顿试剂[1]。1964年,加拿大学者 Eisenhaner 首次将芬顿试剂用于苯酚及烷基苯废水的处理实验中,并取得了相当满意的结果,之后芬顿氧化技术开始被广泛应用在农业、工业、医药等废水处理中[2]。芬顿试剂具有很强的氧化性,此外它的氧化性没有选择性,因而被广泛应用于各类废水的处理,其中包括氰化物处理,酚类处理、生物抑制性废水、染料废水、染料中间体废水、农药废水、焦化废水、垃圾渗滤液的处理等。

芬顿试剂处理废水反应启动较快,条件较温和(常温常压、酸性条件下),在处理各种废水的时候,其反应条件区别不大,有利于芬顿试剂的工业化应用;芬顿氧化技术不需要设计复杂的反应系统,设备简单、能耗小、成本低、操作危险性低。另外,芬顿试剂氧化性强,反应过程中可以将污染物彻底地无害化,而且氧化剂 H_2O_2 参加反应后的剩余物可以自行分解,绿色环保;其同时也是良好的絮凝剂,效果好。采用芬顿试剂既可独立地进行处理,也可在其他方法(如生化法)处理前作为预处理方法,或在处理后进行深度处理,最终达到排放要求。但在应用中发现传统的芬顿氧化技术还存在以下缺点:

① 反应过程中会产生大量铁泥,造成二次污染;

② 工艺要求的 pH 值范围较窄,一般来说,最佳反应 pH 值在3~4.5之间,多数废水需要在反应前加入酸来调节 pH 值,出水时需要加碱将废水调至中性,此过程中会消耗大量的酸碱试剂;

③ H_2O_2 在反应过程中利用率和生成率较低,并且 H_2O_2 自身会发生一部分分解反应,因此需要加入过量的 H_2O_2,增加了后续处理费用。

这些缺点限制了均相芬顿的发展,为了克服均相芬顿催化的缺点,许多研究者开始将研究重点转向了非均相芬顿氧化反应。非均相芬顿是将铁离子固定在载体上,制成固相的催化剂,与 H_2O_2 试剂组成非均相的反应体系,这样不仅拓宽了芬顿反应的 pH 值适用范围,使芬顿试剂在中性甚至碱性的环境中降解有机污染物,而且能降低反应后溶液中的铁离子浓度,减少铁泥的产生。此类催化剂不仅催化效果良好,而且性质稳定,便于分离和重复使用,不会产生二次污染。

随着功能材料的不断发展,非均相芬顿技术也与时俱进。由于纳米晶体的形状和结构影响着催化剂的催化效率,其主要思路是固化自由金属离子并增大其比表面积,这样既能够大大加快 H_2O_2 的分解速率,还能利用金属离子间的电位差拓宽系统的 pH 值适用范围,极大地避免了铁离子导致体系内催化剂失活、造成二次污染等缺点。

3.1.2 基本原理

芬顿反应：将 Fe^{2+} 和 H_2O_2 的组合作为标准芬顿试剂。对其反应机理一直以来争议不休，但目前最为广泛接受的是自由基理论：

$$Fe^{2+} + H_2O_2 \rightarrow Fe^{3+} + OH^- + \cdot OH \tag{3.1}$$

$$Fe^{3+} + H_2O_2 \rightarrow Fe^{2+} + HO_2 \cdot + H^+ \tag{3.2}$$

$$Fe^{2+} + \cdot OH \rightarrow OH^- + Fe^{3+} \tag{3.3}$$

H_2O_2 与 Fe^{2+} 反应后生成 Fe^{3+}，同时伴随生成 OH^- 外加羟基自由基，强氧化性的羟基能将有机物矿化为 CO_2 和 H_2O，从而达到去除有机物的目的。

非均相芬顿体系可以通过两种方式生成·OH，其中，主要的是多相催化机理，即通过催化剂与 H_2O_2 反应产生·OH；还有一种是由固体催化剂中的微量铁浸出而发生的均相芬顿反应。对于非均相芬顿催化反应，其反应要比均相芬顿复杂得多，反应过程包括了 H_2O_2 与污染物在催化剂表面的吸附作用、反应过程中的电子转移、反应过后的脱附作用。目前对于非均相芬顿反应，研究者们普遍认可羟基自由基机理以及非自由基机理。

其主要作用机理是：

$$\equiv Fe^{III}\text{-}OH + H_2O_2 \leftrightarrow (H_2O_2)_s \tag{3.4}$$

$$(H_2O_2)_s \leftrightarrow (\equiv Fe^{III} \cdot O_2H) + H_2O \tag{3.5}$$

$$(\equiv Fe^{III} \cdot O_2H) \rightarrow \equiv Fe^{II} + HO_2 \cdot \tag{3.6}$$

$$\equiv Fe^{II} + H_2O_2 \rightarrow \equiv Fe^{III}\text{-}OH + \cdot OH \tag{3.7}$$

上述反应式中，$\equiv Fe^{III}$ 表示催化剂表面的铁，铁矿石表面的 $\equiv Fe^{III}$-OH 与 H_2O_2 相互作用形成络合物 $(H_2O_2)_s$；然后由配体到金属的电子转移过程导致了过渡态复合体的形成（$\equiv Fe^{III} \cdot O_2H$）；随后该复合物解离并形成 $HO_2 \cdot$ 以及 $\equiv Fe^{II}$，$\equiv Fe^{II}$ 与 H_2O_2 发生反应产生·OH 以及后续的一系列链式反应。该机理清晰地阐述了 $\equiv Fe^{III}$ 与 $\equiv Fe^{II}$ 在催化剂表面的循环过程以及活性氧自由基的产生过程。除了铁基催化剂以外，许多过渡金属，如 Mn、Cu、Ce 等也被广泛用于非均相芬顿催化剂的制备之中。并且，通过铁与其他金属材料进行复合，制备出多金属的复合催化剂，如 Fe-Cu 的复合金属催化剂，相比单独使用其中一种金属，二者复合具有很好的协同作用。

目前，研究者们把芬顿反应与超声波法、光催化法、电化学法等其他高级氧化技术相联合，耦合成芬顿-超声波氧化技术、光芬顿氧化技术、电芬顿氧化技术等，在一定程度上有效提升了反应效率，为芬顿催化氧化反应的进一步发展和应用开辟了新的方向。

3.1.3 类芬顿氧化技术

非均相芬顿氧化技术是一种代表性的高级氧化技术，其通过将铁离子及其复合物负载到其他不同材料的载体上，制备成非均相芬顿催化剂，从而用含有 Fe^{2+} 的固态催化剂来代替液体 Fe^{2+} 试剂的一种技术。其相对均相芬顿而言，非均相芬顿减少了铁泥的沉积，反应条件简单，对环境更加友好，并且以磁铁矿作为催化剂时，易于回收催化剂，具有可重复利用性，进一步降低了成本。

此类催化剂不仅催化效果良好，而且性质稳定，便于分离和重复使用。因此非均相芬顿催化剂成为了近几年最热点的研究项目，其中又以负载型催化剂的研究为最，其载体繁多，最为常用的有：黏土矿类、碳材料类、金属有机骨架类、分子筛、离子交换树脂等。

1. 光芬顿反应氧化技术

光芬顿法是将紫外光或太阳光加入传统的芬顿体系中，其机理是利用紫外光或者太阳光的辐射，将 H_2O_2 分解为·OH，体系中的 H_2O_2 可快速产生·OH，提高了体系中 H_2O_2 的利用率。同时，在光照辐射条件下，还可将反应过程中的 Fe^{3+} 与生成的 HO^- 形成的氢氧化铁配合物还原为 Fe^{2+} 催化剂，从而不断产生芬顿试剂，有效地促进了芬顿体系降解污染物的速率。

光芬顿法还能保证催化剂的活性。在使用均相芬顿法或非均相芬顿法分解芳香族化合物时，会产生中间体物质羧酸，其可能与试剂中的 Fe^{3+} 形成稳定配合物，阻止式(3.1)和式(3.2)的发生，使芬顿试剂"中毒"失去活性。光芬顿法利用金属羧酸类配合物的光敏性，采用光照诱导配体和金属电荷转移方法，促进配体脱去羧基，使催化剂再生，保证了催化剂的活性。

$$Me(OOCR)^{z+} + h\nu \rightarrow Me^{z+} + R· \tag{3.8}$$

光芬顿反应是在芬顿反应基础上，在外部加以光源辅助，这对有机污染物的去除能力有很大的提升。除了人造光源外，太阳光能提供更高的能量输出，且太阳光可再生，清洁无污染，极大地降低了成本，不管是从环境还是从经济角度都非常值得研究。

非均相光芬顿法一般将碳纤维沉积在沸石分子筛或蒙脱土基底上，含铁的固体物质如 Fe_2O_3、Fe_3O_4 等作为催化剂，用光源辅助，与 H_2O_2 联合使用。此外，常用的载体催化剂还有 Nafion 膜、半导体材料、活性炭、铁氧化物等。半导体材料作为催化剂载体，可以促进紫外可见光的利用，提高对污染物的降解率，其用于光芬顿技术已经成为近些年的研究热点。常用的半导体材料有 TiO_2 和 ZnO 等。

与非均相芬顿法相比，利用非均相光芬顿法降解有机物具有更快、更有效的优势。

2. 电芬顿氧化技术

电芬顿法的研究始于20世纪80年代，是在传统的芬顿试剂上构建原电池体系。该体系中，芬顿试剂的主要来源是由电化学反应产生的 Fe^{2+} 和 H_2O_2。此外，该体系还可以通过曝气或充氧，增加反应体系中的溶解氧量，增加了阴极产生的 H_2O_2 产量，为该体系提供源源不断的 H_2O_2。电芬顿法可以通过自身的电化学反应产生 H_2O_2，提高了 Fe^{2+} 的传质效率，避免了外部投加 H_2O_2，减小了操作的危险，同时减少了污泥的产量。与传统芬顿法相比，除了·OH 的氧化作用外，电芬顿过程中还有阴极还原、阳极氧化、电吸附、电絮凝、电气浮等多种作用，处理效率更高且无需添加过量的 H_2O_2。

简而言之，电芬顿反应就是通过电化学产生的 Fe^{2+} 和 H_2O_2 发生芬顿反应，产生大量强氧化性的·OH 来催化降解有机物的过程。由于电芬顿工艺中 Fe^{2+} 量少，有效避免了 $Fe(OH)_3$ 等污泥的产生。

非均相芬顿技术是将铁活性物种负载到合适的载体上，制备成合适的电极材料或者是多相催化剂。目前研究的阴极材料有碳毡、碳气凝胶、碳纳米管、碳海绵、活性炭纤维等，这些材料均具有优良的结构，且对铁负载效果较好。而在电芬顿体系中，多相催化剂可视作电芬顿的第三电极，与阴阳极构成的三维电极，可进一步降解氧化有机物。目前多相催化剂的载体材料主要有沸石分子筛、离子交换树脂、SiO_2 颗粒、活性氧化铝、柱撑黏土、高分子凝胶球、Nafion 膜等，这些材料本身并不参与电芬顿反应，只是作为铁活性物种的载体材料。

3. 超声–芬顿氧化技术

超声法是近年来发展起来的提高芬顿反应效率的有效手段。超声芬顿技术是基于超声空化效应，产生高活性自由基，并通过高温热解和超临界水氧化作用，加快污染物降解。对溶液进行超声波处理会产生气穴、高压和高温，从而使水和氧离解产生·OH离子（见式3.9～式3.12）。超声波处理能够促进H_2O_2的分解，提高·OH的产量，促进物质在溶液中的扩散，提高反应效率。联合超声-芬顿法已被证明能提高污染物的去除率，这些协同过程产生了额外的优势，例如更高效、更快速地去除金属络合物。Fu等人[3]研究了使用超声波辅助芬顿反应从受Ni-EDTA污染的废水中去除镍的可能性，以实现减少废水的污染和毒性；然后进行氢氧化物沉淀，在141 mmol/L H_2O_2、pH=3和沉淀pH=11的条件下实现显著的金属去除能力（90%以上）。虽然应用超声-芬顿法处理废水是一种简单、清洁的方法，不受废水色度的影响，但由于能耗高，运行成本高，需要更进一步的实验探索。

$$H_2O_2 + 超声 \rightarrow H· + OH· \tag{3.9}$$

$$O_2 \rightarrow 2O \tag{3.10}$$

$$O + H_2O \rightarrow 2 OH· \tag{3.11}$$

$$H· + O_2 \rightarrow HO· + O \tag{3.12}$$

目前利用超声-芬顿工艺去除金属络合物的研究较少，在未来的研究中，超声波技术需要改进，以克服它们的局限性，实现潜在的大规模应用。未来的研究应考虑将这些工艺与膜技术等其他去除方法相结合，开发高效的反应器系统。

4. 微波-芬顿氧化技术

微波-芬顿法利用微波加热技术，降低活化能，提高分子的运动速度，加速污染物的降解，促进活性物质之间的接触，从而提高反应效率。微波-芬顿法具有易于控制和增强化学反应性的优点，操作过程简单快速，可降低污染物的活化能，并具有高度的有机矿化。然而，大部分应用的微波能量转化对污染物的去除没有影响。除了微波过程的低电效率外，还必须使用冷却装置来防止处理过的水过热。Lin等人[4]采用微波增强芬顿氧化+氢氧沉淀的方法成功处理Ni/Cu-EDTA，微波热效应与Cu催化H_2O_2产生的类芬顿反应表现出协同效应，使得金属配合物降解率更高，毒性更低。微波-芬顿反应有助于提高污染物降解效率和提高废水的生物降解性。微波-芬顿去除特定金属络合物的机理过程目前仍不清楚，但是其机理可能是$Fe(OH)_3$或其他Fe促进絮凝，使H_2O_2分解成HO·并降低污染物的活化能。

3.2 芬顿氧化催化剂

随着如今工业技术的快速发展，工业废水的污染也日益严峻。如今，我国对于污废水治理的要求日益严格，并且污废水中的物质组分也日益复杂，所以对于污废水的治理已经迫在眉睫。芬顿作为一种成熟的污废水处理方法，有着较好的处理效果和能力，芬顿的催化剂也种类多样。接下来介绍的便是芬顿各类催化剂的分类及制备方法。

3.2.1 均相芬顿反应

在工业生产中，均相芬顿反应产生的污废水只针对于一种物质，所以本书为结合实际的工业废水情况，对于均相反应只做一个简单的介绍。

虽然均相芬顿反应较少，但是关于它的报道或者是文献也有着一定的数量。下列是有关均相芬顿的废水处理方法：

Shuo Li等学者[5]发现，微波强化的锰-芬顿（MW-Mn-芬顿）工艺的处理效率明显高于含有其他金属的芬顿工艺。该反应是在微波辐射下，以锰作为催化剂对双酚A进行降解实验。双酚 A 的初始浓度为 100 mg/L，在经过多组对照试验找到最优的参数条件时，得到双酚 A 和总有机碳(TOC)的去除率分别达到 99.7% 和 53.1%。有较好的处理效率。

Cu(Ⅱ)-EDTA 作为常见的农药成分，应用广泛。Cu(Ⅱ)-EDTA 是一种稳定的水溶性金属螯合物，其中的铜以螯合物的形式存在，其生物降解能力较差，如今，像 Cu(Ⅱ)-EDTA 等金属络合物都难以进行生物降解。Hongjie Wang[6] 等研究了通过微波辅助芬顿反应快速分解 Ni-EDTA，在一定程度上极大提高了化合物的降解效率。

当然，均相芬顿的运用方式也各不相同：根据文献，有学者设计了新型燃料电池芬顿系统，可通过零能量去除污染；研究了先进的芬顿化学沉淀法处理强稳定性螯合重金属废水；研究了芬顿反应降解 Ni-EDTA 络合物及超声处理去除 Ni^{2+} 离子的相关实验。

3.2.2 非均相芬顿催化剂分类

1. Fe 型催化剂

铁基材料因其成本低，毒性小，催化活性高，回收方法简单，被视为优良的多相芬顿催化剂。通常，合成材料的物理性能取决于其比表面积、粒径、形貌等，这些性能因合成策略的不同而有很大差异。目前常用的铁基材料的合成方法有溶剂热法、水热法、热分解法、微乳液法和共沉淀法等。

(1) 零价铁类催化剂

零价铁被认为是一种催化效率高的还原剂，其标准还原电位 $E_H^0(Fe^{2+}/Fe^{3+}) = -440$ mV。零价铁能在 H_2O_2 或者 O_2 的作用下失去两电子，形成 Fe(Ⅱ)，从而引起芬顿反应，如下式所示：

$$Fe^0 + O_2 + 2H^+ \rightarrow Fe(Ⅱ) + H_2O_2 \qquad (3.13)$$

$$Fe^0 + H_2O_2 + 2H^+ \rightarrow Fe(Ⅱ) + 2H_2O \qquad (3.14)$$

$$Fe(Ⅱ) + H_2O_2 \rightarrow Fe(Ⅲ) + \cdot OH + OH^- \qquad (3.15)$$

近来，零价铁已经被证明可以处理多种不同种类的有机或无机污染物，如燃料、酚类化合物、抗生素、硝基芳香化合物、重金属、氯化有机化合物、硝酸盐等，对其都有相关的报道。

如利用零价铁处理含重金属污染物：H. Li[7] 采用零价铁作为催化剂，零价铁的平均直径为 1.8 μm，以含铊的有机污染物作为实验废水，该反应对铊的去除效率为 99%，TOC 的去除效率为 80%。

(2) 铁氧体类催化剂

铁氧体是具有尖晶石结构的过渡金属掺杂铁氧化物，铁氧体的通式为 $M_xFe_{3-x}O_4$（其中 M 为一种二价过渡态金属离子，常用的金属过渡离子包括 Cu、Mn、Zn 等），在诸多的芬顿催化剂中，铁氧体因其具有窄带隙和稳定性高的优点而备受关注。铁氧体具有稳定的化学性质，并且由于其具有磁性，更容易回收和再利用，所以铁氧体可作为首选的非均相芬顿催化剂。

锰铁氧体的制备可以通过溶胶-凝胶、燃烧和反向微乳液法等方式实现。例如 Guan Wang[8] 等通过溶胶-凝胶水热法制备了 $MnFe_2O_4$ 催化剂：先将 $Fe(NO_3)_3 \cdot 6H_2O$ 和 $Mn(NO_3)_2 \cdot 4H_2O$（摩尔比 Fe/Mn=2）溶解于超纯水中，搅拌，继续添加柠檬酸和聚乙烯醇。柠檬酸使金属离子均匀分布，而聚乙烯醇在纳米铁氧体的合成中起着许多关键作用，如控制纳米颗粒的生长、防止团聚以及控制生成均匀形状的纳米颗粒。将 NaOH(2 mol/L) 添加到溶液中，直到 pH 值为 11，80 ℃ 条件下反应 3 h 后，洗涤所得的溶胶-凝胶，700 ℃ 煅烧 2 h，得到

$MnFe_2O_4$。XPS 分析了 Mn 和 Fe 的价态变化,结果表明 Mn^{2+}/Mn^{3+} 和 Fe^{2+}/Fe^{3+} 的耦合转变参与了 ·OH 的生成。研究发现,在中性 pH 值条件下,$MnFe_2O_4/H_2O_2$ 体系能够去除 90% 左右的诺氟沙星。

铜铁氧体在抗生素降解和抗菌治疗等领域也有相关报道。铜铁氧体能够矿化污染物,主要是由于 Fe^{3+}/Fe^{2+} 和 Cu^{2+}/Cu^+ 的耦合作用导致产生更多的 ·OH。例如 Gao J[9]等研究人员制备了三维介孔 $CuFe_2O_4$ 催化剂,其制备方法为:取 15 mL 的正己烷、1.0 g 的 KIT-6、3.217 g 的 $Fe(NO_3)_2 \cdot 3H_2O$、0.961 g 的 $Cu(NO_3)_2 \cdot 3H_2O$,将这几种物质在室温下搅拌 15 min,然后再加入正己烷 50 mL,在 333 K 的温度条件下进一步搅拌 12 h。搅拌完成后冷却至室温后过滤,将其置于 333 K 的烘箱中直至干燥,再将干燥后的固体放置于马弗炉,以 873 K(1 K/min 的升温速度)温度进行煅烧 6 h。最后再用 2 mol/L 的氢氧化钠溶液进行冲洗以去除污渍,再在 333 K 的温度下进行干燥得到所需材料。当三维介孔 $CuFe_2O_4$ 催化剂用量为 0.2 g/L,磺胺甲恶唑的浓度为 10 mg/L,双氧水浓度为 10 mmol/L 进行芬顿反应时,2 h 内磺胺甲恶唑几乎完全转化,并且矿化率达到 31.42%。

图 3-1 所示为介孔铜铁氧体制备流程。

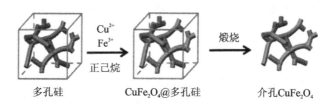

图 3-1 介孔铜铁氧体制备流程

除了锰铁氧体和铜铁氧体外,有关锌铁氧体的应用也较为广泛。锌铁氧体,化学式为 $ZnFe_2O_4$,其可以通过硝酸铁盐和硝酸锌盐进行制备。例如 Cai C[10]等研究人员采用了简单的还原氧化方法合成 $ZnFe_2O_4$ 催化剂:首先需要配备两种溶液,溶液一:$Fe(NO_3)_2 \cdot 9H_2O$ 和 $Zn(NO_3)_2 \cdot 6H_2O$ 摩尔比为 2∶1 的 50 mL 溶液(其中 Fe^{3+} 的浓度为 0.2 mol/L)。溶液二:制备 50 mL 的 $NaBH_4$ 溶液,$NaBH_4$ 溶液的浓度为 0.4 mol/L。溶液配备完成后将溶液二快速加入溶液一中,剧烈搅拌 1 h。再将混合物放置于不锈钢反应釜中,设定温度为 120 ℃,加热时间为 12 h。加热完成后冷却至室温,再将得到的悬浮液用去离子水进行多次洗涤,再用乙醇洗涤。最后将过滤得到的固体放置于 70 ℃ 的烘箱中干燥 12 h 得到 $ZnFe_2O_4$ 催化剂。用 $ZnFe_2O_4$ 催化剂对橙(Ⅱ)进行降解实验,在 1 h 内,该反应的 COD 脱除率为 86.6%,TOC 的脱出率为 60.4%。所以铁氧体对于一些难降解的废水有较好的处理效率。

(3)铁氢氧化物类催化剂

氢氧化铁是一种存在于自然界铁矿物上的物质。因为氢氧化铁的比表面积较大,以其作为芬顿反应中的催化剂可以提高芬顿反应的降解效率。

随着芬顿氧化技术的日益成熟,关于以铁氢氧化物作为催化剂的相关实验也日益增多。例如 Xiaopeng Huang[11]等发现,限制在赤铁矿表面上的亚铁离子可以显著促进 H_2O_2 的分解,生成 ·OH,从而比未限制的对应物更能有效降解有机污染物。研究者利用水热法制备出了赤铁矿纳米板和赤铁矿纳米棒。将 $FeCl_3 \cdot 6H_2O$ 溶解于乙醇中并搅拌,后加入去离子水和醋酸钠,搅拌均匀后置于水热釜中,于 180 ℃ 反应 12 h,将所得的赤铁矿纳米板洗涤后干燥。对于赤铁矿纳米棒,$FeCl_3 \cdot 6H_2O$ 溶解于 NH_4Cl 中并搅拌 2 h,将混合液置于水热釜中 120 ℃ 反应 12 h，收集产生的 FeOOH 沉淀，洗涤后干燥，于 520 ℃ 煅烧 2 h。赤铁矿纳米板和赤铁矿纳米棒归一化·OH 生成速率分别为 5.50×10^{-3} s^{-1} 和 1.04×10^{-2} s^{-1}，是无侧限对应物 (4.75×10^{-3} s^{-1}) 的 1.2 倍和 2.2 倍。

传统的非均相芬顿反应往往会受到 Fe(Ⅱ) 的再生的影响，Fe(Ⅱ) 的减少从而抑制了 H_2O_2 的分解和·OH 的形成，所以近来有研究者提出了一种新的实验思路：氢氧化铁是否可以与其他金属元素结合。Zhu Y[12]等研究人员合成一种新型的 Ag/AgCl 纳米粒子包覆氢氧化铁，以达到促进 Fe(Ⅱ) 的再生，提高芬顿反应效率的目的。其制备过程主要分为两步：第一步为铁氢氧化物的合成：将 50 mL，1 mol/L 的 $Fe(NO_3)_2 \cdot 9H_2O$ 和 30 mL，4 mol/L 的氢氧化钠溶液同时投入到烧杯中进行搅拌，再将 pH 值调至 7.0，搅拌 2 h 后离心，再用超纯水和酒精洗涤 5 次，烘干后将固体进行研磨，通过 200 目筛筛分得到铁氢氧化物。第二步为 Ag/AgCl/氢氧化铁的形成：在 20 mL 的超纯水中加入适量的 (0.016~0.157 g) $AgNO_3$ 和 1 g 制备完成的氢氧化铁，将混合物超声 30 min 后再进行搅拌，搅拌时间为 30 min。上述实验步骤的目的是为了使得 Ag^+ 完全分散覆盖在氢氧化铁表面。随后，将 20 mL 过量的氯化钠溶液缓慢滴入混合溶液中，可以使得溶液中沉积的硝酸银全部以氯化银的形式沉积。再加入 10 mL 的甲醇，用来清理孔洞。随后将产生的悬浮液置于 300 W 的汞灯下照射。最后用超纯水和酒精洗涤 5 次，再冷冻干燥从而得到 Ag/AgCl/氢氧化铁，如图 3-2 所示。通过电子自旋共振 (ESR) 分析结果可得，采用 Ag/AgCl/氢氧化铁催化剂在 1 h 后·OH 的浓度可以达到 267.6 μmol/L，相较于传统的铁氢氧化物催化剂 (·OH 浓度为 69.2 μmol/L)，其产生·OH 的效率更高，更加有利于非均相芬顿反应的进行。

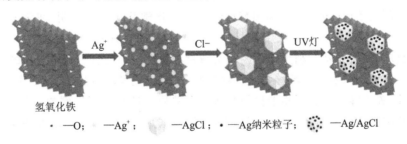

图 3-2 Ag/AgCl 纳米粒子包覆氢氧化铁过程

2. 过渡金属型催化剂

近年来，用过渡金属取代铁基催化剂作为非均相芬顿催化剂在有机物降解应用中受到广泛的关注。过渡金属也可以促进·OH 的生成，从而使得有机污染物的降解效率得以提高。常见的过渡金属催化剂元素包括锰、铜、镍、钴等。

(1) Mn 类催化剂

常规的非均相芬顿反应虽然可以产生·OH，但缺点也有许多，例如适宜的 pH 值范围较小 (2~4)，分离困难，铁回收重利用效率低等。近年来，研究人员对于二氧化锰作为芬顿催化剂的研究也日益增多。以二氧化锰作为催化剂，其催化的效率取决于二氧化锰的晶相、形貌、粒径、结晶度和表面组成。如今，对于二氧化锰用于高效非均相芬顿氧化水中有机物的报道也越来越多。例如 Zichuan Ma[13]等研究了高芬顿催化活性表面改性 δ-MnO_2 催化剂的水热合成与表征。将高锰酸钾 ($KMnO_4$) 和一定量的甲苯加入去离子水后磁力搅拌，然后将混合物转入聚四氟乙烯内衬不锈钢高压灭菌管中，并在 180 ℃ 烘箱中加热 24 h。将所得产物洗涤后于

110 ℃干燥,300 ℃条件下煅烧 7 h,得到具有层次结构的表面改性 δ-MnO_2 催化剂。甲苯氧化生成的苯甲酸被迅速吸附在 δ-MnO_2 催化剂表面,研究发现,甲苯的加入对生成的 δ-MnO_2 结晶度和结构影响不大,但能够显著提高其芬顿催化氧化活性,用甲苯制备的 δ-MnO_2 样品对水溶液中亚甲基蓝的降解率明显优于未加入甲苯的。吸附在催化剂表面的 C_6H_5-COO^- 能够加速电子向 $Mn(IV)$ 转移,并形成大量持久性自由基(PFRs),加速 H_2O_2 分解以产生·OH。

二氧化锰不仅可以以纳米结构来作为催化剂促进非均相芬顿反应,而且可以负载在载体上来促进芬顿反应的进行。例如 Kyung-Won Junga[14]制备了二氧化锰/生物炭纳米复合材料用于类芬顿反应:用稻壳作为制备生物炭的前体,稻壳经过 0.5 mm 筛,再经过去离子水冲洗几次,在 60 ℃的温度下烘干,持续时间为 24 h,得到原始生物炭。其次采用水热法合成三维结构的 MnO_2/生物炭:在室温条件下,将 0.45 g 高锰酸钾溶于 80 mL 的超纯水中,并且滴加 1.0 mL 的盐酸,进行磁力搅拌。此后加入 0.45 g 的原始活性炭继续搅拌 1 h。然后将混合物转移到 100 mL 的不锈钢高压蒸汽锅中,100 ℃温度下冷却到室温后,真空过滤收集,再用去离子水冲洗几次得终产物。用得到的二氧化锰/生物炭纳米复合材料处理双酚 A,20 min 即可完全去除。

锰类催化剂除了以二氧化锰的形式存在外,还有其他不同的存在方式作为催化剂,如可以采用锰类前驱体溶液的配备再负载到载体上。例如 Li[15]等制备过渡金属-氨肟化聚丙烯腈(PAN)聚合物催化剂,用于高效稳定的非均相电芬顿催化氧化。采用液体浸渍法将活性中心固定在改性聚丙烯腈微球中,将制备的氨肟化聚苯胺(AOPAN)珠在室温下搅拌后浸入金属前驱体液中,洗涤后得到所需的催化剂。将金属离子固定在改性聚丙烯腈微球中,不仅可以利用良好的通道限制效应,而且可以利用螯合配位。电化学芬顿实验表明,在催化体系中,Mn-AOPAN 在低电流密度下 pH 值使用范围在 3~10,且其周转频率(TOF)值高,是传统氧化铁的 15 倍。接枝的酰胺肟基有利于提高金属负载量和活性中心与有机载体之间的结合力,从而通过复合材料官能团激发电子转移,加速活性中心的自催化循环,促进 H_2O_2 活化。

除此以外,关于锰类的非均相催化剂制备的相关研究还有许多。例如有学者研究了无表面活性剂多孔纳米 Mn_3O_4 是一种可回收的类芬顿试剂,无需 H_2O_2 即可快速清除酚类物质等。

(2) Cu 类催化剂

铜类催化剂近年来也受到了广泛的关注,其中氧化铜已经广泛应用于颜料、太阳能转换、船舶涂料防污剂以及二氧化碳的还原和催化等工艺。其具有毒性低、安全性好、成本低以及适合大规模应用等优点。所以铜类催化剂也是非均相芬顿反应的一种良好的催化剂。例如 Lin Kang[16]等通过陶瓷分散膜合成形状多样、尺寸均匀的 Cu_2O,具有良好的非均相芬顿反应活性。将 $CuSO_4 \cdot 5H_2O$ 溶解于去离子水中,然后将 Na_2CO_3 和柠檬酸钠也溶解于去离子水,混合均匀后,两混合液混合构成本氏液。采用平均孔径 50 nm 的管状氧化铝膜作为微孔分散器,在 80 ℃,葡萄糖溶液被泵送至膜中与本氏液反应。混合液老化 2 h 后,收集砖红色沉淀物质,洗涤,烘干,如图 3-3 所示。据电子显微镜(SEM)图,应用膜分散合成的 Cu_2O 颗粒较商业购买的及直接合成的 Cu_2O 颗粒大小更加均匀。当葡萄糖的泵入速率为 10 mL/min 时,颗粒的半宽度可达 2.7 μm;进一步达到 20~30 mL/min 时,随着体积比的增大,形成的颗粒分布更加均匀,且没有形成过大的晶粒。在工业制浆废水处理中,化学需氧量(COD)由 133 mg/L 降至 26 mg/L,而商业 Cu_2O 的降解效率仅能达 30%。

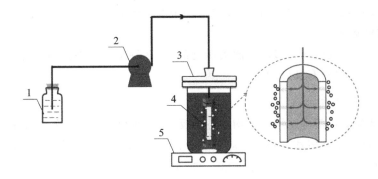

1—葡萄糖溶液；2—泵；3—膜反应器中的本氏溶液；4—介孔陶瓷膜；5—磁力搅拌器

图 3-3　制备 Cu_2O 的膜分散反应器示意图

(3) Co 类催化剂

对于钴类催化剂的制备，碳气凝胶是一种不错的载体种类。常见的钴类催化剂制备有掺杂和浸渍两种技术，两种技术都是在间苯二酚-甲醛(R-F)(R∶F=1∶2)混合物的合成和碳气凝胶的基础上进行制备。Filipa Duarte[17]等研究人员将乙酸钴溶解在间苯二酚-甲醛混合溶液中，首先在室温下进行聚合反应，反应时间为一天；再在 50 ℃的温度下聚合一天；最后在 80 ℃的温度下进行聚合反应，反应时间为 5 天，从而完成固化。接下来用丙酮溶液浸渍两天，再在超临界的二氧化碳中进行干燥，从而达到干燥的目的。最终，将干燥物置于 500 ℃的温度下进行碳化，从而得到催化剂。得到的钴-碳气凝胶催化剂中钴元素均匀地分布在碳基体上。

(4) Ni 类催化剂

镍类催化剂的制备也可以以碳气凝胶作为载体。常见的镍类催化剂制备也用掺杂和浸渍两种技术，两种技术都是在间苯二酚-甲醛(R-F)(R∶F=1∶2)混合物的合成和碳气凝胶的基础上进行制备。Filipa Duarte[17]等研究人员将乙酸镍溶解在间苯二酚-甲醛混合溶液中，首先在室温下进行聚合反应，反应时间为一天；再在 50 ℃的温度下聚合一天；最后在 80 ℃的温度下进行聚合反应，反应时间为 5 天，从而完成固化。接下来用丙酮溶液浸渍两天，再在超临界的二氧化碳中进行干燥，从而达到干燥的目的。最终，将干燥物置于 500 ℃的温度下进行碳化，从而得到催化剂。得到的镍-碳气凝胶催化剂中镍元素均匀地分布在碳基体上。其操作制备步骤与钴-碳气凝胶催化剂基本一致。

(5) Ce 类催化剂

铈作为过渡金属，在芬顿反应中也具有催化生成 H_2O_2 和降解有机废水的作用。近来，有研究报道了一种采用滚压法来制备新型的负载微量过渡金属的气体扩展电极，将其作为阴极运用于非均相反应中。例如 Liang Liang[18]等研究人员制备该类型的气体扩散电极运用于电芬顿反应中。其制备过程大致如下：首先将适量的炭黑与乙醇混合，进行超声 30 min，然后将聚四氟乙烯悬浮液(投加量为炭黑∶聚四氟乙烯=1∶10)缓慢地投加到上述混合物中，从而形成精细的气体通道网络。过 30 min 后，将混合物在 80 ℃的温度下进行均匀加热，直至混合物变成面团状方可停止。再将其在辊筒机上进行轧制，形成 0.4 mm 的气体扩散膜，再将不锈钢网轧制成 0.4 mm，从而制备出了扩散层。然后用相同的方法制备催化剂层，以硝酸铈制备。先将催化剂层轧制成 0.4 mm 厚的薄膜，然后在不锈钢网的另一侧轧制成 0.6 mm 厚的平板。最后将其置于 350 ℃的温度下进行煅烧，从而制备出负载铈催化剂的气体扩散电极。用其作为非均相芬顿反应阴极,在反应 2 h 后,H_2O_2 的浓度达到 595 mg/L。

3. 多金属催化剂

除了铁基类芬顿催化剂和过渡金属类催化剂外,多种金属类物质的联用也可以作为芬顿类催化剂参与反应,也具有良好的效果。

(1) Fe-Ce 金属联用

上节提到铈类催化剂可以用于非均相芬顿反应,其氧化物 CeO_2 在 +3(还原态)和 +4(氧化态)之间的氧化还原循环具有较高的储氧能力,作为储氧器,可通过 Ce^{4+}/Ce^{3+} 的表面转化达到氧气存储与释放目的。例如 Aniruddha Gogoi[19] 等利用共沉淀法制备了 Fe_3O_4-CeO_2 纳米复合物作为类芬顿非均相催化剂,将 $FeCl_2 \cdot 4H_2O$,$FeCl_3 \cdot 6H_2O$ 和 $Ce(NO_3)_3 \cdot 6H_2O$ 按比例分别溶解于超纯水中,在剧烈搅拌条件下混合在一起,持续搅拌,至获得澄清的溶液,然后向混合体系中滴加 25% 的氨水溶液,使混合溶液沉淀,直到混合溶液 pH 值达 8.5。所得的深棕色混合液保持 24 h,或者老化后倒出,过滤,所得沉淀物干燥后在 773 K 条件下煅烧 5 h。FT-IR、XPS 等表征结果表明 Fe_3O_4 被成功固定于 CeO_2。该催化剂具有多相催化的显著优势,易于磁分离,催化剂可重复使用五次,且在环境友好条件下不会严重丧失催化活性。

除此之外,铈还可以与其他金属联用来作非均相芬顿反应的催化剂,例如有学者做了 Ce 催化 As(Ⅲ)类芬顿氧化的研究——钛二元氧化物,通过平衡双分子吸附能调节催化活性。

(2) Fe-Mn 金属联用

从上文可知,关于锰类催化剂的实际应用非常多。正因锰作为过渡金属元素具有良好的催化性能,其与铁的联用在非均相芬顿体系中也具有良好的催化能力。例如 Lee HJ[20] 等研究人员设计了磁性 $MnFe_2O_4$/生物炭复合材料的制备:第一步,将松针用超纯水多次冲洗去除其表面的杂质,然后在 105 ℃ 的温度下加热烘干至恒重,再用管式炉在 500 ℃ 的温度下加热 2 h,加热速率为 10 ℃/min,用恒定流量的氮气充气,从而得到了生物炭。第二步是采用共沉淀法合成 $MnFe_2O_4$/生物炭复合材料:将 $MnCl_2 \cdot 4H_2O$(0.494 8 g,0.002 5 mol)和 $FeCl_3 \cdot 6H_2O$(1.351 6 g,0.005 mol)分别溶于 40.0 mL 去离子水中。超声 30 min 后,再滴加 30 mL 3 mol/L 的氨水到悬浮液中,再在 80 ℃ 下用磁力搅拌器水浴加热 1 h。反应结束后将溶液冷却到室温,离心分离得到的 $MnFe_2O_4$/生物炭复合材料,用乙醇和超纯水洗涤至滤液 pH 值达到中性,然后放入温度为 60 ℃ 烘箱中 24 h,得到最终的 $MnFe_2O_4$/生物炭复合材料。用该材料降解河水中的有机碳,去除效率可以达到 90%～95%。

除此之外,关于铁锰金属联用催化剂也有新方向的研究,例如有学者提出新型 Fe-Mn-O 纳米片/木炭杂化材料,具有可调谐的表面性能,是类芬顿氧化的优良催化剂。

(3) Fe-Cu 金属联用

铁基材料,特别是零价铁,不仅对环境友好,而且具有优异的稳定性。砷作为毒性大的环境污染物之一,对其的处理引起了许多科学家和研究人员的广泛关注。Feng[21] 等研究人员发现,当在 Fe@Fe_2O_3 中掺杂铜(CFF)时,可以通过转移氧还原的途径来提高 As(Ⅲ)的去除效率,可以将毒性高,难降解的 As(Ⅲ)氧化为毒性低、易去除的 As(V),如 Feng 等研究人员制备了 Fe@Fe_2O_3 掺杂铜(CFF):第一步将 0.752 mol 的 $CuSO_4 \cdot 5H_2O$ 溶于含有 12.8 mmoL 柠檬酸钠稳定剂的 800 mL 的去离子水中,用氮气进行充气,时间至少为 40 min。再将 2.1 mol/L 的 $NaBH_4$ 溶液滴加到上述的铜离子溶液中,直至出现了均匀的黑色颗粒。第二步是进行铁铜联用:整个合成过程是利用旋转螺旋桨在氮气的保护下进行搅拌。滴加 30 mL 的

0.45 mol/L 的 $FeSO_4 \cdot 7H_2O$ 和 16 mL 的 2.1 mol/L 的 $NaBH_4$ 溶液到铜离子溶液中,然后进行沉淀,时间为 2 h,将得到的沉淀物用去离子水洗涤多次,最后将其在氮气的充气下,在真空冷冻机中进行干燥,得到 CFF。

(4) Fe-Zn 金属联用

近年来,硫化锌在有机污染物的降解中表现出了较高的催化活性和热稳定性。此外通过将铁离子掺杂到硫化锌晶格上,能进一步提高降解效率。例如 Q. Wang[22]等研究人员制备了 $Zn_{0.94}Fe_{0.04}S/g-C_3N_4$ 催化剂:第一步为采用热缩聚法进行制备。简单的来说,10 g 尿素平均放在 5 个陶瓷方舟上,然后用铝箔覆盖,方舟置于管式炉中,用氮气充气,在 600 ℃ 的温度下煅烧 2 h。然后取出沉淀物,呈浅黄色,磨碎,为下一步做准备。第二步为制备 $Zn_{0.94}Fe_{0.04}S/g-C_3N_4$ 催化剂:首先,根据负载比,将不同量的 $g-C_3N_4$ 加入到 30 mL 的超纯水中,超声处理 60 min。之后,在分散液中加入 4.7 mmol $Zn(NO_3)_2$,0.2 mmol $Fe(NO_3)_3$ 和 10 mmol TAA(硫代乙酰胺)。由于 $g-C_3N_4$ 带负电,所以 Zn^{2+} 和 Fe^{3+} 离子会固定在其表面。然后在 180 ℃ 的温度下,反应 60 min 后,铁掺杂硫化锌颗粒在 $g-C_3N_4$ 表面原位生长,从而制得。用其处理硝基苯酚(PNP),最高处理效率为 96%。

(5) Cu-Ce-Co 金属联用

除了过渡金属与铁联用生成芬顿反应的催化剂外,过渡金属之间也可以联用制备得到催化剂,例如 Liang[23]等制备出了一种新型的 $CuO-CeO_2-CoO_x$ 复合型纳米催化剂,在化学镀镍废水中进行非均相芬顿反应,可以将镍离子通过沉淀的形式去除。制备过程:将 0.015 mol 的 $Cu(NO_3)_{2.32}O$,$Co(NO_3)_2 \cdot 6H_2O$,和 $Ce(NO_3) \cdot 6H_2O$ 溶解于 200 mL 去离子水中,在室温下以搅拌转速为 600 r/min 进行搅拌 20 min。然后以 3 mL/min 的速度添加 0.15 mol/L 的碳酸钠溶液 200 mL,在水浴 60 ℃ 的条件下,直至 pH 值为 10。得到的混合物在 40 ℃ 水浴中放置 12 h 至干燥,再用 500 mL 去离子水和 100 mL 乙醇进行冲洗过滤,得到前驱体,放置烘箱,在 85 ℃ 的条件下干燥 18 h。然后将前驱体磨碎,用 200 目筛筛分。最后将前驱体粉末放置马弗炉中,在 350~600 ℃、升温速率为 1 ℃/min 条件下进行加热,得到最终催化剂。

3.2.3 载体种类

除了直接使用各种铁矿物作为非均相芬顿催化剂外,铁基催化剂还可以负载在各种支撑材料上,达到增大比表面积,提高催化效率的目的,如沸石、金属有机框架(MOFs)、黏土、氧化石墨烯(GO)、二氧化硅等。用于芬顿反应的铁基催化剂所需的支撑材料的一些理想性能,包括可以进行多个循环的反应和较少的铁离子浸出。此外,它们还需要能够抵抗高度反应的自由基。本小节讨论非均相芬顿过程的各种支撑材料及处理的效率。

1. 金属有机框架(MOFs)

Z. Ye[24]制备了磁性 MIL(Fe)型 MOF 衍生氮掺杂纳米 ZVI 碳棒:将 $FeCl_3 \cdot 6H_2O$ 和 H_2BDC(各 5 mmol)混合溶于 25 mL 二甲基甲酰胺中,搅拌 20 min,得到均匀的溶液。随后将混合物倒入 100 mL 内层为不锈钢的高压蒸汽釜中,放置于风扇烤箱中,并且以 110 ℃ 的温度加热 24 h。然后从高压釜取出冷却至室温,通过过滤,收集的粉状产品先用甲醇冲洗,再用水冲洗。最后放置于烘箱中 24 h,设定温度为 80 ℃。NH_2-MIL(Fe)型 MOF 与上述操作流程相似,只需用 NH_2-BDC 代替 H_2BDC。然后用管式炉按照要求温度加热 4 h,用氮气充气,最后得到产物。用该 MOFS 处理城市废水有着较好的处理效果。

2. 二氧化硅载体

将多孔二氧化硅材料与 Fenton 反应相结合，通过增大比表面积，增强吸附污染物的能力来增强污染物分子与 Fenton 试剂之间的接触能力，提高了分解有机污染物的催化效率。Fenton 过程中使用的铁基催化剂的催化性能受到活性中心物种的比表面积、粒径、分散度和化学环境的影响，采用高比表面积、易分散的载体材料是提高非均相 Fenton 催化剂稳定性和活性的关键。

Q. Jin[25]提出通过固化二氧化硅颗粒 Fe 配合物有效增强类芬顿反应，催化过氧化氢降解 2,4-二氯苯酚。制备 Fedpa@SiO_2：首先将 5 mL 正硅酸乙酯滴加到体积比为 1∶1 的乙醇-水中，在 30 ℃温度下搅拌 1 h 预水解得到 SiO_2-NH_2。然后加入一定量的氨水，pH 值调至 10.0~11.0。搅拌 6 h 后，得到产物 SiO_2，用去离子水洗涤至中性，在 60 ℃的烘箱中烘干 12 h。将 4 g SiO_2 加入温度为 100 ℃的 250 mL 溶液(含二磷酸腺苷 15 mL)中，回流反应 6 h。然后用乙腈洗涤，在 100 ℃烘箱烘干。

Li[26]等研究了新型夹层纳米复合材料的制备及其对亚甲基蓝和 Pb(II)离子的高效可再生吸附剂。Li 等人制备新型夹层纳米复合材料：首先，以温石棉作为原料，采用物理化学分散和酸浸法制备二氧化硅纳米材料。然后将纯化后的温石棉和双(2-乙基己基)磺基琥珀酸钠一起浸泡，用乳化剂在 6 000 r/min 的条件下反应 1 h，制备成温石棉纳米纤维，之后与 1 mol/L 的盐酸溶液在 100 ℃的条件下回流反应 3 h。洗涤干燥后得到第一层纳米材料记为 SNF。再将固体含量为 10 g/L 的 SNF 和 30 mL 乙醇溶液加入到 60 mL 的 TREG 中，加热至 363 K，加热时间为 1 h，用于去除多余的乙醇。随后，在磁力搅拌 30 min 的条件下加入乙酰丙酮铁前驱体，加热，并在搅拌和氮气的保护下互留 30 min，用磁体对中间产物 SNF/MNP 进行分离，用乙醇多次洗涤，在 333 K 真空条件下进行干燥，得到中间产物。最后，在由 80 mL 去离子水、2 mL 氨水和 60 mL 乙醇混合的溶液中加入 0.1 g 的中间体产物和 0.3 g 的阳离子去污剂，剧烈搅拌 30 min 后，混合均匀分散，然后加入 0.25 mL 正硅酸乙酯继续剧烈搅拌。在室温的条件下反应 8 h 后，利用产物的磁性进行收集，用去离子水和乙醇洗涤，在 333 K 的温度下真空干燥，得到最终产物记为 SNF/MNP/PS 纳米复合材料。用其处理含铅的亚甲基蓝溶液可以有较好的处理效果。该纳米复合材料用非均相芬顿反应可进行再生处理。

3. 黏土负载催化剂

将黏土作为铁的负载载体可以起到稳定的支撑作用，这是由于黏土作为无机材料，具有热稳定性、耐有机溶剂性和高机械强度等优点。例如 Djamel Tabet[27]等研究人员以蒙脱石作为铁载体来制备芬顿催化剂，其制备过程为：以膨润土为原料(膨润土中还有大量的蒙脱石和少量的石英、长石等物质)。膨润土又称皂土或浆土，主要化学成分包括：二氧化硅、氧化铝、氧化铁、氧化镁、氧化钙、氧化钠、氧化钾和氧化硅。将膨润土置于 1 131 K 的温度下进行灼烧，再将其加入到 1 mol/L 的氯化钠溶液中得到钠基蒙脱石，通过过滤进行分离，再将钠基蒙脱石用蒸馏水多次洗涤。为了得到粒径为 2 mm 的颗粒，将其悬浮液进行沉积，粒径大于 2 mm 的颗粒全部沉淀因而得以分离。重复上述步骤多次。接下来收集到的颗粒通过离心回收，用蒸馏水洗涤，最后通过透析以消除过量的氯离子，该馏分用于柱撑工艺。柱撑溶液是通过缓慢加入 0.4 mol/L 的 NaOH 溶液、0.2 mol/L 的 Fe(NO_3)_3 溶液不断搅拌，至溶液中 OH^-/Fe^{3+} 摩尔比等于 2。将得到的溶液充分搅拌混合 8 天，然后按一定质量分数比例与 1% 的膨润土悬浮液混合，使其达到 4 mmol Fe/g 膨润土的比例。将混合物在室温下反应 8 h，离心分离固体，用蒸馏水洗涤数次，最后在 773 K 下煅烧 1 h，得到催化剂。用该催化剂处理肉桂酸溶液，结果表明其处理效率明显高于单纯使用铁的均相反应。

当然有关以膨润土作为载体制备芬顿催化剂也不只有上文提到的一种方法，例如有学者同样制备了以膨润土作为载体的催化剂，用其进行芬顿反应处理偶氮染料，也有着不错的处理效果。

4. 碳材料类

(1) 碳纳米管

有研究报道，在芬顿体系中以碳纳米管等富含电子材料的物质作为载体有利于$Fe(Ⅱ)/Fe(Ⅲ)$氧化还原的循环。将$FeOCl/Fe_2O_3/CNTs$复合材料作为一种处理效果好的催化剂应用于芬顿体系，结果表明$FeOCl/Fe_2O_3/CNTs$不仅在低H_2O_2（0.6 mol/L）投加量下具有良好的催化性能，20 min 内即可完全去除甲基蓝，而且在较宽的 pH 值（3~9）内也表现出良好的反应活性。

除此之外，将铁类催化剂负载到碳纳米管的方法也倍受人们的关注。Yunbo Liu[28]等研究人员采用球磨法制备了新型碳纳米管-四氧化三铁，作为催化剂进行芬顿反应来处理磺胺。其制备过程为：在室温下通过共沉淀法制备四氧化三铁后，采用球磨法制备$CNTs-Fe_3O_4$。在 200 mL 去离子水中溶解 2.8 g $FeCl_3 \cdot 6H_2O$ 和 2.4 g $FeSO_4 \cdot 7H_2O$。然后将 2 mol/L 氨水加入混合物中，直至 pH 值为 10 左右，搅拌 30 min，用磁铁分离，用离子水洗涤数次，直至溶液 pH 值为中性。所得固体经冷冻干燥机在 238 K 下脱水，得到 Fe_3O_4。最后，将制备好的 Fe_3O_4 和 CNTs 以一定的质量比混合在 500 mL 的球磨机罐中，并以 420 r/min 的转速将粉末混合物球磨 90 min，球粉质量比为 100∶1。所有的操作都是在氩气中进行的。

(2) 活性炭

活性炭是一种用途广泛的材料，在许多领域都有应用，特别是在环境保护领域。这些材料经常被用作催化剂载体或作为催化剂用于环境治理，无论是气相还是液相，最后涉及的主要都是废水处理。事实上，随着工业造成的水污染的增加，人们对废水的处理和再利用的关注也越来越多。He Wang[29]等研究人员研究了太湖蓝藻活性炭-Fe_2O_3复合材料吸附去除锌镍合金电镀废水中的螯合镍。

(3) 生物炭

生物炭具有氧化还原基团或共轭π键，可作为电子穿梭或导体，促进芬顿反应过程中的电子转移，Mingwei Wang[30]等研究人员发现，制备导电生物炭通常需要较高的热解温度（>500 ℃），但这可能会导致生物炭失去能充当电子穿梭氧化还原的组分。考虑到磁铁矿是一种优良的导电体，可应用于改善厌氧消化的共养代谢，本研究制备了一种新型的含磁铁矿生物炭：以 30 mmol/L $FeSO_4 0.7H_2O$ 为 Fe^{2+} 源，Fe^{2+} 与 H_2O_2 的摩尔比为 1∶3。用 1.0 mol/L H_2SO_4 将反应 pH 值调至 3.5。2 h 后反应，用 1.0 mol/L 氢氧化钠溶液将 pH 值调整到 7.0，静态沉降 24 h。随后，对芬顿污泥进行离心，离心速率为 4 000 r/min，达到去除多余水分的目的，保持芬顿污泥是储存在 4 ℃温度下。之后采用管式炉在 N_2 气氛下以 5 ℃/min 的升温速率对生物炭进行热解处理。热解温度分别设置在室温（20 ℃）、200 ℃、400 ℃、600 ℃和 800 ℃，然后保存在相应的温度对热解 2 h。冷却后，对生物炭采集标本，然后磨成小颗粒并通过 2 mm 筛。这种磁性生物炭具有高电容和优良的电导率，在厌氧消化系统中也可以通过添加生物炭来提高甲烷产量。

同样，面对如今废水污染已经是全球性的挑战，功能性的生物炭作为类芬顿催化剂降解废水中的难降解有机物的研究也日益增多。Chongqing Wang[31]等研究人员解释了生物炭的表面催化机理,为开发高效功能性生物炭提供了新的思路。他们通过浸铁和废木屑的碳化,合成了掺铁的生物炭,其制备过程为:第一步,以粒径小于 0.45 mm 的木屑为原料制备生物炭,锯末在 600 ℃、氮气充气的条件下煅烧 1 h。再将生物炭在 0.1 mol/L 硝酸溶液中浸泡 12 h,用超纯水冲洗至 pH 值中性,在 100 ℃进行干燥,干燥时间为 24 h,得到的干燥物简称为 AW-BC。第二步,通过浸渍碳化法制备了掺杂铁的生物炭。将 15 g AWBC 与 200 mL Fe(Ⅲ)溶液(0.15 mol/L)混合,搅拌 0.5 h,静置 24 h。再将浸渍过的 AWBC 在 900 ℃的温度进行氮气充气的情况下加热 1 h,升温速率为 7 ℃/min,从而得到最终产物掺铁生物炭,简写为 Fe@BC。

(4) 氧化石墨烯(GO)

许多研究已经表明,将碳材料与非均相芬顿催化剂结合有助于 Fe(Ⅲ)快速还原为 Fe(Ⅱ),因为它具有快速的单电子转移能力。石墨烯是一种二维碳原子单分子层,具有优越的电子迁移率、机械稳定性和导电性。石墨烯的存在为芬顿催化剂提供了载体,提高了芬顿反应的性能。关于石墨烯作为载体的相关报道和研究非常多,例如 Yang Zhou[32]等用水热法制备了石墨烯-锰铁氧体(rGO-$MnFe_2O_4$)催化剂,可见光条件下降解氨氮(NH_3),石墨烯可以提高光催化活性,拓宽对太阳辐射的光谱响应。一方面,混合催化剂中 rGO 含量的增加可以提高可见光的吸收,从而促进 NH_3 降解;另一方面,rGO 过载可能会抑制 $MnFe_2O_4$ 催化剂表面的 NH_3 吸附,从而导致活性降低,因为 rGO 降低了暴露在杂化催化剂表面的过渡金属原子活性中心的可用性,最后确定 rGO 的最优质量比为 4%。无独有偶,C. Dong[33]等开发可拉伸氧化石墨烯基水凝胶,用于去除有机污染物和金属离子。C. Dong 等制备 Fe_3O_4/rGO/PAM 水凝胶纳米复合材料:首先制备 Fe_3O_4/石墨烯,将 100 mL 的石墨-乙醇溶液与 25 mL 的乙腈在超声浴中混合 90 min,然后在室温下向悬浮液中加入 0.1 mL 的氨水。搅拌 30 min 后缓慢加入 10 mL 的三乙酰丙酮铁(浓度为 0.2 mol/L,乙醇为溶剂),然后继续搅拌 30 min。将悬浮液在 60 ℃的温度下保持 12 h,即可在还原氧化石墨烯薄片上形成非晶态四氧化三铁纳米颗粒。接着制备 Fe_3O_4/rGO/PAM 水凝胶纳米复合材料:将上述生成的半成品经过乙醇洗涤后离心,再将沉淀物放置于 10 mL 蒸馏水中,将一定量的 $Ca(NO_3)_2$(8 mmol)、AM 单体(40 mmol)、MBAA(0.013 mmol)和过硫酸铵(31 mmol)融于 rGO 分散液中,将混合物放入烘箱后干燥即可。进行光芬顿反应,其对化工废水的降解率可以保持在 90% 左右。

石墨烯可以有多种形式的载体种类,其中以石墨烯水凝胶作为载体也有不错的效益。例如 J. Hu[34]等提出基于 Fe-g-C_3N_4 石墨烯水凝胶三维结构的光催化-芬顿协同高效去除苯酚和焦化废水。J. Hu 等通过热收缩聚合法合成了掺杂铁的 g-C_3N_4:将 5.0 g 的双氰胺和一定百分比的 $FeCl_3$ 溶解于 100 mL 的去离子水中混合,然后将混合物在 80 ℃的水浴条件下进行蒸发,直至去离子水完全蒸发。再将干燥的混合物磨碎并且在氮气充气的情况下以 2 ℃/min 的升温速度加热至 550 ℃,反应 4 h,所得产物记为 Fe-g-C_3N_4。再将 Fe-g-C_3N_4 催化剂放置于管式炉中,在相同的条件下进行煅烧生成 Fe-g-C_3N_4 薄片结构。之后通过水热法合成 rGO/Fe-g-C_3N_4 复合催化剂:含 5% Fe-g-C_3N_4 催化剂、20 mL rGO 溶液、0.6 g 抗坏血酸、0.5 mL 聚二乙醇,装入烧杯。然后以 420 r/min 转速搅拌 1 h,结束后,均匀溶液转移到 25 mL 的烧杯中,在 95 ℃的温度下干燥 1 h,最后在 -50 ℃的温度下进行真空干燥从而得到掺杂铁的 g-C_3N_4 催化剂。用其处理焦化废水 1 h 内,TOC 和 COD 的降解率可达 66.3% 和

68.1%。

上文提到了石墨烯运用到光-芬顿反应体系,不仅如此,石墨烯作为载体的芬顿催化剂还可以与电化学结合。如 Shi Hongqi[35]用以还原氧化石墨烯(rGO)为基础的微电机固定氧化铁(Fe_3O_4)纳米颗粒(NPs),以合成非均相芬顿 Fe_3O_4-rGO/Pt 复合微射流,并提高其催化性能。在 Pt 催化过氧化氢的作用下,制备的复合微射流可以很好地在污染水中推进。结合还原氧化石墨烯(rGO)和 Fe_3O_4 NPs 的高效性能,以及高效的电机运动,复合微射流可以在短时间内有效去除亚甲基蓝。这种优异的催化性能归因于 Fe_3O_4 和 rGO 在非均相类芬顿反应中的协同作用以及运动过程中局域混合效应的增强。此外,芬顿复合微射流能够磁性回收和再利用,用于进一步的去污过程。芬顿复合微射流具有非凡的催化能力和良好的可回收性,具有广阔的应用前景。

除此之外,关于石墨烯作为载体的研究还有许多,有学者研究了以纳米 Fe_3O_4 修饰的超小氧化石墨烯作为类芬顿试剂降解亚甲基蓝;研究了石墨烯在电芬顿过程中的重要性。

(5) 其他类碳材料

除了上述所说的四大种类碳材料载体外,石墨毡也是一种不错的载体,例如 Dong Li[36]等提出了一种新型电芬顿工艺,其特点是在石墨毡电极内部曝气,增强 H_2O_2 的生成和 Fe^{3+}/Fe^{2+} 的循环,采用石墨毡电极曝气法(GF-EA)对新型电芬顿法降解有机污染物进行了研究。在较宽的 pH 值范围(3~10),GF-EA 的 H_2O_2 浓度可达 152~169 mg/L,远高于溶液曝气石墨毡(GF-SA,37~113 mg/L)的 H_2O_2 浓度。当 pH 值为 5.5 时,GF-EA 对硝基苯(NB)、苯甲酸(BA)、双酚 A(BPA)和磺胺甲恶唑(SMX)的降解率分别比 GF-SA 高 55%、56%、80% 和 60%。与 GF-SA 相比,GF-EA 去除溶液中 TOC 的能力提高了 29%~51%。机理分析表明,反应体系中有·OH 和高价铁两种物质参与,GF-EA 组中·OH 和溶解的铁物质含量为 7.7%。

同样,关于碳气凝胶作为载体也有相关的制备方式,例如 Q. Peng[37]等提出三维有序大孔 Fe_2O_3/碳气凝胶阴极的中性光电-芬顿体系设计(见图 3-4):具有高活性、低能耗的优点。Q. Peng 等制备三维有序大孔 Fe_2O_3/碳气凝胶阴极:第一步为碳气凝胶(CA)的制备,首先按照苯二酚:甲醛:去离子水的摩尔比为 1:2:14.3 进行混合,然后将混合物转移到一个长方体玻璃盒中(4 cm×3 cm×1 cm)中,分别在 30 ℃、50 ℃、90 ℃ 的温度下密封冷却 1 天,得到 CA 前驱体凝胶。然后将制备好的凝胶在丙酮中浸泡 3 天,排出前驱体内的水分,进行干燥,从而得到结构完整的块状干燥凝胶。最后在管式炉中 950 ℃ 的温度下碳化 4 h,用氩气冲洗管式炉,流速为 100 mL/min。第二步为合成 Fe_2O_3/碳气凝胶阴极:采用原位溶剂蒸发法制备聚苯乙烯球形胶状晶体膜。首先,取 10 mL 称量瓶,将 CA 垂直浸入质量浓度为 2.5% 的聚苯乙烯球(平均直径为 502 nm)悬浮液中,称量瓶放置在 45 ℃ 的烘箱中,直至将水分全部蒸发,再将彩色的聚苯乙烯蛋白石薄膜附着在黄岛碳气凝胶基板上。然后,将 $Fe(NO_3)_3·9H_2O$ 溶于乙醇形成 1 mol/L 的溶液,将碳气凝胶电极放置于上述溶液中,直至乙醇完全挥发。最后,在管式炉中用氩气充气,500 ℃ 的温度下加热 2 h,得到了三维 Fe_2O_3/碳气凝胶阴极,其更有利于羟基自由基的生成。

其他碳材料作载体的研究,如 Fe_3O_4/羧酸盐富碳复合材料的一步合成及其在去除 Cu(II)中的应用,有关报道很多,以碳材料作为载体对提高芬顿催化效率、提高催化剂比表面积有着积极的作用。

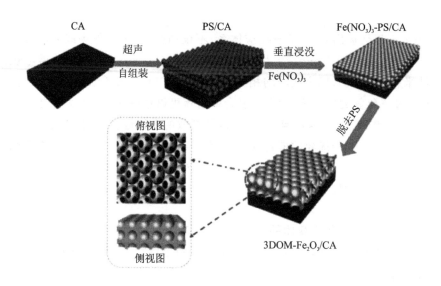

图 3-4 三维有序大孔 Fe_2O_3/碳气凝胶阴极

3.3 芬顿氧化反应器的应用

当今世界随着水资源问题的日益严重，研究人员已经研究了各种水处理技术，并且发明了多种水净化技术，因此各种不同功能的反应器也随之出现。芬顿反应中，不仅催化剂具有各种各样的种类，而且有各式各样的反应器类型。本节介绍几种常见的芬顿反应器及其应用。

3.3.1 固定床反应器

在大多数情况下，在芬顿法中使用间歇式反应器处理含染料废水要么不合适，要么不是经济有效的解决方案。间歇操作的芬顿法，由于反应器中中间产物的积累，使 pH 值迅速降低。中间体的积累会导致催化剂材料的间接浸出，因此使多相催化剂从反应混合物中分离出来。为了克服芬顿氧化过程中间歇式反应器的这些局限性，近年来，研究人员开始使用连续固定床反应器系统进行非均相芬顿氧化，以提高工艺效率。固定床催化反应器通过共浸渍法、溶胶凝胶法、共沉淀法等方法将活性催化成分固定于大的连续表面积的载体上，反应液在其表面连续流过，并发生降解反应。固定床反应器的使用提供了较长的停留时间，从而使非均相芬顿氧化法对不同水体污染物的去除达到了较好的降解效率。

固定床可以利用多种类型的芬顿催化剂来进行非均相芬顿反应，也使得固定床的设计可以多种多样。有学者[38]采用体积为 10.25 mL 的硼硅玻璃上流式固定床反应器，以亚甲蓝染料为模型污染物，探究该反应器对于亚甲蓝的脱除效果。负载铁的活性炭催化剂床层高度保持 2 cm，考察了铁负荷、溶液 pH 值、H_2O_2 初始浓度、温度等不同实验参数对染料去除率的影响。发现当 Fe/AC 催化剂质量分数为 10%，pH 值为 3.5，H_2O_2 浓度为 0.163 3 mol/L，反应温度为 30 ℃时，染料去除率最高可达 70%。有学者采用硼硅酸盐玻璃柱（内径 1.5 cm，长 25 cm）进行固定床柱实验，以降解含铬皮革废水，如图 3-5 所示。将经过清洗、研磨的橄榄石颗粒浸泡在 $FeSO_4 \cdot 7H_2O$ 溶液中，在通入 N_2 的条件下，采用硼氢化钠物还原法，制备出 nZVI 的第一层涂层；收集干燥的涂层，加入氨水，将其浸泡在 Fe(Ⅱ) 和 Fe(Ⅲ) 中，最后制备得到涂铁的橄榄石颗粒(MICOS)。柱内填充选定量的 MICOS,床高为 5 cm,床容为 8.83 mL。当吸附剂质量浓度为 4 g/L 时,Cr(Ⅲ)和 Cr(Ⅵ)的最大吸附量分别为 8.37 mg/g 和 4.29 mg/g,总吸附量为 12.66 mg/g,平衡接触时间为 120 min。在 H_2O_2/COD(w/w) 为 0.875 时,COD 去除率达到最大值(58.4%),确保了氧化剂消耗量的最大化(仅保留最初 H_2O_2 的 13%),酚类总去除率达到 59.2%。此外,还报道了以 NaOH 和 C_2O_4 溶液为再生剂,经过 5 次循环后对吸附剂材料进行再利用。该工艺由两个串联柱组成,针对第一柱中添加氧化剂的情况进行了放大,处理效果较好,Cr(Ⅵ)、Cr(Ⅲ)和 COD 去除率分别达到 64.3%、53.2% 和 62.8%。

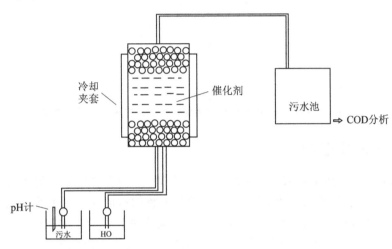

图 3-5 固定床反应器

Suraj P[39]采用共沉淀法合成了铜铁氧体($CuFe_2O_4$)催化剂,用于处理制浆造纸废水。在固定床反应器的实验设计中,采用了田口优化方法,通过 5 个层次的实验,优化了 pH 值、H_2O_2 初始浓度、床层高度和反应时间等工艺参数对化学需氧量去除率的影响。优化后在 pH 值为 3,H_2O_2 浓度为 0.208 12 mol/L,床层高度为 3.5 cm,反应时间为 120 min 的条件下,得到了最佳反应结果:COD 去除率可达 78% 左右。另外,采用简单的"单独反应器"合成法制备了嵌入有序介孔碳催化剂(Fe-OMC)中的铁纳米颗粒,如图 3-6 所示。将制备的 Fe-OMC 材料作为异相芬顿催化剂专门应用于连续流动条件下的固定床反应器中,填充床层高度为 2 cm 的 Fe-OMC 催化剂的固定床反应器中苯酚转化率接近 100%,具有良好的氧化降解催化活性。

将铝掺杂的磁铁矿-尖晶石纳米颗粒包裹在介孔碳(MC)中,制得一种很有应用前景的非均相 Fenton 催化剂,可在连续体系中降解苯酚,具有实际应用价值。K. Thirumoorthy[40]等在固定床反应器内的工作条件下制造的 21%γFe_2O_3/28% $FeAl_2O_4$@MC,与 H_2O_2 发生反应,在温和的操作条件下(pH=5,40 ℃,每 8.6 mL 水含 0.036 mol H_2O_2,2×10^{-4} mol/L 苯酚),在 500 h 的运行中表现出持久的高催化活性和稳定性。TOC 转化率达到了 80% 并且在处理水中获得了 1×10^{-6} mol/L 的浸出铁,且催化性能没有明显变化。在这项研究中,铝掺杂的磁铁矿被证明是一种高效的异质芬顿催化剂,可在连续系统中降解强效污染物苯酚并且克服了迄今为止在异质芬顿催化中存在的主要缺点,如低稳定性和活性,不能在温和的条件下(如低温和宽范围的 pH 值)进行。

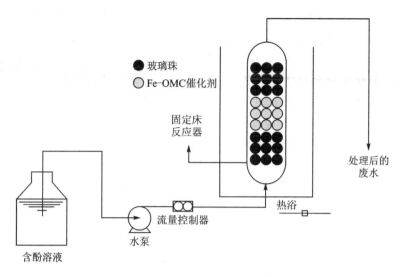

图 3-6 使用 Fe-OMC 催化剂去除苯酚的固定床反应器示意图

3.3.2 流化床反应器

流化床反应器已在多个领域得到应用,如废水处理、作为生物反应器的生物过程、作为生物质燃烧器的燃烧工程、焚烧炉和干燥器、用于催化重整的石油和石化工业、环境技术、结晶、选矿、气体净化和提取。流化和流化床的基本概念是避免系统性能差的前提。在流化床中,当低流速流体通过静态固体床时,床层保持固定。液体只是通过了流化床反应器中的空隙。床层保持固定,没有粒子会离开它们的位置。这种床层状态被称为多孔介质或固定床层。当流体的流速增加、浮力平衡阻力和重力时,固体就被柱子中的流体悬浮起来。随着流量的增加,压降也随之增大,固液混合物的行为就像流体一样。固定床反应器操作简单,但催化剂的不均匀填充可能导致流体的通道,从而影响传质和降解过程,在固定床反应器中更换催化剂也很困难;流化床反应器提供了均匀的混合,从而使反应器内部存在的不同相之间的接触更好。与其他生物和化学处理方法相比,流化床反应器具有可减少污泥产量,提高催化剂重复利用率,使用氧化剂少,水力停留时间短等优点,可有效地应用于高级氧化工艺中。流化床层载体处于不断流动、迁移、翻滚状态,反应液在载体颗粒之间流动,充分利用了催化剂的表面,使催化剂有效比表面积大大增大,光能利用率提高。按反应器内床层形态的不同,可分为液固相流化床光催化反应器、气固相流化床光催化反应器和气液固三相流化床光催化反应器。

非均相芬顿法是一种对废水处理具有重要意义的高级氧化工艺。如 Mahdi Ebrahimi Farshchi[41]等对流化床进行了研究,在研究的第一部分中,酸性黄 36(AY36)在流化床反应器和搅拌槽反应器中发生了降解过程。通过评价染料的去除率和过程中 pH 值的变化,比较了这两种半中试反应器的性能。在研究的第二部分,他们利用一个修正的计算流体力学(CFD)方法来解决两个反应器中非均相芬顿过程的动量和质量平衡问题。在 AOPs 中,自由基是活性的,寿命很短,发现湍流混合是自由基参与反应的限制因素。通过引入一个新的参数,即湍流混合速率,作为羟基自由基等活性物质的反应速率,实验结果与常规动力学模型中未考虑混合速率的情况相比,实验结果与 CFD 模拟结果吻合较好。此外,流化床反应器的实验和 CFD 模拟结果均表明该反应器具有良好的反应性能。

流体化-Fenton 工艺是将 Fenton 反应用于流化床反应器内,通过上升流态化的方式,试图使得废水与催化剂充分接触,从而提高氧化反应的效率。流化床芬顿(FBF)工艺使用载体作为惰性固体,为铁结晶提供表面并随后减少污泥的产生。此外,结晶到固体载体上的铁物质充当辅助催化剂,它还通过与 H_2O_2 反应产生·OH,这进一步有助于污染物降解。报告的研究表明,FBF 工艺为各种有机污染物的处理提供了更高的效率,例如染料废水、农药、酚类化合物。与传统 Fenton 工艺相比,流体化 Fenton 在提高催化氧化反应效率及减少铁盐投加量上有着较大的优势。杨敏等[121]在废水 Fenton 高级氧化处理技术试验研究中,通过对传统 Fenton 工艺反应器做优化设计,开发了 Fenton 流化床装置。Fenton 流化床装置原理如图 3-7 所示。流化床的底部为进水的配水区域。流化床的中部为 Fenton 反应区,促进 Fenton 反应的填料主要集中在此区域。流化床的上部为填料与水的分离区域,与填料分离后的废水通过顶部设置的集水槽收集后排出装置外,Fenton 流化床装置的容积为 4 700 L。Fenton 流化床装置运行时,被处理的废水通过泵输送至混合器内,与 Fenton 药剂充分混合后从流化床的底部进入反应器。反应器内的填料在上升水流的作用下呈现流化状态,上升流速控制在 6~12 m/h,填料的膨胀率控制在 25%左右,Fenton 反应主要在这个区域完成。废水在反应器上部流入集水槽后排出装置外。其中,出水由循环泵输送至混合器,与进水及 Fenton 药剂混合后回到反应器中。将 Fenton 流化床应用于垃圾渗滤液深度处理的中

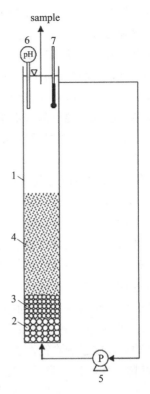

1—流化床;2—4 mm 玻璃珠;
3—2 mm 玻璃珠;4—流化介质;
5—循环泵;6—pH 计;7—温度计

图 3-7 流化床反应器

试研究,通过考察 pH 值、Fenton 药剂投加量及反应时间对 Fenton 流化床去除 COD 的影响,得到 Fenton 流化床的工作特性。结果表明,此 Fenton 流化床在 pH 值为 2.59~3.95,COD/H_2O_2 质量比为 0.69~0.92,$FeSO_4$/H_2O_2 质量比为 1.08~1.89,反应时间为 50 min 的条件下,对 COD 的去除率稳定在 60%~70%,且具有较好的污泥减量化效果。因此,在相同加药量条件下,Fenton 流化床优于传统 Fenton 工艺。

Sakshi Manekar[42]等人利用固体废料作为催化剂,在流化床芬顿法中使用中和赤泥研究了台盼蓝染料的降解。研究中,反应器高 35 cm,实验在均匀的圆柱形循环流化床反应器中进行。分布板连接在反应器的底部,以使颗粒均匀分布;使用水泵从反应器底部引入进料并通过适配器调节流速;在柱的顶部提供染料溶液循环的出口,并使用气泵以气泡形式提供空气,从而加强催化剂颗粒的流化。在塔的顶部,提供了空气分离装置,有助于将空气逸出反应器。结果表明,当初始染料浓度为 $1.56×10^{-5}$ mol/L 和催化剂用量为 0.7 mg/L 时,最大 71.21%的台盼蓝在 pH 值为 3 时被降解。在该实验条件下,反应速率遵循一级动力学,速率常数为 $-0.007\ 06\ min^{-1}$。低成本赤泥基非均相芬顿催化剂具有在中试规模中研究去除废水中有机污染物的潜力。

流化床反应器通常被认为是光催化反应的良好化学反应器,因为它提供了反应物之间的良好接触以及高的传质和传热速率,并且与浆料反应器相比还允许更高的催化剂负载量。此外,流化床中的催化剂颗粒可以在三相流化床反应器(3P-FBR)中实现平稳循环,从而提高反

应器的性能。Huiyuan Li[43]等在三相流化床反应器中,采用 UV 辅助高级 Fenton 工艺对 N-甲基-2-吡咯烷酮(NMP)进行了有效矿化。矿化实验在直径 7.5 cm、高 50 cm 的三相流化床反应器中进行。从 3P-FBR 底部连续曝气进行循环,Fe^0 颗粒以 1 L/min 的流速在整个反应器中流动;紫外灯(254 nm,40 W,Philips,光强度为 7.67 mW/cm^2,平均距离灯 2 cm)垂直放置在反应器的中心。在整个反应过程中,使用盐酸和氢氧化钠将溶液的 pH 值保持在≤0.2。将反应器浸入室温下的水浴中。以间隔(0 min、30 min、60 min、120 min、180 min、240 min 和 360 min)取样,并立即通过 0.22 μm 的膜过滤,以备不时之需。研究发现,TOC 的去除效率强烈依赖于 pH 值、Fe^0 和 H_2O_2 的用量、气相类型和初始 NMP 浓度。NMP 的矿化效率随着 pH 值和初始 NMP 浓度的增加而降低,而随着 FeO 和 H_2O_2 添加量的增加而增加。反应 6 h 后,使用 0.05 g/L Fe^0 和 0.10 mol/L H_2O_2 在 pH=4 条件下,10 mmol/L NMP 的 TOC 去除了 85.2%,释放的 NH_4^+、NO_3^- 和 NO_2^- 的总百分比为 52.6%。

芬顿流化床的填料也是整个反应的重点之一,填料可以对芬顿流化床运行时的流态起到重要作用,例如 Jin Anotai[44]等以建筑砂为填料,采用流化床芬顿反应器,对影响除铁效果的因素进行了研究。在最佳条件下,流化床芬顿工艺可以除去大部分颗粒态铁。通过非均相成核和非均相水力滞留时间的方法,发现流化床的表面积是控制除铁效率的关键因素。床层膨胀 50% 即可达到满意的除铁效果。进一步的床层膨胀对除铁性能没有明显的改善作用,可能通过冲刷效应影响除铁性能,增加能耗。甲酸是羟基自由基氧化有机污染物的羧酸中间体之一,其除铁性能显著降低。这是因为它不仅通过络合增加铁的溶解度,而且阻碍了氢氧化铁在流化床上的非均匀成核。因此,在铁的去除方面,应采用流化床芬顿工艺处理低浓度废水或作为抛光单元,以限制 Fe^{3+} 螯合中间体的生成,如图 3-8 所示。作为一种三级处理装置,流化床芬顿反应器可以成功地将制浆造纸二级出水的 COD 和色度稳定地降低到 120 mg/L 和 300 ADMI 的标准以下。根据水的特性,在最佳停留时间内,总铁去除率可达 53%~81%。

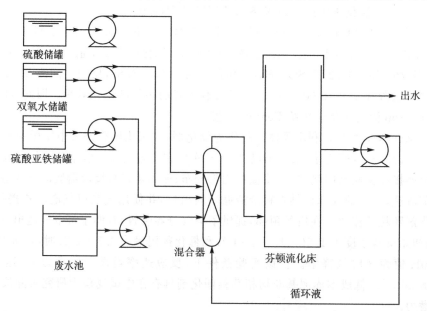

图 3-8 Fenton 流化床装置原理图

3.3.3 膜芬顿反应器

在过去的几十年里,膜技术已经成为选择性分离、净化和水处理中最节能、最经济的解决方案之一。不同的膜过程,如超滤、纳滤和反渗透,已被广泛应用于污水处理和海水淡化。随着越来越多的研究证明膜过滤和高级氧化工艺的结合能够有效地去除难降解污染物,基于膜的氧化工艺越来越受到水处理研究者的关注。在这些过程中,膜的作用可体现在分离和浓缩污染物或通过催化剂的保留和再利用来完成氧化反应。然而,在处理废水时,膜往往受到严重污染。污染物会逐渐积聚在膜表面,堵塞膜孔,导致膜通量显著降低,从而进一步降低膜的处理效率,最终缩短膜的使用寿命。当膜污染严重时,必须进行物理和(或)化学清洗,这不可避免地会导致较高的运行成本。因此,提高膜的抗污染性能,从而延长清洗周期,减缓通量衰减,是提高膜运行效率的关键问题。

膜污染问题在一定程度上阻碍了膜技术的发展,近年来,学者们将膜技术与芬顿氧化技术相耦合,研制出多功能混合膜,以此来解决这一发展瓶颈。通过表面涂覆、表面接枝、与亲水性聚合物共混、无机粒子包合等方法可以提高膜的抗污染性能。这些方法大体上可以归纳为三种主要策略。第一种是调节膜的亲水性。人们普遍认为,亲水性的增强可以提供更好的防污性能。在超亲水表面形成的纯水层可以防止疏水污染物吸附和沉积到膜上。第二种策略是调整膜的表面电荷,荷电膜表面与料液中污物之间的静电斥力有利于减少膜污染。第三种策略是控制膜的粗糙度,目的是减少污染物在表面的粘附。通常情况下,较光滑的膜表面会受到较少的污染,这可能是因为与较光滑的膜表面相比,较粗糙的膜表面更容易夹带较脏的颗粒。

近年来,催化膜作为一种新型的抗污染解决方案被开发出来。光催化和多相芬顿反应都得到了利用。光催化剂或芬顿试剂可以通过芬顿反应和膜过程相结合的方式加入到膜中进行水处理。如今,关于膜芬顿反应器的涉猎广泛,下列就是不同种类的膜芬顿反应器的设计和其处理效果。

Ming Wang[45]等通过原位矿化将 β-FeOOH 纳米棒固定在商用聚砜(PSF)超滤膜(UF)表面,制备了一种用于有机废水和染料废水处理的抗污染超滤膜。纳米棒的光芬顿活性赋予复合膜优异的自清洁能力。与现有的有机脆弱超滤膜相比,超滤膜表面的功能层具有超高的通量回收率(FRR)和超低的不可逆污染率(R_{ir}),大大增强了超滤膜的抗有机污染性能。

Yan Wang[46]等采用非均相芬顿和膜工艺相结合的方法,制备了一种新型的水处理用自清洁催化膜。通过控制自由基聚合和酯偶联反应,可以方便地合成含侧基二茂铁基的聚砜(PSF)功能共聚物。然后以含二茂铁和羟基的功能性聚砜为基础,采用非溶剂相转化法制备了不同表面亲水性可调的催化膜。这些膜在催化芬顿反应方面表现出了很高的活性,这也使得膜具有优异的抗污染性能。为了解决污染问题,在过去的二十年里,超声(US)与膜过滤的结合得到了广泛的研究。US 能够通过空化机制(即微射流)从膜表面分离或松散沉积物/颗粒,并通过声流将污垢从表面运走。

对膜的空化破坏是开发超声波(US)辅助膜水处理工艺的主要障碍,Yandi Lan[47]等探讨了超声波与膜的结合以及高级氧化工艺在水处理中的应用。在这项研究中,US 被集成到多相 Fenton 膜反应器中,用于处理含药水,一是为了污染控制,二是为了增强多相 Fenton 氧化。为了防止由于空化引起的膜损伤,通过水听器测量沿超声换能器轴向的空化活动的量并进行分析,确定了稳定和剧烈的空化区域。结果表明,在 US 开启的两个区域都发生了空化活动,而仅在将膜置于剧烈空化区域时才观察到对膜材料的空化损伤。一方面,当暴露于剧烈的空化区域时,在膜样品上观察到表面的开裂和物理侵蚀。另一方面,在稳定的空化区域没有发生这种侵蚀,并且膜保持了它们的机械、化学和形态特性,证实了通过将膜放置在确定的稳定空化区域中可控制空化损伤。基于这些结果,通过将可扩展的中空纤维膜组件放置在稳定的空化区域中,设计了一种非均相 Sono-Fenton 膜反应器。在该反应器内,实验证实,由于 US 对新型非均相 Sono-Fenton 膜反应器的帮助,有机物的氧化得到了增强。为了促进超声辅助膜和高级氧化工艺在水处理中的应用,本研究将超声与非均相 Fenton 膜反应器相结合,研制了一种非均相 Sono-Fenton 膜反应器(HSoFM),用于降解水溶液中的药物。这一过程的氧化能力归因于以过氧化氢为氧化剂,以含铁的微米沸石为催化剂的类芬顿反应产生的高活性羟基自由基(·OH)。膜过滤在 HSoFM 反应器中的作用是在连续水处理过程中将沸石催化剂保留在流出室中,解决了 Fenton 氧化过程中难以回收铁的问题。超声波在该过程中的进一步整合,对于控制沸石催化剂引起的膜污染,促进药物的降解具有重要意义。

  对于 US 曝光,PSU/PVP 膜被浸泡在玻璃器皿中的去离子水中。通过在稳定空化区和剧烈空化区放置薄膜,在连续 50 W 的 US 功率下进行了 10 h 的试验,然后对膜进行取样和表征。此外,为了解超声对膜在氧化介质中老化的影响,将其浸泡在含有 4.8 g/L 沸石和 6.4 mmol/L H_2O_2 的非均相 Fenton 反应悬浮液中,在稳定的空化条件下进行空化。催化剂和 H_2O_2 的浓度是根据先前关于非均相 Fenton 膜反应器的研究中选定的条件来选择的。通过使用注射器泵连续注射 H_2O_2,悬浮液中的 H_2O_2 浓度保持在 6.4 mmol/L。将超声功率维持在 50 W 作为对照,将其他组的 PSU/PVP 膜浸入相同浓度的 ZSM-5 沸石催化剂和 H_2O_2 的 Fenton 反应悬浮液中。所有浸泡实验均进行 30 h,实验期间定期采集膜样品进行分析。

  HSoFM 反应器的设计是通过将膜组件放置在确定的稳定空化区域来控制空化损伤的。实验溶液被引入 6.5 L 温控玻璃反应器中。膜组件反应器将催化剂保留在玻璃反应器中。过滤采用自外向内过滤方式。渗透液回流到反应器中,从流体力学的角度模拟一个连续的过程。超声换能器位于反应器的侧壁上,在与膜组件的设计距离内有开和关选项。

  通过对药液的降解来评价 HSoFM 反应器的水处理性能。布洛芬是一种广泛使用的药物,被选为反应堆评估的目标污染物,因为在各种污水处理厂的废水和地下水中发现了布洛芬,其浓度高达 95 μg/L。将 IBP 溶解在初始浓度为 20 mg/L 的去离子水中,按化学计量的 H_2O_2 用量(6.4 mmol/L)分两次使用,以避免对羟基自由基的广泛清除。为了有效地产生羟基自由基,$[H_2O_2]/[Fe]$ 摩尔比保持在 10,催化剂浓度保持在 4.8 g/L。H_2O_2 在氧化过程中使用注射器泵连续注入,使其浓度保持在 6.4 mmol/L。水处理实验控制温度为 25±2 ℃,反应器内搅拌器转速为 300 r/min。

  在 HSoFM 反应器的初步试验中,目的是了解超声作用下的膜污染现象和 Fenton 氧化。因此,水处理工艺分两个阶段进行。

  第一阶段:未使用 US。将膜通量维持在 30 L·h^{-1}·m^{-2},并监测了过程中跨膜压的变化。过滤是在 30 L·h^{-1}·m^{-2} 时进行的,因为该通量值高于临界通量值(低于该通量不会发生由于不可逆污垢而导致的通量随时间的下降,高于该通量则观察到不可逆污垢)。当催化剂和膜对 IBP 的吸附达到平衡时,注入 H_2O_2,开始氧化。

  第二阶段:使用 US。过滤和氧化按照与第一阶段相同的程序进行,而 US 在此阶段开启。

  由于 HSoFM 反应器是一个恒定渗透通量系统,污染的发展会导致跨膜压力(TMP)的增加。在这两个阶段,通过监测跨膜压力来研究污染的发展。在反应器中定期采集溶液样品进行分析,并立即用磷酸盐缓冲液(KH_2PO_4 0.05 mol/L 和 $Na_2HPO_4 \cdot 2H_2O$ 0.05 mol/L 的混合物)处理,在去除催化剂后,用 0.45 μm RC 注射器过滤器停止氧化反应,使其达到中性 pH。初步测试证实,US 集成增强了 HSoFM 反应器中有机污染物的非均相 Fenton 氧化:Fenton 氧化在反应器中的 TOC 还原达到了一个平台,但当 US 应用时,TOC 值再次下降。然而,US 出乎意料地侵蚀了催化剂,细小的催化剂碎片造成了严重的污垢。为了进一步优化 HSoFM 反应器和控制 US 下的膜老化,提出了一种脉冲模式 US。

Yuanyuan Zhang[48]等采用柚子果皮作为催化剂载体,采用制备和负载相结合的一步法制备 FeOOH-C 催化剂,并在 MHF 反应器中进行了连续的类芬顿催化实验。反应器如图 3-9 所示,它由反应池、浸没陶瓷膜组件、进料系统、出水池和空气扩散器组成。反应罐由有效容积为 2.4 L 的塑料制成,浸没膜模块外径为 50 mm,厚度为 5 mm。三个泵中的两个连续向反应池提供 H_2O_2(6%)和 AO Ⅱ (100 mg/L)溶液,另一个用于控制反应器流出物的流量速度。从反应器底部曝气(200 mL/min),反应温度为 30 ℃。实验结果表明,该膜组件通过对原膜和动态膜的协同筛分,可以有效地截留反应器中的 FeOOH-C 颗粒。在 MHF 反应器中,目标污染物酸性橙 Ⅱ (AO Ⅱ)连续高效降解,不需要额外的分离过程回收 FeOOH-C,当 FeOOH-C 投加量为 1 g/L,停留时间为 120 min 时,MHF 反应器可保持恒定通量为 3 $L \cdot m^{-2} \cdot min^{-1}$,对 100 mg/L AO Ⅱ 溶液的稳定降解率为 98%。K. V. Plakas[49]等以管状多孔氧化铝(α-Al_2O_3)膜为载体,在原位生成纳米铁颗粒(nFe)的催化薄膜反应器(CMR)(如图 3-10 所示)中研究了药物双氯芬酸(DCF)的氧化行为。在实验室规模的膜中试中,考察了添加过氧化氢的非均相芬顿氧化反应的性能。为了优化这种碳纤维复合材料,他们采用中心组合设计方法来评估三个关键工艺参数及其相互作用对反应曲面法降解的影响。实验结果表明,α-Al_2O_3/nFe-CMR 具有明显的催化氧化/矿化作用。饲料溶液 pH 值被认为是最重要的变量,在接近最佳的操作条件下(pH=3 和 42.9 mg/L H_2O_2),藻酸钙的去除率大约为 65%,矿化率为 48%。

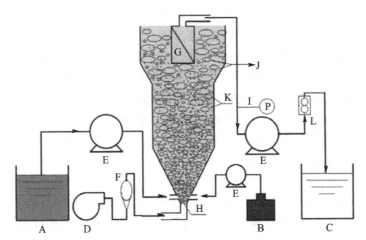

A—反应罐;B—过氧化氢罐;C—出水罐;D—曝气泵;E—控制泵;F—气体流量计;
G—膜模块;H—扩散器;I—压力机;J—催化剂颗粒;K—气泡;L—液体流量计

图 3-9 浸没式膜非均相类芬顿(MHF)反应器

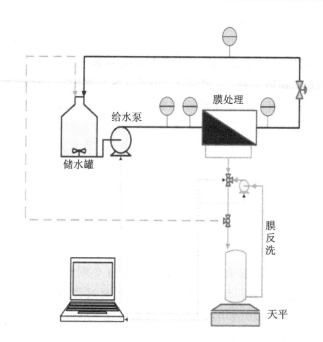

图 3-10 一种 α-Al_2O_3/nFe 膜的催化薄膜反应器(CMR)联合非均相芬顿

3.3.4 气泡反应器

芬顿工艺经常被用于处理许多化学工艺产生的废水。然而,要通过芬顿法处理气相中存在的有机化合物,首先需要将污染物从气体转移到液体中。正是在含有芬顿试剂的后者中,污染物发生降解,这样的过程可以在气泡反应器中进行。由于良好的传质和传热速率,通常化学工业中用于不同工艺的气泡反应器(BR)在通过芬顿氧化处理气流时非常有效。此外,BRs 具有灵活的优势,可以采用不同的操作模式,或连续,其中液相和气相以并流或逆流方式进料;或半间歇模式,其中液相不连续进料,气流连续进料。因此,可以在 BRs 中进行各种气体处理的替代方案,确保 AOP 的新机会,特别是 Fenton 工艺。对于 UV/过氧单硫酸盐、UV/H_2O_2 和 photo-Fenton,不同 AOP 对 BRs 中 VOCs(即甲苯)处理的有效性已有报道。然而,在这种 AOP 中需要光反应器,这通过所需的紫外线辅助氧化增加了处理过程的成本。

Rui-tang Guo[50]等在实验室规模的鼓泡反应器中研究了 NO 的去除。考察了 pH 值、H_2O_2 浓度、NO 入口浓度和反应温度等操作参数对 NO 去除效率的影响。操作参数包括 $2.5 \sim 10 \times 10^{-4}$ mol/L NO,$0.5 \sim 1.5$ mol/L H_2O_2,0.05 mol/L $FeSO_4$,pH 值 2~6,温度 25~70 ℃。

在 NO 加入鼓泡反应器之前,混合箱中将 NO 稀释至所需浓度。鼓泡反应器的内径和高度分别为 10 cm 和 15 cm。通过速度为 200 r/min 的机械搅拌器提供连续搅拌。通过用 1 mol/L NaOH 滴定,吸收溶液的 pH 值自动控制在 ±0.02。稀释后的 NO 流速保持在 2 L/min。使用水浴将反应温度控制在 ±0.5 ℃。实验开始时,新鲜制备含有 H_2O_2/$FeSO_4$(芬顿试剂)的 700 mL 吸收溶液并送入反应器,使用连续烟气分析仪分析出口气流中 NOx 的浓度。实验装置如图 3-11 所示。

从实验结果得出,pH 值对 NO 去除效率影响很大。当 NO 入口浓度超过 6×10^{-4} mol/L 时,NO 和 Fenton 试剂溶液之间的气液反应是液膜控制的。NO 去除效率随着反应温度的升

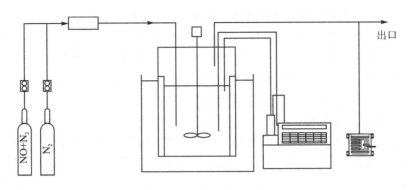

图 3-11　NO 去除反应装置示意图

高而降低。

　　Fenton 氧化处理气流领域的研究在过去十年中出现,但在开放的科学文献中只报道了少数工作,重点是气泡反应器。通过氧化处理气相中的甲苯及其影响的评估,例如中间化合物的形成和液相中有机负载的增加,也报道得很少。而在以前的大多数研究中,都忽略了几个重要工艺参数(如反应温度)的影响,这些研究解决了 BR 中通过 Fenton(或 photo-Fenton)工艺处理 BTEX 的问题。

　　Vanessa N. Lima 等采用实验室规模的气泡反应器配置来评估半间歇模式操作(即在进行有机物氧化的液相中连续鼓泡)下芬顿氧化对气态甲苯的降解,如图 3-12 所示。他们进行了一项参数研究,以评估 Fenton 工艺操作参数(例如温度、Fe^{2+} 和 H_2O_2 的浓度)从气流中去除甲苯的效果。在 120 min 后,使用最佳条件($[Fe^{2+}]=2.5$ mmol/L,$[H_2O_2]=20$ mmol/L,$T=25$ ℃,pH=3.0)时,达到最大甲苯转移量(每升溶液 0.041 mol)反应,产生的平均甲苯吸收率为 5.78×10^{-6} mol·L^{-1}·s^{-1}。然而,气流的处理增加了水相中的有机负载,因此进行了液体的后续处理。此外,对气泡塔反应器(BCR)的连续气液进行了放大几个循环的处理,最长可达近 20 h。该策略利用 Fenton 处理甲苯气流的工艺,加之中间液体氧化,允许达到更多的气体处理阶段,同时提供无毒(抑制 0.0% 费氏弧菌)和可生物降解的最终流出物。

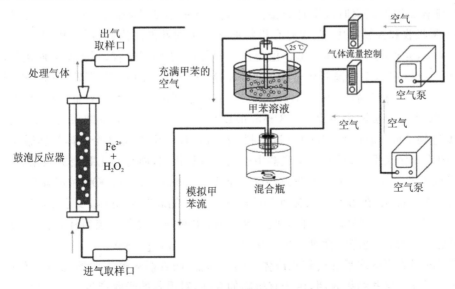

图 3-12　Fenton 法处理气态甲苯的实验装置示意图

在这项工作中,选择了两种以半间歇模式运行的不同 BR,以评估 Fenton 工艺对处理含甲苯气流的影响。首先,在实验室规模的 BR 中进行工艺优化,以评估 Fenton 反应主要参数的影响。然后,在 BR 中优化的条件下,鼓泡塔反应器(BCR)放大到具有 10 倍以上容积容量,以在更大的规模上验证这一概念,特别是在更长的时间内进行,用中间阶段的吸收＋甲苯氧化的顺序处理,然后处理产生的液体流出物。据目前所知,尚没有研究报道在鼓泡反应器中采用这种连续气液处理的方法。

Fenton 对含甲苯模拟气流的氧化在两个不同的丙烯酸反应器中进行,这些反应器在半间歇模式、大气压下运行:第一个是 0.9 L 容量的丙烯酸气泡反应器(BR),第二个是 9.0 L 容量的气泡塔反应器(BCR)。两个反应器都配备了温度控制系统,通过连接到恒温槽的热夹套进行水循环;这允许在整个过程中保持温度恒定(± 0.5 ℃)。

在 BR 和 BCR 中,气流的鼓泡是由气体扩散器进行的。在 BR 中,圆柱形气体扩散器(分别为 2.5 cm×1.4 cm,$H \times D$ 的粗粒惰性石)轴向居中放置,而在 BCR 中,具有 $\phi=0.5$ mm 孔的分散板位于反应器底部。在整个运行中,含有甲苯的气流在液相内连续鼓泡。对于液相处理阶段,以相同的气体流速供给清洁空气流而不是甲苯。在所有实验中,甲苯或清洁空气的鼓泡会促进反应器内的湍流,并已证明对液体均质化有效,因此不需要机械搅拌。在这些阶段,没有观察到除甲苯之外的有机氧化产物的气体。

有研究发现了 Fenton 氧化沿气液处理阶段(2 个循环,总共 4 个阶段)的性能。第一个甲苯处理阶段(阶段 1)有效地复制了使用优化条件获得的结果。实际上,Cout 增加到近 120 min。在此期间,H_2O_2 已被完全消耗,而液相中积累的 DOC 几乎达到 350 mg/L,至此,气体处理结束。考虑到液体中累积的 COD 浓度和第 1 阶段的全部氧化剂消耗,更多的 H_2O_2(58 mmol/L,按剩余有机物完全氧化成 CO_2 所需的化学计量量计算)被添加到流出物中以进行液体处理(阶段 2)。与此同时,甲苯鼓泡已被空气鼓泡(以相同的流速)取代,以确保有效混合,如前所述。在第 2 阶段,H_2O_2、DOC 和 COD 的浓度逐渐降低。在第 2 阶段结束时,DOC 和 COD 去除率分别达到 25% 和 63%;此外,产生的流出物的生物降解性从 33.0(阶段 1 结束或阶段 2 开始)增加到 93.5 mg/gVSSh。

考虑到第 2 阶段结束时流出物的特性,开始了新的甲苯处理阶段(第 3 阶段),以评估整个过程(甲苯吸收和芬顿氧化)在含有有机物的液相中的性能。为此,添加相同浓度的 H_2O_2(58 mmol/L),并再次开始甲苯鼓泡。值得注意的是,对于顺序过程,不再添加催化剂,因为溶解在液相中的铁(在第 1 阶段开始时添加了 $FeSO_4$)被再生。因此,顺序处理的应用减少了铁泥的形成。甲苯鼓泡仅持续 30 min,即其截至 Cout 达到进料浓度时;在此期间,H_2O_2 逐渐消耗,在该步骤结束时溶液中剩余近 48 mmol/L H_2O_2。在第 3 阶段结束时,液相中累积的 DOC 浓度达到 396 mg/L,而 COD 浓度达到 477 mg/L。因此,第 2 个液体处理循环(第 4 阶段)开始,但在这种情况下,没有在反应器中引入更多氧化剂,而是利用剩余的氧化剂。在最后阶段,观察到处理 2.5 h 后 H_2O_2 浓度逐渐降低至 10 mmol/L。同时,DOC 浓度降至 224 mg/L,COD 降至 376 mg/L;在第 2 个液体处理阶段达到的性能表明 COD 减少了 21% 以上,矿化率为 43%。当氧化剂消耗降低到非常低的速率时,中断处理过程。值得注意的是,最终产生的流出物是无毒的,生物降解性进一步提高,高达 103.3 mg/gVSSh。

关于甲苯吸收率的水平和转移到液体中的甲苯量,两者都从第 1 阶段到第 2 阶段气体处理阶段有所下降。这些结果表明,由于有机物的存在,对甲苯的吸收产生了不利影响。即便如此,研究者所提出的顺序处理,即气体处理阶段随后是液体处理阶段,已证明用芬顿氧化法处理甲苯是有效的。

在对连续气液处理进行概念验证后,决定使用具有更大容积的鼓泡装置,以便将连续处理过程延长几个周期。因此,考虑将 BR(0.5 L)放大到 BCR(5.0 L),即使用 10 倍以上的液体体积。在 BCR 中进行连续的甲苯-液体处理,其目的也是在整个处理过程中进行足够的液体采样(从而减小与体积减少相关的可能影响)。

通过使用鼓泡反应器对通过 Fenton 氧化法处理含有甲苯的气体流出物进行了评估,得出以下结论:

① 虽然温度升高促进了甲苯从气相到液相的吸收增加,但不利于整个 Fenton 工艺,缩短了甲苯处理的持续时间;

② 在优化条件下($[Fe^{2+}]$ = 2.5 mmol/L,$[H_2O_2]$ = 20 mmol/L,T = 25 ℃),甲苯平均吸收率提高,120 min 后甲苯从气相转移到液相达到 0.041 mol/L;

③ 对于气体,所提出的处理策略是产生含有大量有机化合物的流出物,因此需要对液相进行后续处理;

④ 在 BR 中进行的初步连续气液处理中,二甲苯(和液相)处理阶段已成功实施,即在两个阶段中的每一个阶段,液体处理足以矿化每个气体处理阶段后产生的 25% 和 43% 的出水;

⑤ 优化条件下的工艺在更大规模的装置(BCR)中成功实施,该装置允许将连续气液处理延长近 20 h,包括三个甲苯处理阶段和后续的液体氧化步骤,这产生了无毒且可生物降解的最终流出物。

3.4 工程案例

3.4.1 芬顿+A2/O 联合工艺处理呋喃树脂生产废水工程实例

呋喃树脂是指以具有呋喃环的糠醇和糠醛作原料生产的树脂类的总称,具有良好的耐热性和耐水性,耐化学腐蚀性极强,对酸、碱、盐和有机溶液都有较强的抵抗力,是优良的防腐剂,被广泛用于机械加工和铸造业。在呋喃树脂的生产过程中,会用到多聚甲醛、糠醇、糠醛等单体,产生的废水中含有较高浓度的甲醛、苯酚等难降解有机物,此类废水属于难处理的化工废水。某化工企业属精细化工中的化工新材料行业,主要从事铸造用 XY 型自硬呋喃树脂生产,在生产过程中产生的废水包括铸钢型呋喃树脂废水、碱液喷淋废水等,另外还有部分生活污水、地面冲洗废水、初期雨水等低浓度废水。其中呋喃树脂生产废水及碱液喷淋废水中含有高浓度甲醛、苯酚,需要经过预处理后排入后续废水处理设施处理。废水站设计处理能力 100 t/d,废水经处理后达到当地工业园污水处理厂接管标准后排放。

根据对废水水质进行分析:该废水中主要含大分子长链结构有机物、苯酚及甲醛,COD、苯酚和甲醛含量很高,此废水特征是浓度非常高,但日产生量较小;而地面冲洗水、初期雨水和生活污水等废水的特征是浓度较低但水量较生产废水来讲较大。因此根据废水的特性采用分质处理的原则。而处理此种废水的技术难点在于如何有效对高浓度的苯酚、甲醛和高浓度有机物的废水做预处理,之后与其他低浓度废水混合后一并处理,最终达到排放标准。

该工程于2017年6月开始调试,同年8月调试结束,历时2个月。在废水站排放口装有COD在线监测系统,在废水站正常运行下,出水COD稳定在100 mg/L左右(如图3-13所示)。该项目于2017年10月通过验收,出水各项指标均达到排放标准。

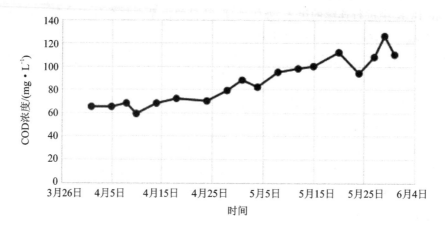

图3-13　出水COD

对该工程进行经济分析:废水站日常运行费用主要包括电费、药剂费、人工费;废水站总装机容量为74 kW,每天总耗电为393 kW·h,日处理200吨废水,则每吨水电费用:(393×0.8)元÷200＝1.6元;需要投加的药剂包括硫酸、碱、双氧水、硫酸亚铁、亚硫酸氢钠、PAC、PAM,处理一吨水的药剂成本为6元;废水站配备3名操作工,每吨水的人工费用为0.3元。综合各项费用可计算出处理一吨水的费用为7.9元。

3.4.2　芬顿氧化+SBR 工艺处理家具喷漆废水的实例

家具生产是我国工业生产的重要组成部分。随着生活水平的不断提高,人们需要越来越多满足生活、办公、娱乐需要的美观及环保型家具,这就对家具的修饰和喷漆等处理提出了更高的要求,废水的复杂性也随之提高,不同特性的废水之间会产生化学反应,使最终废水中含有大量悬浮物、难生物降解的有机物。目前,喷漆废水的处理方式很多,包括混凝沉淀、化学氧化、厌氧生化等,但是采用某种单独的程序很难满足处理达标的要求,必须在实际的处理过程中,采用高效合理的预处理和后续生化处理相结合的方式,才能达到理想的处理效果。以杭州萧山的一家家具生产企业为例,其废水中$COD_{Cr}\leqslant 4\ 000$ mg/L;$BOD_5\leqslant 800$ mg/L;$SS\leqslant 600$ mg/L,如果直接外排将造成严重的环境危害。根据环保部门要求,该废水必须处理到满足《污水综合排放标准》(GB 8978—1996)中的一级排放标准后才能排放。

喷漆废水主要为喷漆车间水帘装置的循环水,由于喷漆过程中水帘装置的循环水吸收喷漆雾,造成循环水浑浊、变质、发臭,影响生产的正常进行,故喷漆房的循环水经一定周期就要排放更换。废水中主要含有大量漆物颗粒、涂料溶剂和助剂等有机物,因此废水的COD浓度很高,最高可达4 000 mg/L,且可生化性较差,B/C比小于0.2,属于难生化降解的废水。废水中含有一定量的浮油和乳化油。废水的色度较高,最高可达500倍。废水属于周期排放,水量和水质的波动均很大。废水具体指标如表3-1所列。

处理水量为10 t/d。

工艺说明如图3-14所示。

表 3-1 废水参数表

序 号	指 标	浓 度	单 位
1	COD_{Cr}	≤4 000	mg/L
2	BOD_5	≤800	mg/L
3	SS	≤600	mg/L
4	石油类	≤50	mg/L
5	色度	≤500	倍
6	pH	5～7	

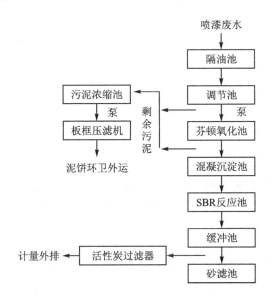

图 3-14 工艺流程图

处理工艺系统主要分为废水预处理系统、SBR 生化处理系统和深度处理系统。对废水主要起到降解大分子有机物的作用,去除水中 COD 的功能段为芬顿氧化＋SBR 生化处理。

① 喷漆废水预处理系统:喷漆废水经过管网收集后流入隔油池,隔除浮油后进入调节池,经过调节池调节水质和水量后用泵提升进入芬顿氧化池;先调节 pH 值到 4 左右,后投加硫酸亚铁和双氧水,通过产生的强氧化性的羟基自由基氧化废水中的有机物;后进入混凝沉淀池,在投加 PAC(聚合氯化铝)和 PAM(阴离子聚丙烯酰胺)后通过混凝沉淀池去除废水中的悬浮物和部分不溶性有机物。

② SBR 生化处理系统:经过预处理后的废水自流进入 SBR 反应器,去除废水中的大部分有机物。SBR 生化池是集均化、初沉、生物降解、二沉等功能于一体的无污泥回流系统,具有很多传统生化不具有的优点。

③ 深度处理系统:出水进入缓冲池后用泵提升进入砂滤器和活性炭过滤器进一步去除废水中的有机物,确保废水达到排放标准。

按照设计要求,系统经过调试后,处理家具生产排放的喷漆综合废水,各功能段运行正常,去除效果稳定。实地抽取水样,对各功能段去除率指标进行分析,原水从调节池提升到芬顿氧化池,进水水量 2 m³/h 左右,芬顿氧化池 pH 值控制在 3～4 之间(调节 pH 值的酸用稀盐酸,浓盐酸稀释在药剂桶中),反应搅拌机转速在反应区,回调 pH 值在 7～8 之间;然后投加

PAC 1~1.50×10^{-4} mol/L,阴离子 PAM 2.0×10^{-5} mol/L,通过混凝沉淀,泥水分离,上清液流入 SBR 系统,SBR 采取进水 5 h,反应 15 h,沉淀 2 h,排水 2 h 处理方式,出水流入缓冲水池;再经过后续深度处理系统,通过提升泵提升进入砂滤器(罐内投加石英砂),活性炭过滤器(罐内投加果壳型活性炭)设备滤速为 6 m/h,转速为 80~100 r/min,双氧水和亚铁的投加比例为 $H_2O_2 : Fe^{2+} = 1.6 : 1$,反应时间为 1.5 h,经过芬顿氧化池沉淀区后,自流进入混凝沉淀池,处理量为 3 m^3/h,出水达到排放要求储存在清水池内,可自流入排放口,详见表 3-2 所列。

表 3-2 各阶段去除率

污染物处理单元		pH 值	COD$_{Cr}$/(mg·L^{-1})	SS/(mg·L^{-1})	石油类/(mg·L^{-1})	色度/倍
喷漆废水		5~7	3 298	536	42	358
隔油池+调节池+芬顿氧化池+混凝沉淀	出水	6~9	1 320	107	13	72
	去除率/%	—	60	80	70	80
SBR 反应器	出水	6~9	102	54	7.8	43
	去除率/%	—	92	50	40	40
砂滤器+活性炭过滤器	出水	6~9	91	6	4	22
	除水率/%	—	10	90	50	50

家具生产排放的喷漆废水根据厂家实际排放情况的不同,综合废水的 COD 值波动可能会很大,但是经过以芬顿氧化+SBR 为主的处理系统处理,能够把喷漆废水处理达到《污水综合排放标准》(GB 8978—1996)中的一级排放标准。

3.4.3 处理高盐分、高浓度和高氨氮农药生产废水

南通某化工有限公司主要经营范围是农药产品及精细化工产品的制造、加工和营销。丙草胺废水水量为 26.7 t/d,该产品综合废水 COD 高达 10 000 mg/L,有机氮浓度较高,盐分高,主要为 NaCl。十三吗啉废水水量为 3.2 t/d,废水 COD 为 130 000 mg/L,含有高盐分,主要为 NaCl。乙酰甲胺磷废水水量为 13.4 t/d,废水在乙酰甲胺磷生产工艺中的氯化缩合和环化环节中产生,废水中含有 20% 的醋酸胺,故有机氮很高,废水 COD 为 200 000 mg/L,同时含有高盐分,主要为 Na$_2$SO$_4$。由上可知,该生产废水成分复杂,含多环芳烃和杂环化合物等生物难降解物质,并且具有高含盐量、高 COD 和高氨氮特性,属于高浓度难处理的有机废水。

韩卫清团队[51]采用蒸馏-Fenton 氧化-好氧接触氧化-反硝化-硝化-絮凝沉淀组合工艺进行处理。

其生产工艺流程图如图 3-15 所示。

整个工艺可分为预处理和生化处理两个部分。

1. 预处理

先在车间反应釜中对各高浓度废水进行蒸发,蒸发的过程中能析出一定盐分从而降低废水中的盐分,同时有一部分 COD 去除,提高了废水的可生化性。丙草胺废水在常温下表面成油相,采用气浮法对废水油分进行有效去除,效果明显,COD 可去除 60%。企业主要产品生产过程中,工艺废水中丙草胺、十三吗啉和乙酰甲胺磷产品中间体、产品原料等毒性特征污染物,进入 Fenton 池,加入 H$_2$O$_2$ 和硫酸,利用亚铁离子作为催化剂产生高氧化能力自由基,以实现对难降解物质的深度氧化,降低生物毒性后进入生化系统。其经过预处理后水质变化如

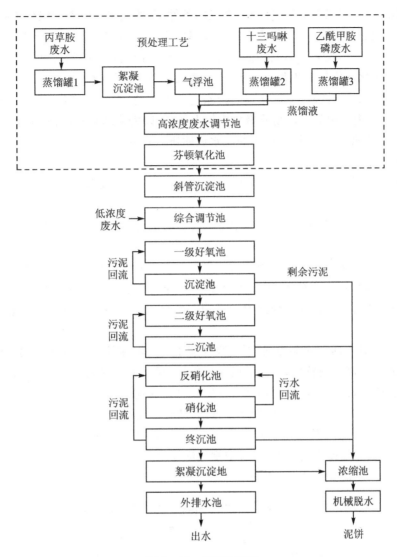

图 3-15 工艺流程图

表 3-3 所列。

表 3-3 预处理后水质变化表

项 目	COD/(mg·L^{-1})	pH	总氮/(mg·L^{-1})	氨氮/(mg·L^{-1})	盐分/(mg·L^{-1})	TP/(mg·L^{-1})
进水	7 000	6~9	1 100	300	10 000	50
出水	100	6~9	50	15	5 000	8

2. 生化处理

经过预处理的废水，进入斜管沉淀池，加入烧碱和PAC，通过对水中胶体粒子的压缩双电层作用、吸附架桥作用及沉淀物卷扫作用，使胶体颗粒脱稳，从而聚集、沉降而分离。经分离的废水进入综合调节池，与低浓度废水混合以降低浓水COD，并调节pH值。经调节的废水进入一级好氧池，以分子氧为最终电子受体，进行有氧呼吸来氧化有机物，降低废水COD。出水通过一级沉淀池进行泥水分离，剩余污泥一部分回流，一部分进入浓缩池脱水，经压滤机压滤形成泥饼。出水进入二级好氧池,在充分曝气的条件下,使废水与附着在组合式纤维填料上的微生物接触,利用它的吸附、氧化作用来进一步降低 COD。经二沉池泥水分离后,废水进入反硝化池,在无氧条件下,反硝化菌利用部分有机物将硝酸盐氮和亚硝酸盐氮作为电子受体还原为氮气,并且为硝化作用提供碱度。出水进入硝化池,在好氧条件下,将 NH_4^+ 转化为 NO_2^- 和 NO_3^- 从而降低氨氮。经过生化处理的废水进入终沉池,泥水分离后,进入絮凝沉淀池,加入烧碱和 PAC,使废水中的胶体物质聚集成较大絮粒,以去除磷和悬浮物,出水达标排放。剩余污泥经污泥浓缩池后,通过压滤机压滤脱水成滤饼后外运。

整个工艺的设计有以下特点:

① 针对该厂废水高盐分的特点,采用蒸馏加气浮工艺,有效降低了盐分和提高了可生化性,为后续单元减轻了负荷。

② Fenton 反应池占地面积小,其操作简单、反应快速、可产生絮凝,药品用量小,有利于后续生化处理。

③ 生化法处理废水具有抗冲击负荷能力强,对 COD、氨氮有较好的处理效果,出水水质好的优点。但该废水中含有硫酸根,硫酸根在厌氧条件下会还原成硫化物,易产生硫醇和硫酚,由此产生的气味会污染环境,因此设计采用二级好氧工艺脱出 COD 和硝化、反硝化脱除氨氮。

④ PAC 对各种水质适应能力强,对于高浊度水混凝沉淀效果尤为显著,混凝过程中消耗碱度少,适用的 pH 值范围较广,絮凝的矾花形成块、颗粒大且致密而重,易于沉降,可缩短沉淀时间;出水浊度低,色度小,过滤性能好,可延长过滤周期;含氧化铝高,投加量少,可降低治水成本;腐蚀性小,利于管道保护;使用操作方便,减轻劳动强度。

⑤ 好氧池和硝化池中使用组合式纤维填料,该填料具有散热性能好,阻力小,布水、布气性能好,易长膜,机械强度高的特点,还有切割气泡作用。

其最终外排水水质如图 3-16 所示。

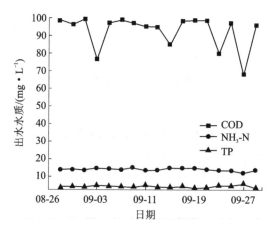

图 3-16 出水水质

参考文献

[1] BABUPONNUSAMI, MUTHUKUMAR K. A review on fenton and improvements to the Fenton process for wastewater treatment[J]. Journal of Environmental Chemical

Engineering, 2014, 2(1): 557-572.

[2] 邓杰. 芬顿反应的研究现状及前景分析[J]. 广州化工, 2014, 42(16): 17-19+26.

[3] Fu Fenglian, Tang Bing, Wang Qi, et al. Degradation of Ni-EDTA complex by Fenton reaction and ultrasonic treatment for the removal of Ni 2+ ions[J]. Environmental Chemistry Letters, 2010, 8(4): 317-322.

[4] Lin Qintie, Pan Hanping, Yao Kun, et al. Competitive removal of Cu-EDTA and Ni-EDTA via microwave-enhanced Fenton oxidation with hydroxide precipitation[J]. Water Science and Technology, 2015, 72(7): 84-90.

[5] Li S, Zhang G, Wang P, et al. Microwave-enhanced Mn-fenton process for the removal of BPA in water[J]. Chem. Eng. J. 2016, 294: 371-379.

[6] Wang H, Zhao Z, Zhang X, et al. Rapid decomplexation of Ni-EDTA by microwave-assisted fenton reaction[J]. Chem. Eng. J. 2020, 381: 122703.

[7] Liu B, Pan S, Liu Z, et al. Efficient removal of Cu(II) organic complexes by polymer-supported, nanosized, and hydrated Fe(III) oxides through a fenton-like process, J Hazard Mater, 2020, 386: 121969.

[8] Wang G, Zhao D, Kou F, et al. Removal of norfloxacin by surface fenton system (Mn-Fe2O4/H2O2): Kinetics, mechanism and degradation pathway[J]. Chem. Eng. J. 2018, 351: 747-755.

[9] Gao J, Wu S, Han Y, et al. 3D mesoporous $CuFe_2O_4$ as a catalyst for photo-fenton removal of sulfonamide antibiotics at near neutral pH[J]. Journal of Colloid & Interface Science, 2018, 409.

[10] Cai C, Zhang Z, Jin L, et al. Visible light-assisted heterogeneous fenton with $ZnFe_2O_4$ for the degradation of Orange II in water[J]. Applied Catalysis B Environmental, 2016, 182: 456-468.

[11] Huang X, Hou X, Zhao J, et al. Hematite facet confined ferrous ions as high efficient fenton catalysts to degrade organic contaminants by lowering H_2O_2 decomposition energetic span[J]. Applied Catalysis B: Environmental, 2016, 181: 127-137.

[12] Zhu Y, Zhu R, Xi Y, et al. Heterogeneous photo-fenton degradation of bisphenol A over Ag/AgCl/ferrihydrite catalysts under visible light[J]. Chemical Engineering Journal, 2018: S1385894718306466.

[13] Ma Z, Wei X, Xing S, et al. Hydrothermal synthesis and characterization of surface-modified δ-MnO_2 with high fenton-like catalytic activity. Catal. Commun. [J] 2015, 67: 68-71.

[14] Li Z, Tang X, Liu K, et al. Fabrication of novel sandwich nanocomposite as an efficient and regenerable adsorbent for methylene blue and Pb (II) ion removal, J Environ Manage, 2018, 218: 363-373.

[15] Li X, Qin L, Zhang Y, et al. Self-Assembly of Mn(II)-Amidoximated PAN Polymeric Beads Complex as Reusable Catalysts for Efficient and Stable Heterogeneous Electro-fenton Oxidation[J]. ACS Appl Mater Interfaces, 2019, 11: 3925-3936.

[16] Kang L, Zhou M, Zhou H, et al. Controlled synthesis of Cu_2O microcrystals in mem-

brane dispersion reactor and comparative activity in heterogeneous fenton application[J]. Powder Technol,2019,343: 847-854.

[17] Duarte F,Maldonado-Hódar F J,Pérez-Cadenas A F,et al. fenton-like degradation of azo-dye Orange II catalyzed by transition metals on carbon aerogels[J]. Applied Catalysis B Environmental,2009,85(3-4): 139-147.

[18] Liang L,An Y,Zhou M,et al. Novel rolling-made gas-diffusion electrode loading trace transition metal for efficient heterogeneous electro-fenton-like[J]. Journal of Environmental Chemical Engineering,2016,4(4): 4400-4408.

[19] Gogoi A,Navgire M,Sarma K C,et al. Fe_3O_4-CeO_2 metal oxide nanocomposite as a Fenton-Like heterogeneous catalyst for degradation of catechol[J]. Chemical Engineering Journal,2017: S1385894716316485.

[20] Lee H J,Lee D L,Lee C S,et al. pH-Dependent reactivity of oxidants formed by iron and copper-catalyzed decomposition of hydrogen peroxide, Chemosphere, 2013, 92: 652-658.

[21] Feng Haopeng,Tang,et al. Cu-Doped Fe@Fe_2O_3 core-shell nanoparticle shifted oxygen reduction pathway for high-efficiency arsenic removal in smelting wastewater[J]. Environmental Science Nano,2018: 1595-1607.

[22] Wang Q,Wang P,Xu P,et al. Visible-light-driven photo-fenton reactions using Zn1-1.5 Fe S/g-C_3N_4 photocatalyst: Degradation kinetics and mechanisms analysis[J]. Applied Catalysis B: Environmental,2020, 266: 18653.

[23] Liang K,Xiao L,Wei B,et al. Decomplexation removal of Ni(Ⅱ)-citrate complexes through heterogeneous fenton-like process using novel CuO-CeO_2-CoOx composite nanocatalyst[J]. Hazard Mater,2019,374: 167-176.

[24] Ye Z,Padilla J A,Xuriguera E,et al. Magnetic MIL(Fe)-type MOF-derived N-doped nano-ZVI@C rods as heterogeneous catalyst for the electro-fenton degradation of gemfibrozil in a complex aqueous matrix[J]. Applied Catalysis B: Environmental,2020, 266: 118604.

[25] Jin Q,Kang J,Chen Q,et al. Efficiently enhanced fenton-like reaction via Fe complex immobilized on silica particles for catalytic hydrogen peroxide degradation of 2,4-dichlorophenol[J]. Applied Catalysis B: Environmental,2020,268: 118453.

[26] Li Z,Tang X,Liu K,et al. Fabrication of novel sandwich nanocomposite as an efficient and regenerable adsorbent for methylene blue and Pb(Ⅱ) ion removal[J]. Environ Manage,2018, 218: 363-373.

[27] Tabet D,Saidi M,Houari M,et al. Fe-pillared clay as a Fenton-type heterogeneous catalyst for cinnamic acid degradation[J]. Journal of Environmental Management,2006,80(4): 342-346.

[28] Yl A,Xz A,Jd A,et al. A novel CNTs-Fe_3O_4 synthetized via a ball-milling strategy as efficient fenton-like catalyst for degradation of sulfonamides [J]. Chemosphere, 2021: 130305.

[29] Wang H,Wang H,Zhao H,et al. Adsorption and fenton-like removal of chelated nickel

from Zn-Ni alloy electroplating wastewater using activated biochar composite derived from Taihu blue algae[J]. Chem. Eng. J,2020,379:122372.

[30] Wang M,Zhao Z,Zhang Y. Magnetite-contained biochar derived from fenton sludge modulated electron transfer of microorganisms in anaerobic digestion[J]. Journal of Hazardous Materials,2020,403:123972.

[31] Wang C,Sun R,Huang R. Highly dispersed iron-doped biochar derived from sawdust for Fenton-like degradation of toxic dyes[J]. Journal of Cleaner Production,2021,297(5):126681.

[32] Zhou Y,Xiao B,Liu S Q,et al. Photo-fenton degradation of ammonia via a manganese-iron double-active component catalyst of graphene-manganese ferrite under visible light[J]. Chem. Eng. J,2016,283:266-275.

[33] Dong C,Lu J,Qiu B,et al. Developing stretchable and graphene-oxide-based hydrogel for the removal of organic pollutants and metalions[J]. Applied Catalysis B:Environmental,2018,222:146-156.

[34] Hu J,Zhang P,Cui J,et al. High-efficiency removal of phenol and coking wastewater via photocatalysis-fenton synergy over a Fe-g-C_3N_4 graphene hydrogel 3D structure[J]. Journal of Industrial and Engineering Chemistry,2020,84:305-314.

[35] Shi H,Chen X,Liu K,et al. Heterogeneous fenton ferroferric oxide-reduced graphene oxide-based composite microjets for efficient organic dye degradation[J]. Colloid Interface Sci,2020,572:39-47.

[36] Li D,Zheng T,Liu Y,et al. A novel Electro-Fenton process characterized by aeration from inside a graphite felt electrode with enhanced electrogeneration of H_2O_2 and cycle of Fe^{3+}/Fe^{2+}[J]. Journal of Hazardous Materials,2020,396:122591.

[37] Peng Q,Zhao H,Qian L,et al. Design of a neutral photo-electro-fenton system with 3D-ordered macroporous Fe_2O_3/carbon aerogel cathode:High activity and low energy consumption[J]. Applied Catalysis B:Environmental,2015:174-175,157-166.

[38] Giorgio Vilardi,Javier Miguel Ochando-Pulido,Marco Stoller,et al. Fenton oxidation and chromium recovery from tannery wastewater by means of iron-based coated biomass as heterogeneous catalyst in fixed-bed columns[J]. Chemical Engineering Journal,2018,351:1-11.

[39] Suraj P,Vijyendra Kumar C Thakur,Prabir Ghosh. Taguchi optimization of COD removal by heterogeneous Fenton process using copper ferro spinel catalyst in a fixed bed reactor—RTD,kinetic and thermodynamic study[J]. Journal of Environmental Chemical Engineering,2019,7(1):102859.

[40] Thirumoorthy K,Gokulakrishnan B,Satishkumar G,et al. Al-Doped magnetite encapsulated in mesoporous carbon:a long-lasting Fenton catalyst for CWPO of phenol in a fixed-bed reactor under mild conditions[J]. Catalysis Science & Technology, 2021, 11:7368-7379.

[41] Mahdi Ebrahimi Farshchi,Hassan Aghdasinia,Alireza Khataee. Heterogeneous femton reaction for elimination of Acid Yellow 36 in both fluidized-bed and stirred-tank reac-

tors: Computational fluid dynamics versus experiments[J]. Water Research, 2019, 151: 203-214.

[42] Sakshi Manekar, Titikshya Mohapatra, Chandrakant Thakur, et al. Degradation of trypan blue dye using neutralized red mud in circulating fluidized bed reactor and its kinetics study[J]. International Journal of Chemical Reactor Engineering, 2021, 19(9): 873-879.

[43] Li H, Liu F, Zhang H, et al. Mineralization of N-Methyl-2-Pyrrolidone by UV-Assisted Advanced Fenton Process in a Three-Phase Fluidized Bed Reactor[J]. Clean, 2018, 46(10): 1800307.1-1800307.7.

[44] Jin Anotai, Naruemol Wasukran, Nonglak Boonrattanakij. Heterogeneous fluidized-bed Fenton process: Factors affecting iron removal and tertiary treatment application[J]. Chemical Engineering Journal, 2018, 352: 247-254.

[45] Ming W A, Zx A, Yh A, et al. Photo-Fenton assisted self-cleaning hybrid ultrafiltration membranes with high-efficient flux recovery for wastewater remediation[J]. Separation and Purification Technology, 2020, 249.

[46] Wang Y, Zhang J, Bao C Y, et al. Self-cleaning catalytic membrane for water treatment via an integration of Heterogeneous Fenton and membrane process[J]. Journal of Membrane Science, 2021, 624: 119121.

[47] Lan Y, Causserand C, Barthe L. Practical insights into ultrasound-assisted heterogeneous Fenton membrane reactors for water treatment[J]. Joural of Water Process Engineering, 2022, 45: 102523.

[48] Zhang Y Y, He Ch, et al. A coupling process of membrane separation and heterogeneous Fenton-like catalytic oxidation for treatment of acid orange II-containing wastewater[J]. Separation and Purification Technology, 2011, 80(1): 45-51.

[49] Plakas K V, Mantza A, Sklari S D, et al. Heterogeneous Fenton-like oxidation of pharmaceutical diclofenac by a catalytic iron-oxide ceramic microfiltration membrane[J]. Chemical Engineering Journal, 2019, 373: 700-708.

[50] R T Guo, W G Pan, X B Zhang, et al. Removal of NO by using Fenton reagent solution in a lab-scale bubbling reactor[J]. Fuel, 2011, 90(11): 3295-3298.

[51] 李舵,陈鹏鹏,魏卡佳,等. 高盐分、高浓度和高氨氮农药生产废水处理[J]. 环境工程学报, 2016, 10(7): 3580-3584.

第4章 电化学高级氧化技术

4.1 引 言

4.1.1 电化学氧化法的基本原理

电化学氧化法作为一种清洁的高级氧化技术,一直是研究的热点,因其用药少、产泥少而成为最具应用前景的技术之一,并逐渐应用于工业废水的处理。

电化学氧化过程是具有催化氧化性能的极板在电解反应中产生具有高氧化还原电位的粒子,主要为强氧化性的羟基自由基(·OH),并伴生·O_2、OCl^-等活性基团,通过阳极的电吸附作用,除去污废水中的有机物。这些物质或在电解槽底部形成沉积,或以气态形式逸出水体,或吸附于极板表面,达到去除的目的。因其生成的强氧化性羟基自由基无选择的降解性能,无需在处理过程中额外添加化学药剂,避免了二次污染。此外,电化学方法还兼具气浮、絮凝、杀菌等多种功能,运行过程中主要的控制参数是电流和电压,自动化控制水平较高,反应装置体积小。

目前以有机废水处理为目标,电化学氧化法的研究方向主要包括:① 材料改性,包括提高极板或三维电催化填充粒子的稳定性,提高电催化活性;② 反应器结构优化,包括提高传质系数、抗污染、降低能耗。

1. 电化学直接氧化

电化学氧化水处理技术降解有机物的反应在阳极,根据其作用机理的不同,可分为直接氧化和间接氧化。直接氧化过程是指有机污染物吸附在阳极表面,然后通过阳极电子转移过程,实现污染物的氧化去除,一般在高浓度时发生。而根据污染物降解程度的不同,发生在阳极表面的有机污染物氧化过程分为电化学转化(conversion)和电化学燃烧(combustion)。电化学转化主要是将有毒物质转化为无毒物质或低毒物质,电化学燃烧可以使有机物完全矿化成CO_2和H_2O。在电化学直接氧化过程中,污染物直接在阳极失去电子而发生氧化,转化为无毒、低毒或易生物降解的物质,甚至达到完全矿化,实现了水质的净化。电化学直接氧化对于处理含氰化物、含氮、含酚等有机废水有很好的污染物氧化降解效果。然而直接电氧化存在两个问题:一是污染物从本体溶液向电极表面迁移是限速步骤;二是阳极表面钝化(passivation)对直接电氧化过程速率有限制作用[1]。

2. 电化学间接氧化

间接氧化是指电极产生氧化剂,如通过在阳极表面产生活性中间产物(如·OH、·OCl、O_3)或具有高氧化性的高价态金属氧化物(电化学媒介)来氧化降解水中有机污染物。间接氧化是阳极氧化的最主要形式,可以缓解直接氧化中由于大多数有机物与水的低混溶性和电极表面的污染而带来的有机物从本体溶液到阳极表面的低传质效率问题[2]。

(1) 阳极产生·OH 的电催化氧化

1) 基本原理与过程

间接氧化中羟基自由基·OH 氧化能力强(标准电势为 2.8 V),可没有选择性地氧化分解有机污染物直至完全矿化成 CO_2、H_2O 和无机离子,是一类最主要的活性物种。典型的电化学高级氧化(EAOP)包括在阳极表面产生异相·OH 的阳极氧化(AO),以及进入液体介质中均相·OH 引发的电芬顿(Electro-Fenton,EF)、光电芬顿(Photoelectro-Fenton,PEF)。反应过程中产生的·OH 在电极(M)表面发生化学吸附(MO)和物理吸附(M(·OH),见图 4-1)。化学吸附是利用金属氧化物阳极(MO)晶格中的氧形成的羟基自由基,化学吸附型·OH(MO)主要将难降解有机物转化为易生物降解物质;而物理吸附态的羟基自由基·OH(M(·OH))则可将有机污染物彻底矿化。

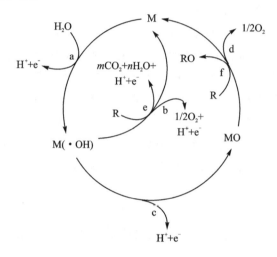

图 4-1 非活性电极(反应 a,b 和 e)及活性电极
(反应 a,c,d 和 f)电催化降解有机污染物机理示意图

影响电化学氧化对有机污染物降解效果的因素有很多,包括电极材料、pH 值、电解质、电流密度、有机污染物的种类等。

2) 常见的阳极电极材料

阳极材料种类对·OH 的产生量及类型起了决定性的作用,同时影响到电极的析氧过电位。根据其催化性能,可将阳极材料分为活性电极和非活性电极。析氧过电位较低的电极材料,在电解过程中容易发生析氧副反应,这类电极被称为活性电极;反之,析氧过电位高的电极材料,析氧副反应较少,称之为非活性电极。

3) 主要影响因素

电化学法处理废水的先决条件是废水有足够的电导率,因此对某些废水常要投加电解质。电解质种类和浓度在很大程度上影响到电解过程中所产生的氧化剂的种类和产生的氧化剂数量。常见的电解质为氯化物或者硫酸盐溶液。Rabaaoui[3]等发现,在对邻硝基苯酚的降解实验中,利用 Na_2SO_4 作为溶液电解质时,污染物的去除率最高。González[4]等处理抗生素废水,以甲氧苄氨嘧啶为目标污染物,当电解质 Na_2SO_4 浓度调整为 70 g/L 时获得最优的污染物去除效率。电流密度的大小会影响氧化剂的产量,从而影响直接电化学反应速率。通常,在污染物向阳极扩散不受传质作用所限的低电流密度条件下发生电解反应时,污染物的降解速率和电流效率与电流密度呈现正相关。当电解反应在高电流密度下运行时,反应过程由传质控制,随着电流密度的不断提高,析氧副反应不断增加,导致电流效率和污染物去除率变低。Ammar[5]等发现,在以 0.05 mol/L Na_2SO_4 作为电解质、电流强度为 100 mA,采用 BDD 电极降解靛蓝胭脂红废水的实验中,靛蓝胭脂红染料溶液的脱色率在 pH=10.0,电解 120 min 时,比在 pH=3.0,电解 270 min 更高,降解速率也更高。这是由于碱性介质中的电活性物质更容易被氧化。但是,也有研究发现,在以 BDD 为阳极对乙酰氨基酚电化学氧化中,pH 值为 2~12 的范围内,乙酰氨基酚均可以被高效降解去除,污染物的去除效率不受溶液 pH 值的影响。pH 值的影响可能与污染物种类和实验条件有关。

(2) 阳极产生活性氯的电催化氧化

1) 基本过程与原理

间接电化学氧化的一个典型例子是处理含氯有机废水时电极表面除产生·OH 外,还会产生活性氯物种或含氯氧化剂(·Cl、ClO^-、Cl_2)。

$$Cl^- \rightarrow \cdot Cl + e^- \tag{4.1}$$

$$2Cl^- \rightarrow Cl_2 + 2e^- \tag{4.2}$$

同时还可能发生下列反应:

$$Cl_2 + \cdot OH \rightarrow HClO + Cl^- \tag{4.3}$$

$$Cl_2 + 2H_2O \rightarrow HClO + H_3O^+ + Cl^- \text{(酸性介质)} \tag{4.4}$$

$$Cl_2 + 2OH^- \rightarrow ClO^- + H_2O + Cl^- \text{(碱性介质)} \tag{4.5}$$

$$HClO + H_2O \rightarrow H_3O^+ + ClO^- \tag{4.6}$$

这些含氯氧化剂活性高,可与·OH 共同氧化降解许多有机污染物。因此,电催化氧化已在游泳池消毒、建筑物表面消毒方面得到应用。但活性氯间接电化学氧化难以对有些种类的有机污染物进行降解,对大部分有机污染物只是起到由大分子转化成小分子的作用,不能将其彻底降解;中间产物可能比原始有机污染物毒性更大,这些因素极大地影响了活性氯间接电化学氧化在实际废水处理工程中的应用。值得指出的是,在阳极产生活性氯的过程中,次氯酸盐(ClO^-)会进一步发生氧化生成有较高健康风险的副产物亚氯酸盐(ClO_2^-)、氯酸盐(ClO_3^-)和高氯酸盐(ClO_4^-)。

与上述含氯氧化剂不同,ClO_2 具有很强的氧化性而且产生有害的有机氯副产物少,因此,它被广泛应用于饮用水、表面水体及构筑物表面的消毒。ClO_2 通常采用化学方法合成,即用氯化物与次氯酸盐/Cl_2 或与 HCl 反应生成,或者在强酸性介质中,用氯酸盐和 H_2O_2 反应生成。

$$ClO_3^- + 1/2H_2O_2 + H^+ \rightarrow ClO_2(aq) + 1/2O_2 + H_2O \tag{4.7}$$

而电化学方法可有效制备氯酸盐和 H_2O_2,因此,这为完全用电化学法制备 ClO_2 提供了可能性。在工业上,主要采用电化学法在高温(600 ℃)和酸性条件下,氧化高浓度(300 g/L) NaCl 卤水,当在卤水中添加重铬酸盐时,产率可达到 90% 以上。操作条件为电解池电压为 3 V,电流密度为 1 500~4 000 A/m^2,单位能耗大约为 5 kW·h/kg 氯酸盐。工业生产流程较为复杂,涉及几个电解和化学反应。H_2O_2 虽然可在阳极表面通过水的氧化产生($2H_2O \rightarrow H_2O_2 + 2H^+ + 2e-$),但并不是最有效途径。最有效的途径是 O_2 在阴极表面还原产生 $H_2O_2[O_2(aq) + 2H^+ + 2e- \rightarrow H_2O_2]$,为获得高产率(接近 100%),可以:

① 增加具有催化作用的阴极表面；
② 增压提高氧的溶解度，提高传质效率；
③ 使用射流曝气提高气液接触，降低能耗；
④ 通过穿透式阴极改进反应器设计，并通过采用微流策略使欧姆内阻最小化。

2) 电极材料对活性氯产生的影响

Kraft[6]等对不同电极材料的活性氯产率性能进行了研究和归纳，相比于金属铂、掺硼金刚石、石墨电极，金属氧化性电极能获得更高的产活性氯瞬间电流效率。而在金属电极中，包括 Ru、Ir 基电极，铂电极，石墨电极在内的活性电极产氯性能明显优于非活性电极（PbO_2、SnO_2、BDD 电极等）。

因此，对于含氯较高的废水，采用活性电极可收到更好的氧化降解有机物的效果。

3) 影响活性氯产生的主要因素

活性氯间接电化学氧化在反应过程中会伴随着很多副反应的发生，不同的溶液 pH 值会对这些副反应发生的难易程度产生很大的影响。低 pH 值条件利于析氯反应，产生大量的活性氯有利于污染物被快速降解。在高 pH 值条件下，副反应中次氯酸盐会被氧化为高氯酸盐和氯酸盐，使得反应过程中产生的活性氯氧化剂减少。因此，可以通过对溶液 pH 值的调节来减少反应过程中副反应的发生，使溶液处于更利于 HClO 和 Cl_2 产生的酸性条件，以改善污染物的去除效果，提高有机污染物的降解效率。此外，还可以通过提升溶液氯离子的浓度和调控电流密度来提高活性氯的产量，从而促进污染物的去除。值得注意的是，产生氯酸盐（ClO_3^-）和高氯酸盐（ClO_4^-）的副反应也会降低活性氯浓度，从而降低降解有机污染物的效果。

3. 媒介电化学氧化

1) 基本原理与过程

媒介电化学氧化（Mediated Electrochemical Oxidation，MEO）是利用可逆氧化还原电对（媒介）氧化降解有机污染物。在该过程中，氧化还原物质被氧化成高价态，实现污染物的氧化降解，同时自身被还原成原来的价态。这是一个可逆的反应过程，氧化还原物质在电解过程中可化学再生和循环使用。在媒介电化学氧化过程中，氧化还原物质作为电极和有机物之间电子转移的介质，避免了有机物与阳极材料表面的直接电子交换，防止电极污染。在处理实际废水时，可以通过投加氧化还原物质来强化间接氧化过程，提升污染物的去除效率。

2) 常见的金属氧化还原对

在媒介电化学氧化过程中，常见的氧化还原物质有金属氧化物 BaO_2、CuO、NiO、MnO_2，金属氧化还原电对 Ce(Ⅳ/Ⅲ)、Co(Ⅲ/Ⅱ)、Ag(Ⅱ/Ⅰ)、Fe(Ⅲ/Ⅱ)、Mn(Ⅲ/Ⅱ)等。从发展历程来看，Ag(Ⅱ)作为介质被最早用于处理核废料废水中的放射性物质和有毒有机物，之后被大量用于处理煤油、尿素、乙二醇、苯等有机物。Ag(Ⅱ)对于破坏非卤代有机物是一种很强的氧化剂，然而处理卤代有机物时，在氧化过程中生成的卤素离子易于和 Ag(Ⅱ)反应生成沉淀，阻碍反应的进行，Fe(Ⅲ)和 Co(Ⅲ)作为强氧化剂则可以很好地避免这一问题。

Sequeira[7]等研究了利用 Co(Ⅲ)和 Ag(Ⅱ)作为媒介对异丙醇的氧化降解效果，发现 Co(Ⅲ)和 Ag(Ⅱ)主导的媒介电化学氧化可以在室温下将酸性（6 mol/L 硝酸）的异丙醇氧化为二氧化碳和乙酸，Co(Ⅲ)作为媒介的电化学氧化效果最优。Ag(Ⅱ)与支持电解质的副反应会抑制氧化作用，而 Co(Ⅲ)的存在提升了异丙醇氧化反应的动力学性能。研究发现在提高电流密度、降低电解液初始 pH 值、交替施加电流和适当的阴阳极隔膜（陶瓷隔膜）的条件下，异丙醇氧化成乙酸的效率更高。此外，提升温度和延长反应时间可以促进乙酸的进一步氧化。

Matheswaran[8]等利用 Ce(Ⅳ)作为媒介研究了苯酚的降解矿化,发现投加的金属离子浓度、酸性电解质浓度、温度、反应器中流速和电流密度等多种条件会直接影响金属离子 Ce 的氧化速率。实验优化了苯酚处理的最优条件为,在 1 mol/L Ce(Ⅲ)、3 mol/L 硝酸、90 ℃下可以高效降解 10 000 mg/L 的苯酚,矿化率可达 93%(以 CO_2 计)。Ce(Ⅳ)氧化剂被证实具有很好的稳定性,在电化学氧化过程中不会有沉淀产生。

4. 电 Fenton 与光电 Fenton

电化学高级氧化的一个典型技术是电芬顿(Electro-Fenton)反应。电芬顿技术自 20 世纪 80 年代起,由电化学氧化技术(AO、AO-H_2O_2)发展而来,属于 EAOPs 与芬顿联合技术,是一种新型、高效、清洁的电化学氧化技术。区别于电催化芬顿技术,电芬顿技术的重要反应物 H_2O_2 来源于阴极的还原作用。阴极在有 O_2 曝气的碱性条件下可产生 H_2O_2,反应过程为

$$O_2 + 2H^+ + 2e^- \rightarrow H_2O_2 \tag{4.8}$$

目前,最典型的电催化生产双氧水的工艺是由 Riedl 和 Pfleiderer 在 1935—1945 年期间发展来的,被称为"蒽醌循环过程"或者"AO-H_2O_2 过程"[9],并在 AO-H_2O_2 基础上,通过添加芬顿试剂(Fe^{2+}),从而激活 H_2O_2,发生芬顿反应,产生羟基自由基降解污染物,如图 4-2 所示。通过芬顿反应产生·OH 的过程已被化学探针测试以及自旋捕获等光谱技术所证实。而且在电芬顿系统中,由于具有催化功能的 Fe^{2+} 能够通过阴极的还原再生[$E_0 = 0.77$ V(vs. SHE)],或者类似化学芬顿中的还原过程再生,因此体系中仅需要少量的铁盐存在即可。

$$Fe^{3+} + e^- \rightarrow Fe^{2+} \tag{4.9}$$

$$Fe^{3+} + H_2O_2 \rightarrow Fe^{2+} + HO_2 \cdot + H^+ \tag{4.10}$$

$$Fe^{3+} + R \cdot \rightarrow Fe^{2+} + R + H^+ \tag{4.11}$$

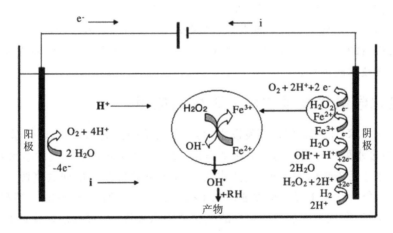

图 4-2 电芬顿反应机理

因此,相比于其他高级氧化技术,其优点在于:
① 环境兼容性好,主要试剂是电子,氧化过程中不需要或只需少量添加其他化学试剂,没有或很少产生二次污染;
② 氧化能力强,电流效率高,电解过程中产生的·OH 具备强氧化性,能氧化绝大多数有机污染物,且阴阳极协同作用,提高处理效果和电流效率;
③ 设备要求低,氧化反应在常温常压下即可进行;
④ 可操作性强,操作参数(电压、电流)简单,易于自动化控制;

⑤ 具有多功能性,同时可具有气浮、絮凝和消毒作用;
⑥ 适用性强,既可以单独处理,又可与其他处理技术进行联用,如作为预处理,可用于提高废水的可生物降解性。

存在的缺点有:
① 电流效率低,H_2O_2产率不高;
② 不能充分矿化有机物,产生中间产物可能毒性更强;
③ 由电极原位产生 Fe^{2+} 的量有限,常需外源添加 Fe^{2+},因此,仍有铁泥需要处理;
④ 更适合处理酸性废水,对于中碱性废水仍需调酸,提高了处理成本。

针对上述存在的问题,研究者除研发氧气接触面积大且对 H_2O_2 生成有催化作用的新型阴极材料外,还研发了光助电化学氧化技术:$H_2O_2/Fe^{2+}/UV$ 系统的光电芬顿(Photoelectro-Fenton,PEF)和 TiO_2/UV 系统的异相 TiO_2 光电催化(photoelectrocatalysis)。PEF 是指在电芬顿的基础上辅以 UV 辐射而强化氧化降解作用。其原理为,UV 和 Fe^{2+} 都可催化 H_2O_2 分解产生·OH,且二者对 H_2O_2 催化分解生成·OH 存在协同效应。因为铁的某些羟基络合物(当 pH 值为 3~5 时,Fe^{3+} 以 $Fe(OH)^{2+}$ 形式存在)有较好的吸光性能,是可发生光敏化反应生成更多·OH 所致。与此同时,能加强 Fe^{3+} 的还原,使其 Fe^{2+} 再生。这样有助于维持 Fe^{2+} 浓度而保证 Fenton 反应不断进行,从而降低 Fe^{2+} 用量,保持 H_2O_2 较高的利用率。

4.1.2 电化学氧化水处理技术研究进展

电化学氧化技术作为一类最常见的电化学水处理技术,能够有效解决某些常规净水技术不能或不易解决的水处理难题,在满足污染物超低排放要求的水处理上具有独特优势,丰富了绿色催化氧化体系,对构建"碳中和"水处理技术模式具有重要的科学意义。近十余年来,电化学氧化水处理与资源化技术受到了越来越多的关注,大量研究着眼于功能性电极材料的开发、改性和高效反应器的设计,强化水中污染物的去除,并进一步回收废水中的资源与能源,推动了电氧化水处理技术的进步。

4.1.3 电化学氧化技术在水处理中的应用

电化学氧化技术自 1970 年被开发以来,得到了大量的研究和关注,电化学氧化工艺适用水质广,通常在废水处理过程中的尾端深度净化,以达到污染物超低排放的净水要求。

除了强化水中污染物的去除外,利用电催化氧化技术从废水中回收资源,扩大水处理规模,实现资源化、能源化和工程化也逐渐得到了很多关注。例如 Sergienko[9]等利用含 Mn_xO_y 涂层的石墨毡电极,实现了废水中硫化物的氧化去除以及高效、选择性的硫回收。此外,电催化氧化技术可以将金属螯合物氧化成自由的金属离子,再通过浓缩或还原等过程实现废水中金属的回收。

面向实际废水的净水要求,电催化氧化技术也逐渐扩大化和规模化,得到了很好的工程应用。Huang[10]等以 Ti/PbO_2 作为阳极、Ti 板为阴极,开发了有效容积为 2.8 m^3 的反应装置,实现了废水中 COD 的氧化去除、脱色以及水质消毒。该装置千克 COD 的工业能耗为 43.5 kW·h,电流效率为 32.8%,操作费用为每吨 0.44 美元,平均电价仅为 0.11 kW·h。同时,商品化的模块式电氧化技术设备也不断被推广应用,例如徐州工业园污水处理厂的末端配备了 6 套 EP-凯森电催化氧化设备进行废水的深度处理(2 000 m^3/d),单个电氧化模块处理能力可达 15~20 m^3/h,自 2017 年 7 月电氧化模块投入调试使用至今,电耗<5 kW·h/m^3,出

水水质可达废水一级 A 的排放标准。未来电催化氧化技术进一步工程化的关键在于提升处理效率以及降低操作费用。

4.2 电化学阳极氧化技术

近年来,电化学高级氧化法因其高效、经济和环境友好性等优点,在生物难降解有机污染物的处理方面引起了广泛关注。研究者已经开发了许多工艺,例如阳极氧化(AO)、电芬顿(EF)、光电芬顿(PEF),并且已经尝试将其用于去除新兴污染物、含有酚、染料、药物或膜浓缩物的不同工业废水以及城市废水处理。在这些过程中,阳极氧化可能是最简单和最有效的替代方法,因为阳极上直接或间接产生活性物质;因此,阳极材料的性质对处理效率和选择性都起着重要作用。许多工作已经证明,一些非活性阳极,如掺硼金刚石(BDD)、二氧化锡和二氧化铅,是有机污染物矿化为 CO_2 和水的最终产物的理想阳极。制备、改性或开发新的电极以提高阳极性能和电极稳定性已成为研究热点之一。到目前为止,AO 作为一种预处理或深度处理工艺,已成功应用于各种有机污染物和实际废水的处理。具体来说,为了适应不同的处理目标,实现该方法的成本效益,许多其他工艺(吸附、膜分离、生物处理和高级氧化工艺)与 AO 结合,这进一步促进了 AO 的环境应用。

4.2.1 电化学阳极氧化材料

有机物的电催化氧化反应在电极/溶液界面上进行,阳极材料作为电催化氧化技术中重要的基础组成部分,体系中采用的阳极材料直接影响有机物矿化过程的效率和选择性,在电化学反应过程中具有非常重要的作用,目前不同种类的电极材料已被应用到不同种类有机污染物的电催化氧化当中。现代工业的快速发展也在一定程度上促进了电极材料的创新和发展,一般地,应用于电催化氧化领域的电极材料应满足以下性质:

① 物理稳定性,抗热、抗剥离,机械稳定性强;
② 化学稳定性,难与电解液发生化学反应,良好的抗腐蚀性;
③ 良好导电性,良好的电子传递保证电极表面均匀的电流和电位分布;
④ 高反应速率和良好选择性,反应速率是评价电极性能的重要指标。

根据以上电催化氧化机理的区别,研究者将阳极材料区分为活性阳极(IrO_2、RuO_2 和 Pt 等)和非活性阳极(SnO_2、PbO_2 和 BDD 等)。活性阳极一般趋向于有机物的部分或选择性氧化,而非活性阳极能够将有机物完全矿化,也被认为是电催化氧化有机污染物的理想电极材料。同时,不同种类的电极材料在电催化氧化有机污染物时的利弊也被研究者们详细地考察研究。目前用于电催化氧化领域的阳极材料通常可以分为以下几类:

1. 金属电极

金属电极是以独立的金属材料作为电化学反应的媒介,具有化学性质稳定、电导率高和生物相容性等优点;但金属电极作为阳极材料时,其电子转移反应或与溶液的电化学反应导致阳极材料生成的离子或化学物可能进入体系并对溶液造成污染。

Pt 电极是此类金属电极材料的代表性电极,因具有较好的抗蚀性和长使用寿命而作为电催化阳极材料应用于电催化氧化水处理当中。Pt 电极的析氧电位较低,在 1.6 V 左右,有机物在 Pt 电极上的降解过程中一般先生成苯环中间产物,然后继续发生开环反应形成羧酸分子。然而,Pt 电极很难实现有机物的完全矿化,并且 Pt 价格较高和表面污染的特点使其在实际系统中很难有用武之地。J H B Rocha[11]等报道了 Ti/Pt 电极因直接和间接电氧化裂解偶氮染料基团而有利于颜色的率先去除,而 BDD 电极对于不同结构染料则是无选择性地裂解,同时达到脱色和去除有机物的作用。尽管 Pt 电极在电化学降解过程中存在苯环化合物的聚合反应,R A Torres[12]等仍然进行了不同取代酚在 Pt 电极上的电催化降解实验,研究取代酚的电化学降解速率与 Hammett 常数之间的对应关系,结果表明,Pt 对位被供电子基团取代的酚类污染物具有更高的电化学降解速率。金属钛也可作为阳极材料使用,但钛阳极在钝化过程中形成不导电的 TiO_2 层,使电极表面钝化,在一定程度上降低了污染物的降解效率。

另外,钛基金属电极也有较广泛的应用。钛阳极就是钛基金属氧化物涂层中的阳极。根据其表面催化涂层不同,分别具有析氧功能、析氯功能。一般电极材料需具有良好的导电性,极距变化小,耐腐蚀性强,机械强度和加工性能好,寿命长,费用低,对电极反应具有良好的电催化性能,钛是最能满足以上综合要求的金属,一般采用工业纯钛 TA1/TA2。钛阳极上的金属氧化物涂层的特点是:电阻率低,具有良好的导电性(钛本身导电性能不好),贵金属涂层的化学组成稳定,晶体结构稳定,电极尺寸稳定,耐蚀性好,寿命长,具有良好的电催化性能,有利于降低析氧、析氯反应的过电位,节约电能。

南京理工大学韩卫清团队发明了一种应用于废水处理的管式微孔钛基氧化钌膜阳极及其制备方法。该发明公开了一种应用于废水处理的管式微孔钛基氧化钌膜阳极及其制备方法,属于电化学电极制备领域。上述管式微孔钛基氧化钌膜阳极的表面及微孔孔道内壁均覆盖有氧化钌层,其中微孔孔道内壁的氧化钌层通过孔道灌装工序实现,如图 4-3 所示。本发明公开的阳极增加了电极的活性位点,提高了废水中污染物与电极的碰撞概率,使污染物在通过微孔时被有效地氧化降解,提高了降解效率;同时覆盖氧化钌层后微孔孔径减小,提升了污染物截留效果,能够更好地应用于含有难降解有机污染物废水的处理。

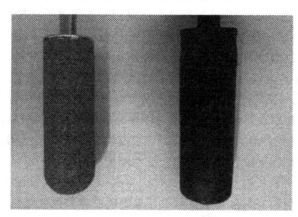

图 4-3　微孔钛基体与管式微孔钛基氧化钌膜阳极对比图

水体中的游离氨(NH_3)和离子化氨(NH_4^+)是氨氮(NH_3-N)的两种形式,主要来源于城市废水、工业废水和农田排水中含氮有机化合物的生物降解。过量的氮排放到水中会导致富营养化和相关的环境问题。目前,去除 NH_3-N 的方法有很多种,各有优缺点和适用范围:物理化学过程(曝气汽提、吸附、反渗透、蒸馏和离子交换)、化学过程(电化学过程、化学沉淀和破点氯化)和生物过程(微生物硝化、反硝化和藻类培养)。与生物过程相比,电化学过程对于难降解有机化合物降解具有更高的效率和较小的污泥量,并且可以自动控制,不受有毒生物物质、pH 值和废水环境温度的影响。

在一定条件下，NH_3-N 可以被 Ti/RuO_2-Pt 催化剂完全降解，生成最终产物氮气。氨氮的去除率随着氯化钠用量和电流密度的增加而增加。采用钛/二氧化钌-铂电极间接电化学氧化法去除氨氮，实验表明，氨氮废水电化学氧化的最佳条件为电流密度 20 mA/cm^2，两电极间距 1 cm，氯化钠添加量 0.5 g/L。电化学反应 30 min 后，城市污水中化学需氧量为 40 mg/L，去除率为 90%；氨氮浓度为 7 mg/L，去除率为 88.3%。结果符合《城市污水处理厂污染物排放标准》(GB 18918—2002) A 类标准。本研究表明电化学氧化法在处理含氨废水中的适用性。因此，电化学氧化法可以说是处理含氨废水的合适方法。

2. DSA 阳极

DSA 阳极即形稳阳极（Dimensionally Stable Anodes）。DSA 主要由基底和活性涂层组成，因其机械稳定性强及价格低廉的特点使其广泛应用于氯碱、电渗析、冶金、环保、电镀、有机合成等领域，也证明了 DSA 阳极的广泛工业可行性。电极的电催化活性来源于电极材料自身，即具有催化特性的涂层，就电催化矿化有机污染物而言，DSA 阳极具有较稳定的外形以及不易玷污等优点；但 DSA 阳极的析氧电位一般较低，有机物的电催化氧化过程的析氧副反应的发生使得 DSA 阳极在去除有机物过程中的电流效率普遍较低。Zhou 等[13] 报道了将 Ti/IrO_2-Ta_2O_5 和 Ti/IrO_2-RuO_2 阳极用于电催化氧化，处理高盐反渗透（RO）浓缩水，证实了电化学方法处理 RO 浓水的可行性，并且结果显示 Ti/IrO_2-Ta_2O_5 只能去除部分 COD，而 Ti/Ir O_2-RuO_2 显示出较高的去除速率、较低的能耗及在不用调整 pH 值条件下的适用性。同时以 RuO_2 或 IrO_2 活性层为基础的 DSA 阳极也可在含氯离子溶液中采取间接生成活性氯的方式与有机物进行矿化作用，有效地去除有机污染物。

DSA 电极具有电催化活性高、槽电压低以及电化学稳定性好等特点，已经被广泛应用在水体处理、化工原料的制备以及电镀等方面。随着 DSA 电极的制备技术和应用方向的不断发展，未来 DSA 电极将同时具备高催化活性、较好的稳定性和选择性以及高电导率等 4 个特点。但是目前 DSA 电极的相关研究和报道仍然较少，在电解过程中也存在催化机理不明确、易产生钝化层、电解产物不纯等问题。因此根据国内外关于 DSA 电极的研究现状，未来 DSA 电极的研究重点应从以下三个方面展开：

① 在理论研究方面，探究不同组分、晶型对 DSA 电极催化性能的影响，同时对电解反应的催化机理进行深入研究，进一步完善电极的导电机理、催化机理以及电极失活机理。

② 在电极制备方面，创新电极的制备方法，结合纳米技术研发具有纳米尺寸表面结构的电极，增加电极的活性位点数量，提升电解效率；利用耐腐蚀、高电导率的中间层材料改善电极的稳定性，避免电极失活，延长电极的使用寿命。

③ 在电极应用方面，在实际应用过程中提高电极的选择性催化能力，避免电解过程中副产物的产生，扩大电极的应用方向；加强电极电解与其他应用协同处理能力，降低电解能耗；简化电极制备方法，降低电极生产成本。

3. 碳素电极

碳素材料是电极材料的重要来源之一，一般包括无定型碳（非晶质）、石墨（多晶质）和金刚石（单晶质）三种形态，电子可在无定型碳和石墨相中移动是其可作为优良的电极材料的优势。

无定形碳可塑性较强，可以根据需要加工成具有纤维、棒状等形状，但无定形碳及石墨的析氧电位较低，其在水处理过程中的机理是：首先要经历有机物在碳材料表面吸附的过程，进而是在电极表面的电化学氧化，其主要作用往往体现在吸附作用上，研究者也利用这一原理采用碳材料吸附水溶液中的有机物或重金属离子，但碳材料双电层电容较大及表面吸附的特点也可导致电催化氧化过程中碳材料的钝化或污染。Fan[14]等采用活性炭纤维作为阳极和阴极,降解苋菜红染料,他们将染料的去除过程归结于阴极还原、吸附和阳极氧化三者共同作用的结果,在 0.50 mA/cm² 条件下,染料颜色去除率可达 99%,而在电化学氧化体系中,其最大 COD 去除率可达 52%,在电化学还原体系中,最大 COD 去除率为 62%,并且认为吸附过程对于有机物的 COD 及颜色去除过程的贡献甚微。碳的 sp^2 或 sp^3 杂化状态使碳材料表面的修饰或改性非常容易实现,如氮掺杂、亲疏水性改变等,而研究者近年来对于碳素材料改性的报道也是层出不穷,这也为碳素类电极材料的应用提供了新的机遇。

金刚石一般情况下为绝缘体,不能直接用作电极材料,但经过元素掺杂以后可以将金刚石转化为良好的半导体或导体,就可以将其用作电极材料。在众多阳极材料中,掺硼金刚石电极,即 BDD 电极,以其优异的物理和化学性质被认为电催化氧化有机污染物最为理想高效的电极材料。

金刚石由面心立方结构组成,并在光、热、化学等方面都具有极其优越的性质。纯净的金刚石膜是绝缘材料,其电阻率可以达到 1 012 Ω/cm,并不能作为电极材料使用,为了使其具备在电化学方面作为电极材料的应用潜质,必须使电子能够在材料中自由移动。从原子层面上来说,金刚石中的碳全部为 sp^3 杂化,电子并不能在其中自由移动,当向金刚石晶体中掺杂其他原子(硼、氮、磷等)时,便可改变电子在金刚石晶体中的状态,金刚石也就能够由绝缘体转变为半导体,甚至导体。根据具体的元素掺杂机制,金刚石可以分为 n 型和 p 型半导体,目前研究最多的掺杂元素主要为 B 元素的掺杂,也即是掺硼金刚石(BDD)电极。硼原子进入金刚石晶格取代部分碳原子成为受主中心,同时晶格中产生的空穴载流子的存在使电子可在晶格中移动,最终将金刚石转变成 p 型半导体;同时,金刚石的电导率与硼的掺杂度存在正相关的关系,即随着硼含量的增大,薄膜的电导率逐渐提高,最终 BDD 电极可以作为良好的电极材料。

随着人类对金刚石一系列独特的物理和化学性质有了深入的认知,有科学家预言 21 世纪将会是"金刚石时代",可见金刚石材料的优越性。天然金刚石数量少,昂贵,人类开始寻求通过人工合成的途径制备金刚石。金刚石的制备方法最先主要集中在高温高压、水热溶剂热法等,而近年发展起来的低压化学气相沉积(CVD)法在质量、合成上具有明显的优势,同时能根据需要对金刚石进行灵活元素掺杂,也成为目前研究者采用最多、发展最快、最有前途的人造金刚石方法。在 CVD 沉积金刚石薄膜过程中,氢气和碳源气氛为沉积金刚石的主要反应气体,混合气活化后生成碳前驱活性基团,在适当的外界条件下(具体包含压力、温度、碳源浓度比、热源与基体间距等),活性基团在基体材料上沉积,最终得到金刚石薄膜。此外,CVD 过程中的操作参数对于 BDD 薄膜的沉积过程发挥着重要的作用,如碳源浓度、硼掺杂度、温度、压力及偏压等,这些参数主要通过影响沉积过程中的晶粒的成核速率及生长速率进而影响金刚石薄膜的表面形貌和质量。Liang X[15]等在 1% CH_4 的 H_2 气氛中沉积纳米晶金刚石,考察反应器压力对晶粒尺寸的影响,研究显示当压力由 5.0 kPa 变化到 0.125 kPa 时,金刚石晶粒的尺寸明显变小,由半微米左右减小到十几纳米,同时表面粗糙度逐渐下降。根据沉积后 BDD 晶粒大小,研究者将 BDD 分为微米晶、纳米晶和超纳米晶 BDD 薄膜,同时金刚石晶粒尺寸的差异会导致电极在电催化和动力学过程中的差异,研究者可以根据具体应用需求使用不同特性的 BDD 电极材料,丰富多彩的电极种类也在一定程度上拓展了 BDD 电极在电化学方面的应用。

金刚石薄膜一般需要沉积到基体材料上,与 Si、Ta、Nb 等沉积基体相比,金属钛基体具有机械性能和导电性好及耐腐蚀性强的优点,特别是其高强度质量比和价格低的特点使其成为沉积金刚石薄膜的理想基体材料,钛基 BDD 电极也有望成为未来实际工业应用的替代产品。目前钛基 BDD 电极存在的主要问题是电极稳定性问题,主要原因为,由于金属钛与金刚石相之间热膨胀系数的不匹配及沉积过程中形成疏松多孔结构的 TiC 中间相,TiC 层虽可以确保钛基体和金刚石膜之间具有良好的导电性,但其疏松多孔结构在一定程度上导致金刚石复合膜的结合力下降。很多研究组在延长 Ti/BDD 电极的使用寿命方面做了相应的工作,Chen G H[16]等通过在钛基体表面修饰 Si 中间层上沉积金刚石薄膜,使用寿命由原来的 264 h 延长到 320 h,他们还采用二阶温度法沉积形成 Ti/TiC/(金刚石+无定形碳)/金刚石的多层结构增强电极结合力。此外 Gerger 等[17]提出了 TiC 中间层的厚度与硼掺杂度成负相关的关系,一方面高掺硼量下 TiC 量的减小有利于 Ti/BDD 电极的稳定,但是高硼浓度同时会对金刚石质量造成不利的影响;Sun J[18]提出阶梯式掺硼法可抑制沉积过程中 TiC 的形成,提高电极稳定性,同时在后期得到高催化活性的多孔钛基 BDD 电极,而钛基 BDD 电极的稳定性仍将是科学家们未来考虑的重要指标。

(1) 掺硼金刚石电极及其制备

为了进一步提高 BDD 电极的电催化活性,通过构筑多孔电极的方式提高 BDD 电极的比表面积是研究者们采用最多的途径之一,高比表面能够为电化学反应提供更多的活性位点,使多孔 BDD 电极的制备在电极材料发展过程中成为一个新的研究方向和热点。

目前,很多研究者将工作集中在构筑多孔 BDD 薄膜上,基于 BDD 薄膜制备过程和方法的限制,多孔金刚石薄膜的制备策略主要包含以下两种途径,如图 4-4 所示。其中一种途径是自上而下法(Top-down approach),也即是通过辅助模板或外源(离子、催化剂和热处理等)刻蚀金刚石薄膜的方法得到多孔或孔道结构。1997 年,H Shiomi[19]首先用反应离子刻蚀(RIE)的方法制备获得 BDD 纳米线结构,这种结构使薄膜表面呈现"多孔"结构,显示出场发射阴极的应用潜力。自此以后,基于模具或模板辅助法制备多孔金刚石的研究广泛地开展开来,具有不同类型纳米结构的薄膜材料被以开发和应用,如纳米线,纳米针,纳米草,纳米柱阵列,网络结构等。但以上这些方法一般要经过很多步骤(预处理,薄膜生长,刻蚀等)的后续处理过程,部分基体导电性及机械稳定性差,经济可行性差,限制了接下来的工业应用。

另一种制备多孔金刚石薄膜的途径为自下而上法(Bottom-up approach),也即是选取多孔或纳米结构材料作为基体材料,然后在该基体上沉积金刚石薄膜制备多孔金刚石薄膜结构,如图 4-4 所示,由于基体材料自身提供了更大的表面积,使得制备的金刚石薄膜呈现出高比表面积的特点。

(2) 掺硼金刚石电极的性质

制备得到的 BDD 薄膜电极相对于传统的电极材料而言展现出优异的物理和化学性质。

① 具有极宽的电势窗口。对于高质量的 BDD 薄膜电极来说,氢气的析出电位一般为 -1.25 V,析氧电位可以达到 $+2.3$ V,这就保证了 BDD 电极的电势窗口一般可以超过 3.4 V。对于 BDD 电极宽电势窗口的起因,研究者认为,电极表面的析氧和析氢过程首先经过表面微弱吸附反应中间体,然后经过多步电子转移反应最终得以实现,而金刚石表面主要由 sp^3 杂化状态的 C 元素组成,其与反应中间体之间的吸附作用非常微弱;另外 BDD 电极的电势窗口与薄膜的质量也存在一定的联系。

② 具有优良的稳定性和抗腐蚀性。金刚石相中的非活性 sp^3 杂化碳结构使得合成的金刚石在相对温和或苛刻的条件下几乎不发生变化,具有很好的稳定性,同时在经过长时间的工

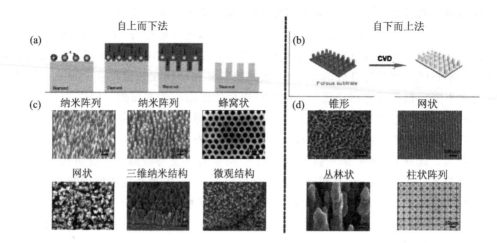

a：自上而下法；b：自下而上法；
c,d：基于两种方法得到的多孔结构 BDD 薄膜电极的 SEM 图像[20]

图 4-4 制备多孔 BDD 电极的两种途径

作状态后，包括物理和化学在内的性质仍可得以保持。

③ 具有惰性表面及弱吸附性。铂电极表面由于吸附中间产物或生成的氧化膜可导致电极"中毒"现象，影响电极材料的活性。金刚石对很多化学物质具有吸附惰性，对于 BDD 电极而言，则可排除吸附的干扰。此外，BDD 表面形成的钝化膜可以在高电位条件下分解，薄膜表面可以恢复到初始的状态。

④ 具有低背景电流。双电层的电容量与背景电流有着一定的联系，金刚石电极表面的双电层电容只为几十 $\mu F/cm^2$ 左右，这也被实验结果所证实。而研究者也利用以上特性分析体系中的氧化还原反应，最终实现较高的信噪比(S/B)。

上述优异的特点也使 BDD 电极材料具备应用到水处理、电合成、能源转化及电分析等领域的潜质，并且 BDD 在以上领域的研究工作也已广泛地开展起来。

(3) 掺硼金刚石电极在水处理中的应用及其研究进展

将金刚石电极引入水环境中有机物的电化学处理，BDD 的优异性质决定了其在电催化降解有机污染物过程中的优越性，而金刚石电极材料也为电化学处理有机污染废水的研究指引了新的方向。一般认为，BDD 电催化氧化有机物的机理为，首先水在 BDD 电极表面上放电形成弱吸附的羟基自由基(·OH)，此形成过程也已被许多研究者通过间接捕捉电化学氧化过程的强氧化性物质得以证实；接着·OH 与溶液中的有机污染物作用，将有机污染物转化为其他物质或完全矿化为 CO_2 和 H_2O；在电催化氧化过程中，·OH 同时会发生氧气析出副反应。

4.2.2 电化学反应器

电化学氧化被认为是一种极具应用前景的废水处理技术，而电化学反应器是发生电化学氧化反应的必不可少的重要场所，因此对电化学氧化反应器的研究是电化学氧化过程强化的重要方向。在电化学反应过程中，尤其是在电流密度较高的操作条件下，反应器的传质性能成为影响电化学氧化处理效果的一个关键因素，并且反应器内的析氧反应会使电极表面产生气泡帘附着现象，将削弱反应器电极表面的传质性能减小有效反应面积。为此，需开发一种可以有效强化电化学氧化过程的新型电化学反应器。

1. 反应器构型

电化学氧化水处理过程涉及污染物的传质(水体体相→电极)、吸附(吸附到电极活性位点)和电子转移(吸附的污染物⇌电极)三大步骤。过去的研究主要集中在电极材料以及反应机理与污染物降解过程等方面,较少涉及电极形状及反应器构型,然而这两者会直接影响传质和电子转移,因此,电极形状和反应器构型十分重要。

依据待处理水相对于固定式电极的运动方式或流态,可分为全混式(mixed model)和推流式(plug flow model)两种主要流态。前者相对应的反应器称为全混式连续搅拌反应池(mixed tank cell,或 CSTR),在许多文献中也称为平板电极浸没式反应器或流过式反应器(flow-by)(如图 4-5 所示);后者相对应的反应器称为推流反应池或称穿流式反应器(flow-through cell 或 flow-pass cell)。

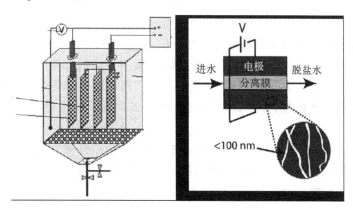

图 4-5 典型的平板电极浸没式反应器及过水通道示意图

(1) 堆栈式电化学反应器

堆栈式电化学反应器(Stack Flow-by Electrochemical Reactor,S-Fb-ECR)是固定电极浸没在盛有待处理水的容器中,两个极板之间的空间为过水通道。为防止电极表面的浓差,极化池内常采用机械搅拌方式(如实验室采用磁力搅拌、机械搅拌、采用泵混合搅拌),以加速目标污染物向电极表面扩散,电化学反应发生在极板表面。

在常规浸没式反应器中,由于水中污染物向电极表面移动主要靠自由扩散(diffusion),因此传质高度受限。该反应器传质效率和电流效率低,当要求出水中污染物浓度超低排放时,采用这种反应器难以实现。

(2) 穿流式电化学反应器

穿流式电化学反应器(Flow-through Electrochemical Reactor,Ft-ECR)则是采用多孔材料作为电极,两电极之间用介电材料隔开,形成"三明治"结构,含污染物废水穿过电极内部孔隙,使污染物得以分离或降解,如图 4-6 所示。与传统浸没式反应器相比,它有明显优点:

① 极板间距极小。一方面,两电极之间由于不作为过水通道只用很薄的绝缘介电隔膜隔开,使得反应过程中两极板间的电阻变小,因此废水中有机污染物可在低电压或者低电导率(不需外加电解质)情况下发生电化学反应。而常规电化学反应器在使用过程中,当溶液的导电性较差时,为了获得一个合理有效的槽电压,通常会向反应体系内加入较多电解质,这无疑会提高运行成本,并可能产生二次污染。另一方面,极板间距极小还可在单位体积内高密度布置电极单元,以提高处理效率。

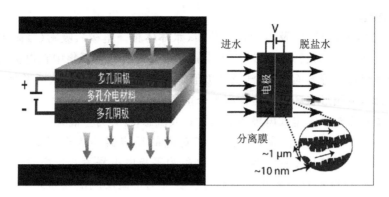

图 4-6 穿透式电极反应器示意图

② 传质效率和电子转移效率高。多孔电极有高的空隙率和大孔隙,电极材料的高孔隙率利于介质流动,大孔结构有利于有效增大电极面积,水被强制穿过电极,因而与吸附位点接触机会大幅提高,因此传质率高,电子转移效率也高,因此有很高的电流效率和污染物降解率。

③ 可快速完成电化学反应过程,降低能耗损失,实现连续运行反应。此外,极小的极板间距可布置高度密集的电极板,在单位空间内串联更多单元反应池,使处理效能得到进一步提升。

Liu[22]等用石墨烯基碳纳米管作阳极,利用穿流式反应器电化学氧化亚铁氰化物($Fe(CN)_6^{4-}$)(如图 4-7 所示)。相比于传统浸没式反应器,其传质效率提高 15 倍,用该反应器处理四环素、酚及草酸,去除率高达 93%。

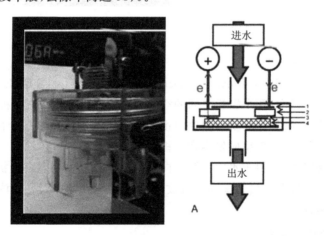

图 4-7 一种电化学氧化处理有机染料废水的穿流式电极反应器

(3) 管式电化学反应器

管式电化学反应器(Flow-through Tubular Electrochemical Reactor,Ft-T-ECR)中的管式电极相比板式电极可提供更大的活性面积,同时水流在管内的湍流程度更强,进而提高了传质,而搭配微孔管式电极则可以实现污染物与电极的强迫接触,进而进一步提升传质效率,如图 4-8 所示。

南京理工大学韩卫清团队基于对高浓度含氰废水处理的重大需求和现有破氰技术的共性缺点,采用管式电化学反应器工艺对西部某化工厂生产过程的高浓度含氰废水进行预处理的中试研究(如图 4-9 所示),并与次钠氯碱法和 ClO_2 氧化法进行了对比。以 Ti/RuO_2 为阳极的管式电化学反应器相比于其他工艺有最佳的处理效果,在 20 mA/cm² 处理 4 h 后,对废水中 TCN、COD 和间苯二腈的去除率分别可以达到 81.74%、57.71% 和 81.33%,长期运行效果也处于最佳。此外,尽管管式电化学反应器的建设成本较高,单位能耗高,但由于该工艺无需加药,其运行成本低廉,仅为次钠氯碱法的 13.10%,故总体运行成本较低。同时,他们还对管式电化学反应器的运行过程进行了参数优化及机理探究。综合考虑建设、运行和折旧,管式电化学反应器具有良好的应用前景。

2. 供电方式

电催化氧化反应的供电方式主要有直流供电和脉冲供电。在电催化氧化过程中,电流大小(密度)是直接影响电化学氧化效率和能耗的关键参数。目前以直流

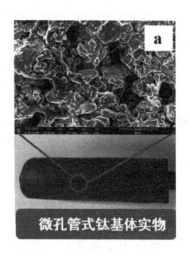

图 4-8 管式反应器实物图

供电方式为主,大量的研究侧重于在电催化氧化降解污染物过程中对电流密度的调控和参数优化。而随着三维电极的开发和应用,脉冲供电方式也逐渐得到了更多的关注和研究。

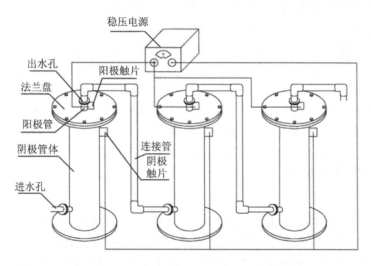

图 4-9 管式电化学反应器装置构建示意图

脉冲供电方式是一种利用瞬间放电的脉冲技术,采用"通电—断电"交替的方式进行,电流的间歇反应可以加快离子的扩散,降低过电位产生的能耗。同时脉冲作用可减少极板表面的沉积物,抑制扩散层增厚,缓解甚至解决电极浓差极化带来的传质受限问题,提升电流利用效率。同时,由于脉冲断电时,电流为零,在电化学反应的同时,电能能耗明显降低,在降低能耗上具有一定的优势,为电化学氧化技术的进一步工程应用提供较好的基础。

袁玉南[23]等对比了脉冲和直流通电两种供电方式对于氨氮的电化学氧化解效果。实验发现,相较于传统的直流供电方式,脉冲电流下的氨氮氧化速率更高,在最优的操作参数下,240 min 后脉冲电流和直流电下氨氮去除率分别为 85.01% 和 73.22%,脉冲供电处理的氨氮去除率提升了 11.79%,电能能耗可降低 26.20%,每处理 1 吨氨氮,脉冲供电的氯离子外加添加量相比于直流电处理减少了 13.92%。此外,在低浓度氨氮的处理中,脉冲电流下的氧化速

率更高,优势更为突出;而在高浓度氨氮废水(C>180 mg/L)的处理中,脉冲电流优势则不明显。

脉冲供电的模式下,脉冲参数会影响电化学参数,对脉冲电流密度、脉冲频率、脉冲电压、占空比等参数的优化和调控可以有效地提升污染物的降解效率,降低能耗。Mu'Azu 等[24]在利用脉冲供电方式对苯酚降解实验中,探讨了电流密度、占空比、初始苯酚浓度等因素对苯酚降解和矿化效率的影响,研究发现,最优条件下(电流密度 15 mA/cm², 占空比 90%、初始苯酚浓度 500 mg/L),苯酚和 TOC 的去除率分别为 59.41% 和 33.08%,能耗分别为 111 kW·h/kg 和 205 kW·h/kg。

3. 电化学氧化反应器的改进

电化学氧化反应器按结构可分为箱式、板框式和管式。

箱式反应器的电极为平行放置的垂直平板;板框式反应器的电极为单元反应器叠加的加压密封组合,易于批量生产;管式反应器为电极组合,一个电极为管状,外层钢制材料做成的框架将其固定,另一个电极置于电解槽中心,电极形状多为板状或网状。三种反应器的优点是结构简单,比表面电位分布均匀,不存在死区。但箱式反应器因时空产率低,不适合大规模连续处理;板框式反应器则存在容易形成滞留区,甚至死区的缺陷;管式反应器内部较易发生层流现象,由于和流动方向处于垂直方向的污染物不能充分混流,会对传质造成阻碍。

电化学氧化反应器按电极形状可分为二维和三维反应器。

三维反应器是在二维反应器电极间填充粒子电极,增大了污染物和电极的接触面积,增大了传质系数,从而降低了体系能耗。反应器中会产生 3 类电流,分别是不通过填充粒子,直接经溶液从阳极流向阴极的旁路电流;直接经填充粒子从阳极流向阴极的短路电流;流经溶液和填充粒子的反应电流。只有反应电流能使填充粒子起到电极作用,其他电流会降低电解效率。但依然存在三维反应器的电势和电流分布不均匀,填料溶出和分层的问题。此外,有研究者还研究出特殊结构的反应器,如毛细间隙反应器、旋转电极反应器、零极距和 SPE 电化学反应器,但主要用于电解合成有机物。为了提高电化学氧化反应器的传质和有机污染物的去除效果,同时防止极板极化和结垢,主要从以下 3 个方面进行了改造。

(1) 极板结构优化

为了提高反应器流场湍流强度,增大电极比表面积,研究者对网状结构、管式结构电极结合和改造进行了研究,如采用多组平行放置网状极板的柱塞流式电化学反应器。Ibrahim 等[25]通过对圆柱网状电极的柱塞流电化学反应器进行研究,从流体动力学角度发现网状极板能够有效提高流速,并使处理的污水更充分地混流,提高了物料的反应效率,减少了反应器死角和短流的发生。也有将阳极棒改为螺旋管状的管式电化学反应器,郭晓涛[26]设计的螺旋流管式电化学反应器平均流速为传统管式反应器的 5~7 倍,平均湍流强度提高了 1.6 倍,阳极表面平均剪切力约为传统反应器的 4 倍以上,亚甲基蓝脱色率最高可提高 17%,TOC 去除率最高可提高 71%。但也有研究表明,网状极板的能耗较板状稍高,朱维[27]在相同 pH 值、停留时间、施加相同脉冲电流、相同负载活性炭填充的条件下,比较了板状电极和网状电极作为阳极极片的系统能耗,网状电极为 80 kW·h/kg COD,板状电极为 65 kW·h/kg COD。对极板结构优化的本质是提高传质效果,从而提高电流效率。通过优化反应器结构,实现溶液与极板充分接触,避免短路和死区,使电流分布均匀,但也需要进一步解决扰动增加造成的能耗增高。

(2) 流动状态优化

除了电极布置形式和填充材料外,进口流速等因素也会对反应器内部水流流态分布、反应器内部物质传质效果、电流电场分布造成影响,进而对反应器效率造成影响。流场流动速度增大时,沟流、短路与滞流现象都会有所改善;入水口和电极的位置所形成的入射角也影响反应速率。近年来的研究主要从改变反应器流道、增加湍流装置、改变进水角度、改变电极形状等方面进行优化。

1) 反应器流道设计

王志伟[28]针对板框电化学反应器设计了希尔伯特流道、神经网络流道、蜂窝流道、交指流道、竖型流道5种不同流道结构,通过对比平均停留时间与无因次方差发现,蜂窝流道结构反应器内流体流动状况最接近理想混合状态,传质效果最优。

2) 湍流装置

马锐军[29]设计的多级旋转电极电化学反应器(MRE-PFER)是一种柱塞流电化学反应器,采用多个可旋转的网状结构阳极,立式安装切向进料。极板的旋转增强了物料的扰动,对传质性能有积极影响,也避免了极板表面的钝化,减小了催化氧化析气副反应产生的气泡对极板有效接触面积的影响,改善了电极对污染物的降解效率。降解模拟苯酚废水,传质系数为静止电极的1.42倍,处理120 min后B/C比从0.087上升到0.38,可生化性显著提高。

3) 进水角度

在进水角度方面,管式电化学反应器利用阴阳极中间的空腔作为水流通道,多为侧向进水,利用高速水流对阴阳极表面进行冲刷,可以降低钙镁无机污垢和石油类等有机污垢在极板表面的黏附,降低极板污染速度,同时也保证了传质速率维持在较高的水平,较之板式垂直极板的进水角度,有更好的抗污染效果。但对切向的进水角度也在持续进行改进,借鉴旋风除尘器的运作形式,在切向进水的同时使水流在反应器内旋转上升,增强了对流传质的效果。进水角度以强化扰流和回流为目标,并结合反应器的构造,根据其环形、圆形、直角形特点,实现进出口相对位置的合理化,同时降低反应器内部死角、短路的可能性。

张义龙[30]比较了箱式结构电极的3种布置形式,设置两个隔室,分别采取全部垂直隔板布置、全部平行隔板布置、1个隔室垂直隔板1个隔室平行隔板布置,发现极板全部垂直布置且进出水角度成平角时,能够获得最佳的混流效果。

总体而言,对流动状态的优化主要体现在通过扰动实现更佳的混流效果,从而提高传质效率,同时可对极板进行冲刷,减少污染物的附着。除了外设扰流装置外,还可通过设计极板布局,改变切向进水。

(3) 填充粒子结构及堆放方式

三维电催化所添加粒子的导电特性和形态也会对反应器导电结构、能耗和处理效率产生影响。对于单极性电极,填充的为低阻抗导电粒子,粒子表面上的极性与主电极相同,扩展为主电极的一部分,增大了电极表面积;对于复极性电极,填充的为高阻抗导电粒子,粒子两侧被感应为不同的极性,颗粒间形成了微电解槽,提高了反应概率,相当于将极板间距大幅度缩小,缩短了传质距离,电流效率也得到大幅度提高。苏文利等[31]在三维电极电化学反应器中采用蜂窝活性炭,对石油炼化行业含苯系物污水具有更佳的处理效果,而活性炭纤维则不利于苯酚快速降解。蜂窝活性炭增大了样机反应面积,反应器对苯乙烯的去除率可达91%以上,电化学反应速率常数为0.026 min^{-1},得到了显著提高。王兵等[32]发现,柱形炭作为粒子电极,较块屑状和球状活性炭对COD有更高的去除率,并随着柱炭粒径的增大,COD去除率先升高后降低,当活性炭长度为1.2~1.5 cm时,COD去除率达到最大,为51%。通过改变粒子电极的形状,增加其和极板接触的锐度,并通过延长电场线方向的有效长度,增大了粒子电极两端的电位差,有效提高了工作电流,可获得更佳的电解效果。朱维[27]发现粒子电极填充比例从0上升到70%时,COD去除率从32%提高到56%,但填充比例进一步增大,当填充颗粒与阳极板齐平时,COD去除率不再提高。以上表明填充比例越高,填充负载活性炭颗粒越多,增大了反应区有效反应面积,使反应器效率越高,但过高的填充比例会增大反应器阻值并提高能耗。

可见,选择与连接方式匹配的阻抗特性粒子,能增大反应面积,且表面积更大、能与极板形成角度、粒子自体长度能够变化的粒子形态,对增大电位差、提高电氧化反应速率有促进作用。粒子的填充比例也不是越高越好,要综合比较能效,选择适宜的比例。

4.3 电芬顿氧化

4.3.1 阴极材料

在电芬顿氧化工艺中,H_2O_2 的产生就是在阴极附近鼓曝纯氧气或者空气,在溶液介质中,O_2 以溶解氧形式存在并传递至阴极表面,通过两电子的氧化还原反应($E_0 = 0.695$ V (vs. SHE))连续地产生 H_2O_2。

阴极材料的催化性能直接决定了电芬顿催化氧化的效果。因此,电芬顿技术的研究重点之一就是探索综合性能好的阴极材料。新型电芬顿电极材料应具有以下特点:

① 对 ORR 的 2-电子过程具有较好的选择性;
② 良好的传质性能;
③ 较大的电化学活性反应面积。

研究者在尝试研究开发高效的阴极材料的同时,还研发了各种提高反应效果的电芬顿反应器。

目前常用的电极材料主要有金属电极和碳基材料电极。

1. 金属电极

(1) 贵金属电极

贵金属及其合金是十分有效的催化剂,对氧还原的电位要求低,H_2O_2 选择性高(高达98%)。

目前常用的催化性能好的贵金属催化剂有 Pt、Au 和 Pd 等。

Wen-Shing Chen[33]利用贵金属 Pt 作为阴阳极矿化 2,4,6-三硝基甲苯,发现利用阳极产生的氧气在阴极上生产 H_2O_2,90 min 产量积累量可以达到 2 000 mg/L,对 TOC 脱除率 9 h 达到 100%。

贵金属虽然对 H_2O_2 的氧还原反应选择性较好,催化性能强,但是却与氧气相互作用较弱,故导致反应速率的提高有限,但是可以通过掺杂其他金属,形成双金属催化剂解决这个问题。如 Jakub S. Jirkovsk[34]等人利用了 Au 纳米粒子对氧化的惰性,以及过渡金属原子嵌入 Au 中可提高 O_2 粘附率,结果表明,相对于纯 Au 而言,置于 Au 表面的 Pd、Pt 或 Rh 孤立的合金原子能提高 H_2O_2 的生成。

虽然贵金属的催化产 H_2O_2 能力强,但是贵金属的稀缺限制了其大规模应用。

(2) 金属氧化物电极

金属氧化物电极常被用作阳极,进行电化学阳极氧化产生·OH,进而氧化降解有机物。

但是其用作阴极产双氧水也具有一定的可行性,如 Songhu Yuan[35]等人利用钛基金属氧化物作为阴极,进行电芬顿氧化污染物,对一些新型有机物进行降解,利用钛基 IrO_2/Ta_2O_5 作为阴阳极,溶液中含有 6.9 mg/L Fe^{2+},在 pH 值为 4 和电流为 25 mA 的条件下,20 min 内达到将 422 μg/L 的双酚 A 完全降解,H_2O_2 积累量为 1 mg/L。

金属氧化物电极具有较好的机械和化学稳定性,但是其产 H_2O_2 能力相对较弱,故在实际研究中较少采用。

2. 碳材料电极

碳材料具有无毒、高的析氢电位、低 H_2O_2 催化分解性、良好的稳定性和导电性等特点,是目前电芬顿技术中应用最广泛的阴极材料。

目前主要研究的碳基材料包括石墨电极、三维多孔碳材料和气体扩散电极,以及在这些电极基础上进行改性的阴极。

(1) 石墨电极

石墨电极是最常见的碳材料电极,因为其价格低,机械性能稳定,有一定催化产 H_2O_2 性能,故在电芬顿技术中研究较早。

Ayse Kuleyin[36]等人采用石墨电极作为阴阳极开启电芬顿技术,深度处理纺织废水,当 pH 值为 3、电流强度为 1.65 A、Fe^{2+} 浓度为 2 mmol/L、流速为 25 mL/min 时,色度去除率为 89%,COD 去除率为 93%,TOC 去除率为 58%。

但是传统未改性的石墨电极催化产 H_2O_2 性能相对较差,可以对其改性,如制备成空气扩散阴极,改性后的石墨电极可以得到优异的 H_2O_2 产量,尤其是在电极稳定性方面具有明显的优势。

实际研究中发现,O_2 在水溶液中的溶解度较低,所以高比表面积的三维电极和气体扩散阴极(GDE)是首选的阴极。

(2) 三维多孔材料

三维电极的表面积与体积之比高,成本低,易于操作,可以通过流化床、填充床、滚管或多孔材料获得,其中多孔材料是制备水处理阴极的最普遍方法,由于电极内部特殊的流体力学条件,可以获得较大的比电极面积和大的溶解 O_2 的传质系数。

目前主要的三维多孔材料有:碳毡、石墨毡、活性炭纤维、发泡玻璃碳和碳纳米管等。

① 碳毡:碳毡电极具有高比表面,有利于芬顿试剂两种组分(H_2O_2 和 Fe^{2+})的快速生成,然后 Fenton 反应产生·OH,但没有明显的 H_2O_2 积累。

② 石墨毡:石墨毡是含碳量较高的一种碳毡,具有优良的导电性。

③ 活性炭纤维:是一种具有强吸附能力和良好导电性的三维碳材料。其优异的机械完整性使其易于配置为稳定的电极,可以产生相对较多的 H_2O_2。

④ 发泡玻璃碳:是一种微孔玻璃碳材料,具有低密度和热膨胀性,导热性好,电导率高。具有开孔蜂窝结构,其孔隙体积在 90%～97% 之间,具有高表面积和刚性结构。

⑤ 碳纳米管:碳纳米管是一种常见的纳米材料,可以分为单壁碳纳米管和多壁碳纳米管。因其比表面积大、阻抗低,出色的机械性能、电导率和电荷转移性能,而被广泛应用于电催化领域。

(3) 气体扩散电极

气体扩散电极(GDE)是在电极表面构建气体腔室,以纯氧或者空气在电极一面曝气,以保证电极表面氧气充足的一类电极,如图 4-10 所示。由于"气-固-液"三相界面的存在,电极表面氧传质和表面活性电位得到了保护,阴极产 H_2O_2 电流效率甚至可以达到 100%。故与其他含碳阴极相比,GDE 作为阴极电催化剂具有更高的成本效益、更低的能耗和更高的氧气利用效率。近年来,GDL 在降解有机污染物方面的重要研究和实际应用得到了很好的发展。

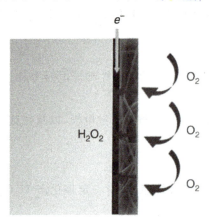

图 4-10 气体扩散电极反应机理图

GDL 通常由催化剂层、气体扩散层和基体组成。催化剂层通常由含或不含金属掺杂的碳基材料和作为粘合剂的疏水 PTFE 组成。与催化剂层连接的气体扩散层主要由多孔碳纤维、碳布、碳纸或金属网制成,厚度为 100~300 μm。气体扩散层用作电子传输,并提供从空气到催化剂层的气流通道。原则上,催化剂层面向电解液,气体扩散层面向 O_2/空气,从而维持空气中 O_2 的扩散,然后在阴极上启用 ORR。与催化剂层一样,气体扩散层对于高性能 GDE 也起着至关重要的作用。

研究人员也通过不同的制造方法为改进 GDE 做出了贡献。改进的气体扩散阴极(IGDE)由催化剂层和基体组成。它不同于传统的 GDE,包括气体扩散层和催化剂层,在 IGDE 中,催化剂层也作为气体扩散层。经过适当处理后,金属网、碳布、泡沫镍、碳纤维等被用作基体。

目前主要的几种被报道性能优异的气体扩散电极有石墨烯-PTFE 和碳纳米管-PTFE 等。

石墨烯-PTFE:Xu[37] 等使用石墨烯和石墨制备气体扩散阴极($12\ cm^2$),氧气流量为 $0.02\ m/h$,pH=3,在极板上施加 $2.0\ mA/cm^2$ 的电流密度,即可使 200 mL 的 0.05 mol/L Na_2SO_4 的溶液在 3 h 的 H_2O_2 浓度稳定在 187 mg/L。

碳纳米管-PTFE:韩卫清团队利用湿法纺丝法制备了以碳纳米管(CNTs)中空纤维为基底的微管气体扩散电极(MGDEs),在最佳条件下,一级降解速率常数为 $0.014\ 15\ min^{-1}$,120 min 内 IBP 去除率可达 90.2%。它显示了该系统降低非甾体抗炎药的潜力。

(4)碳材料电极的改性

为了进一步改善阴极材料的电催化活性,将阴极材料进行一定的修饰。主要通过对电活性表面积的增大、亲水性的提高以及引入含氧或含氮的官能团来实现,这可以加速 O_2 还原的电子转移,达到更高的传质速率,并提高 H_2O_2 之间的反应速率。目前常用的改性方法包括:酸处理、碱处理、热处理、杂原子掺杂、醌类修饰等。

① 酸处理:使用硫酸和硝酸等强酸对 GF 进行处理,可以对材料表面进行刻蚀,增大表面积、含氧量和改善亲水性。Haihong He[38] 等人制备了一种硝酸改性的石墨/聚四氟乙烯(PTFE)复合阴极,实验结果表明,HNO_3 改性使石墨表面引入了更多的缺陷位点和含氧/氮基团,在 $3\ mA/cm^2$ 条件下,H_2O_2 的产生量是原始石墨的 3.0 倍。

② 碱处理:使用强碱高温处理可以获得和强酸处理类似的效果。Song Chen[39] 等人利用 KOH 活化法在不同温度下获得不同吸附性能的碳毡,KOH 法提高了碳毡的比表面积,增加了碳毡表面含氧官能团,显著增强了碳毡的吸附能力。在 900 ℃ 下处理碳毡 1 h,得到的 CF-900,对 TC 降解反应速率常数为 $0.064\ 8\ min^{-1}$。比原碳毡($0.012\ min^{-1}$)提高了约 5 倍。

③ 热处理：Le[40]等通过热处理改性碳毡材料，经过多次试验，确定最佳温度和最佳加热时间等参数制备多孔碳材料。相比于原始碳毡无多孔结构，经过热处理的碳毡，产生了多孔结构，十分粗糙，且亲水性得以提升，有助于吸收氧气产生 H_2O_2。通过电化学表针可以知道，热处理后多孔碳毡的表面积增大了 700 倍，电活性表面积是 CF 的 10 倍，H_2O_2 的浓度由 7.9 mg/L 提升至 24.6 mg/L。在电芬顿中实际运用，在 pH 值为 3、0.2 mmol/L $FeSO_4 \cdot 7H_2O$ 的条件下，降解 0.1 mmol/L 乙酰氨基酚，2 h 处理后矿化率为 51%，比原始 CF 高 31%，处理 10 h 后，矿化率达到 94%。

④ 杂原子掺杂：在材料中加入氮、磷等元素被认为可以提高材料的阴极性能。Yan Xia[41]等人，制备了磷掺杂碳纳米管电极，磷是氮族的一种元素，它与氮具有相同的价电子，通常与氮表现出相似的化学性质。但磷的原子半径更大，给电子能力更强。磷掺杂碳催化剂在碱性介质中表现出优异的氧电化学还原活性，P-CNTs 催化剂在酸性和中性溶液中具有相当高的 ORR 活性，可以生成 H_2O_2，P-CNTs 气体扩散电极 60 min 后为 H_2O_2 的累积量达到 1 291.3 mg/L，而未改性的碳纳米管气体扩散电极仅积累了 415.9 mg/L H_2O_2。

⑤ 醌类结构修饰：醌类结构能够作为表面活性位点参与促进电子传递过程，进而促进 H_2O_2 的产生过程。

虽然目前产双氧水的阴极材料的制备已经有了很大的进展，但是在实际应用中仍然存在许多局限性，如新型碳材料成本高、改性过程复杂以及相对短期的稳定性。

(5) 非均相芬顿催化剂

采用固体催化剂或整体阴极的非均相催化氧化技术因其环境兼容性、效率高、通用性强等优点而受到广泛关注。考虑到均相 EF 工艺存在的主要问题，非均相 EF 最重要的优点是扩大了 pH 工作范围，抑制了非均相 EF 过程中铁污泥的形成，反应机理如图 4-11 所示。

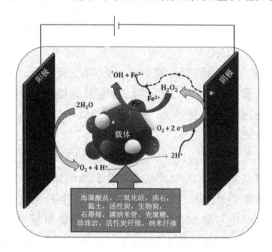

图 4-11 非均相芬顿反应机理

在已报道的非均相芬顿催化剂中，将活性过渡金属组分组装在电极上的双功能阴极材料上具有操作简单、催化剂回收方便和反应速度快等优势，对电催化降解污染物具有重要意义。

(6) 光协同电芬顿技术

电芬顿技术可被认为是更高效的可持续方法，但仍然存在一个关键的限制，即在处理过程中产生的难降解中间体的降解非常缓慢,如Fe(Ⅲ)-羧酸盐络合物,这为电芬顿技术实现规模化、高效催化形成制约。采用光电芬顿技术(Photoelectro-Fenton,PEF)可以完全突破这一限制,该技术是电化学高级氧化工艺(EAOPs)中最有效的手段。有文献报道的利用光电芬顿氧化过程处理微污染废水,电流效率甚至达到了425%以上,这都归功于光协同催化作用带来的氧化效率的提高,也是目前电芬顿技术发展的重要方向。在典型的UVA-PEF系统中,UVA($\lambda=315\sim400$ nm)可催化所有Fe(III)络合物,如式(4.12)和式(4.13)所示。

$$[Fe(OH)]^{2+} + h\upsilon \rightarrow Fe^{2+} + \cdot OH \quad (4.12)$$

$$[Fe(OOCR)]^{2+} + h\upsilon \rightarrow Fe^{2+} + CO_2 + R\cdot \quad (4.13)$$

目前光协同电芬顿技术的主要方向有UVA紫外光协同的电芬顿催化(UVA-PEF)和太阳光电芬顿催化(Solarphotoelectro-Fenton,SPEF),已经有大量研究表明其催化氧化效果优异,电流效率高,是处理微污染物废水的重要的高级氧化方法之一,而且太阳光的利用也是易于工程化的发展方向。

4.3.2 电芬顿反应器

电芬顿技术已发展多年,设计出来的电芬顿反应器各种各样,但是最常用的两种反应器类型包括单室电解池和隔膜电解池。

1. 单室反应器

典型的单室反应器阴阳极在同一电解质溶液中,这种反应器操作简单灵活,极板间距容易控制,原理简单;但是,由于阴阳极同室,在阴极产生的过氧化氢很有可能在阳极发生放电反应,从而限制过氧化氢在电解液中的累积。

最早是Brillas[44]等人第一次描述了单室反应器中积累H_2O_2的特点,在10 cm^2 Pt阳极、3 cm^2的碳-PTFE空气扩散阴极和100 mL搅拌均匀pH值为3.0、0.05 mol/L的Na_2SO_4溶液组成的二电极反应池中,积累H_2O_2浓度随时间的延续而提高,电解2~3 h后达到准稳定值,约75 mmol/L。

Fangke Yu[45]等人研究了一种新型的喷射式反应器(垂直流反应器),以提高氧的利用率,提高过氧化氢(H_2O_2)的产量,如图4-12所示。利用射流曝气器时,会促进系统内气泡的形成。由于气泡的形成,混合物会产生比平衡浓度更高的氧浓度。因此,该系统可以增强氧向阴极的转移,使H_2O_2的产量增加。

徐安琳[46]等人以管状膜Ti/IrO_2-Ta_2O_5为阳极,以炭黑聚四氟乙烯(CB-PTFE)改性石墨膜为阴极,制备了一种新型双管状膜电极反应器,用于降解难降解的杂环化合物三环唑。如图4-13所示,这种反应器无需外通氧气,单纯阳极析氧产生的氧气,随着废水流动到达阴极,发生双电子的氧还原反应,产生双氧水。实验结果表明,管状膜钛/IrO_2-Ta_2O_5阳极析氧反应可提供足够的氧气产生H_2O_2,最高可达1 586 mg/(m^2·h),在酸性溶液中10 A/m^2不曝气。在不循环进水的情况下,20 min时污染物的最佳去除率达到79%的稳定值,阴阳极具有协同作用。

2. 隔膜反应器

为了减少过氧化氢在阳极上的分解,人们设计了阴阳极分离的隔膜反应器。阴极和阳极被盐桥或阴阳离子膜分开,分别组成阴极室和阳极室,如图4-14所示。由于相比单室反应器减少了过氧化氢放电分解,隔膜反应器的电路效率有所提高。

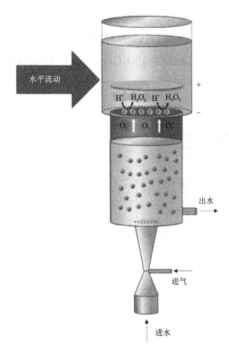

图 4-12 喷射式反应器原理示意图

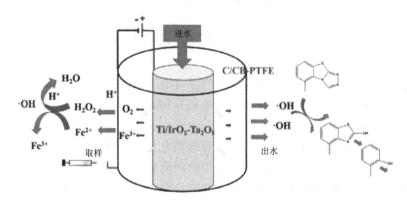

图 4-13 双管状膜电极反应器原理示意图

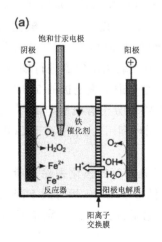
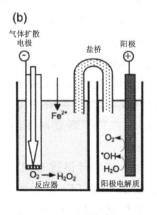
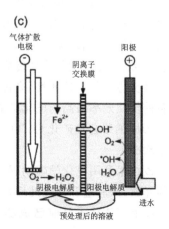

图 4-14 隔膜反应器示意图

Badellino[47]等设计了一种连续流动的隔膜反应器,如图4-15所示,以活性炭纤维为阴极,$(Ta_2O_5)_{0.6}(IrO_2)_{0.4}/Ti$为阳极,Nafion膜为隔膜,3.5 L的0.3 mol/L K_2SO_4为电解质,曝氧气流量0.1 L/s,pH=10,溶液流速为300 L/h,H_2O_2的浓度在300 min时为900 mg/L,其对TOC去除率超过90%。

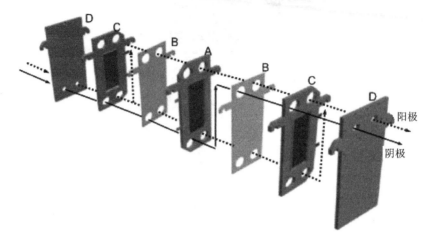

图4-15 连续隔膜反应器

但是,这种反应器相对复杂,组装和拆卸都不太容易。

4.4 工程案例

"电催化Fenton氧化-高传质电化学催化膜反应器"耦合双氧化技术(以下简称双氧化)是在电催化Fenton技术和电化学技术基础上产生的新型高效节能氧化技术。该技术由南京理工大学韩卫清首次提出,并获批技术专利。

双氧化是将电催化Fenton氧化反应器与高传质电化学催化氧化反应器进行耦合的组合处理工艺。其中电催化Fenton氧化反应工艺中的阴阳极板为多孔复合型电极,该电极采用还原性铁粉和稀土金属压制,利用粉末冶金技术进行烧结制成。多孔复合型的阳极在通电状态下溶解为Fe^{2+},通过控制通电时间和电流密度使阳极溶解铁产生的Fe^{2+}浓度可控,在反应器内投加双氧水,Fe^{2+}和双氧水反应产生·OH将部分有机物矿化为CO_2和H_2O,大部分有机物则被分解为低分子有机酸,低分子有机酸与Fe^{2+}或Fe^{3+}形成络合物,造成Fe^{2+}与双氧化反应受到阻碍,大幅减少了羟基自由基的产生,造成Fenton反应的停滞,从而影响COD的去除率。为解决上述问题,将高传质电化学催化膜反应器与电催化Fenton氧化反应器进行耦合,利用膜反应器的高传质性(高传质电化学催化膜反应器的传质效率是普通平板电极的5.6倍,是目前传质效率最高的电化学氧化反应器),并利用阳极氧化作用,将低分子有机酸与Fe^{2+}或Fe^{3+}形成的络合物矿化为CO_2和H_2O,将Fe^{2+}释放,提高Fe^{2+}的循环利用,大幅提高了COD的去除率。

该技术利用电化学辅助强化Fenton技术可促进COD、含氮污染物等的强化去除与磷酸盐的释放,产渣量和固废处理费用相较于传统的Fenton氧化可降低80%以上,运行成本降低70%以上。该技术目前已成功实现工程化应用,其中覆盖电镀、化工、医药、芒硝湖治理等领域。

4.4.1 江苏中渊嘧啶废水处理改造工程

1. 项目概况

江苏中渊化学品有限公司现有产品主要有 4,6-二氯-5-氟嘧啶（T01,年产 250 吨）、2-甲氧基-4-羟基-5-嘧啶（MFU 潮品）、2,4-二羟基-5-氟嘧啶（5-FU,年产 50 吨）和 2-羟基-4-氨基-5-氟嘧啶（5-FC,年产 300 吨），并建有相应的 4 条生产线。一期有 1 条生产线，二期共有 3 条生产线，其中 MFU 生产线及 5-FC 生产线正常生产中，而 5-FU 项目暂不生产。主要生产 4,6-二氯-5-氟嘧啶（T01,250 t/a）、2-甲氧基-4-羟基-5-嘧啶（MFU 潮品,519.9 t/a）、2,4-二羟基-5-氟嘧啶（5-FU,50 t/a）、2-羟基-4-氨基-5-氟嘧啶（5-FC,300 t/a）；废水主要受到杂环类有机物污染，盐分较高，盐分主要组成部分为 $NaCl$ 和 NH_4Cl，并受 HCl 污染使废水呈酸性。

江苏中渊化学品有限公司排放的废水主要特点为高 COD,高氨氮,部分产品所排放废水含有吡啶、甲苯等对生物有毒害作用的特征因子。

2. 污水厂处理概况

江苏中渊化学品有限公司废水处理工程由南京理工大学环境工程设计研究所设计和建设，投入运行后 COD 脱除效果很好，但是因硝化池利用原池改造，水池曝气不均匀，污泥回流不畅，且未设置反硝化池，造成氨氮脱除效果不理想，企业当前采用除氨剂脱除氨氮，运行费用高，特别是园区集中污水厂提标后，各企业进水总氮控制在 50 mg/L,中渊企业生产排放的含嘧啶废水采用现有工艺不能有效脱除总氮，造成总氮超标。同时，废水处理装置部分设备、填料、曝气器、阀门等存在老化问题。企业一直非常重视环境保护，决定对污水处理设施进行修复改造。

3. 工程规模、废水水质

厂区高浓度废水及经"电催化芬顿氧化+电化学氧化"处理后的水质参数见表 4-1。

表 4-1 江苏中渊化学品有限公司高浓度废水水质一览表

项目	COD/ (mg·L^{-1})	氨氮/ (mg·L^{-1})	总氮/ (mg·L^{-1})	有机氮/ (mg·L^{-1})	硝态氮/ (mg·L^{-1})	盐分/ (mg·L^{-1})	水量/ (t·d^{-1})
数值	80 000~90 000	3 300~3 700	4 000~4 200	700~800	2~4	12 000	13

4. 设计标准

因园区污水厂总氮纳管标准即将提标，本次改造保证氨氮排放标准控制在 35 mg/L 以下，总氮排放标准控制在 50 mg/L 以下，其他标准保持不变，如表 4-2 所列。

表 4-2 排放标准一览表

项目	COD/ (mg·L^{-1})	pH值	氨氮/ (mg·L^{-1})	总氮/ (mg·L^{-1})	SS/ (mg·L^{-1})	TP/ (mg·L^{-1})
数值	≤500	6~9	35	50	≤400	≤8

5. 废水处理工艺流程

原有污水处理工艺流程为高浓度废水采用"微电解+芬顿氧化"处理后与低浓度废水混合后进行生化处理（如图 4-16 所示），但是因"微电解+芬顿氧化"处理效果不理想且设备老化，硝化池因曝气、池容原因导致氨氮脱除效果差；另外该工艺流程没有反硝化池，总氮无法脱除。因此确定改造路线如下：

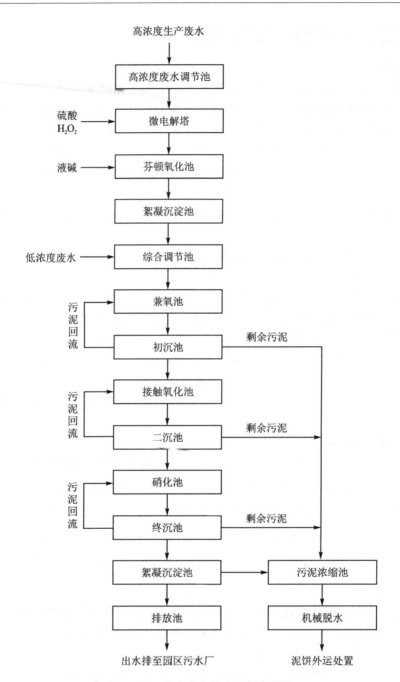

图 4-16 现有废水处理工艺流程图

针对高浓度废水采用"电催化芬顿氧化＋电化学氧化"双氧化工艺进行预处理,强化COD、有机氮、嘧啶等污染物的去除,降低其生物毒性,同时减少铁泥产生量;经预处理后的高浓度废水和冲洗废水、生活污水等低浓度废水一起混合后进入生化系统,生化系统中对兼氧池、接触氧化池曝气头进行更换;利用芬顿氧化池等进行改造,增加硝化池池容;将原有水池改造为中间水池,并增加反硝化滤池,实现中间水池内硝化液回流至反硝化滤池,达到脱除总氮的目的;另外,针对其他老化设施进行修复,增加尾气收集系统,并送至厂区现有废气处理设施,废水处理改造工艺流程如图 4-17 所示。

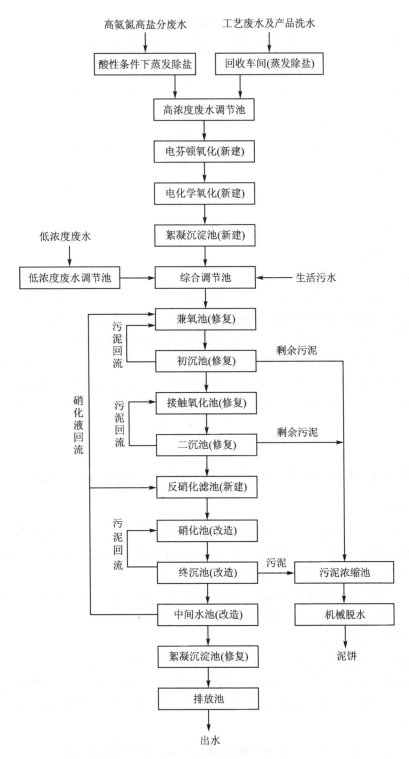

图 4-17 废水处理改造工艺流程图

6. 污水站改造后各单元处理效果

污水站改造后各单元处理效果(见表 4-3)。

表4-3 污水站改造后各单元处理效果

单 元	COD/(mg·L^{-1})	氨氮/(mg·L^{-1})	TN/(mg·L^{-1})	pH值
原水	91 500	2 160	3 960	7.66
双氧化	26 100	1 010	2 690	8.13
综合调节池	4 770	211	495	7.55
兼氧池	2 620	194	388	7.69
接触氧化池	445	62	162	7.02
反硝化池	211	1.31	16.71	7.58
硝化池	203	1.60	18.76	8.01
排放池	155	1.73	16.15	7.69

7. 结论及建议

① 本次设计时采用"双氧化+综合调节池+兼氧+接触氧化+反硝化+硝化+斜管沉淀"工艺,双氧化主要针对车间高浓度原水,此阶段脱除COD、氨氮和总氮,同时将部分杂环开环,经过双氧化工段的水质可生化性大幅度提高,后面在综合调节池与其他的杂排水混合后进入生化系统,开始较大程度地脱除COD、氨氮、总氮,直到出水稳定达标排放。

② 目前高浓度生产废水水质水量与设计值相近,COD约为90 000 mg/L,总氮约为4 500 mg/L,前端双氧化预处理工艺处理效果能够达到设计要求,出水COD在40 000 mg/L以下,总氮在3 000 mg/L以下。然后经过配水后进入生化工段,生化工段出水COD≤500 mg/L,氨氮≤35 mg/L,总氮≤50 mg/L。处理效果也能满足设计要求,排放废水均在设计排放值以下。

4.4.2 江苏激素研究所有限公司末端尾水总氮提标处理

1. 项目概况

江苏激素研究所有限公司是我国主要的农药科研生产单位,进行农药及农药、医药中间体、化学聚合物等方面的研究与开发,产品有菊酯类杀虫剂、磺酰脲类除草剂、植物生长调节剂、农药、医药中间体及各种农药剂型6大类品种。

本次提标改造通过对末端尾水进行高级氧化处理,进一步降低水中污染物,特别是有机氮的去除,并结合反硝化池、硝化池等脱氮,以达到末端尾水总氮的降低。

2. 工程规模、废水水质

江苏激素研究所有限公司生产废水经前期ABR处理脱除大部分有机物后,再经过曝气生物滤池处理后进入SBR系统,SBR系统去除水中氨氮、硝酸盐氮以及亚硝酸盐氮,本次方案针对SBR系统出水进行高级氧化设备选型。根据现场沟通,需进行高级氧化的废水水量水质如表4-4所列。

表4-4 江苏激素研究所有限公司需进行高级氧化废水水量水质一览表

项 目	COD/(mg·L^{-1})	总氮/(mg·L^{-1})	氨氮/(mg·L^{-1})	硝态氮/(mg·L^{-1})	有机氮/(mg·L^{-1})	水量/(t·d^{-1})
尾水	220	130	2	60	70	300

3. 处理要求

根据公司要求,废水经高级氧化处理后的废水水质参数估算如表4-5所列。

表4-5 排放标准一览表

项 目	COD/(mg·L^{-1})	总氮/(mg·L^{-1})	氨氮/(mg·L^{-1})	硝态氮/(mg·L^{-1})	有机氮/(mg·L^{-1})	水量/(t·d^{-1})
出水	130	30	5	15	10	300

4. 废水提标处理工艺流程

废水提标处理工艺流程如图4-18所示。

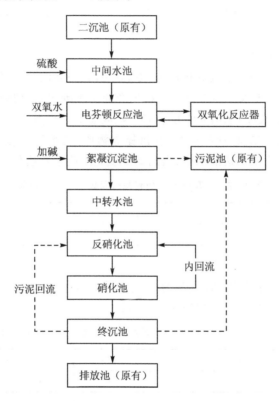

图4-18 末端尾水提标处理工艺流程图

5. 污水站改造后各单元处理效果

改造后各单元处理效果如表4-6所列。

表4-6 污水站改造后各单元处理效果

项 目	氨氮/(mg·L^{-1})	硝态氮/(mg·L^{-1})	TN/(mg·L^{-1})
原水	4	90	146
双氧化	7	108	134
反硝化	—	11	20
硝化	—	9	19

6. 总 结

本次设计时采用"双氧化+絮凝池+中转水池+反硝化+硝化+终沉池"工艺。双氧化主要针对难降解有机物,此阶段脱除 COD、氨氮和总氮,同时将部分杂环开环,部分有机氮可能会转化为氨氮和硝态氮;在絮凝沉淀池去除水中的 COD、SS、总氮等;进入生化系统后开始较大程度的脱除 COD、氨氮、总氮,直到出水稳定达标排放。

4.4.3　山东海邦制药有限公司废水处理设施提升改造方案

1. 项目概况

山东海邦制药有限公司位于山东重要的石油化工基地淄博,公司主要经营无菌原料药(头孢噻肟钠、头孢曲松钠)的生产销售。根据现场交流,企业的生产废水主要来自于转料生产的洗釜废水,还包括生活污水、地面冲洗废水等杂排水,废水中主要含有二氯甲烷、丙酮、异丙醇、甲醇、乙酸乙酯、氨氮、有机氮等物质。为了符合当前环保要求,企业拟针对现有废水处理设施进行提升改造。

2. 工程规模、废水水质

本次废水处理提升改造方案设计规模为 40 m^3/d,其中高浓度生产废水 10 m^3/d,其他废水 30 m^3/d。企业的生产废水主要来自于转料生产的洗釜废水,其他废水包括生活污水、地面冲洗废水等杂排水,生产废水呈现高 COD、高氨氮、高总氮等特点。

目前废水中主要含有二氯甲烷、氨氮、有机氮等物质,废水呈现高 COD、高氨氮、高总氮、高有机氮特点。根据公司所寄送的水样,当前高浓度生产废水水质如表 4-7 所列。

表 4-7　山东海邦制药有限公司废水水质一览表

项　目	COD/(mg·L^{-1})	总氮/(mg·L^{-1})	氨氮/(mg·L^{-1})	有机氮/(mg·L^{-1})
进水	40 000	650	30	570

3. 处理要求

废水经处理后,出水水质达到《化学合成类制药工业水污染物排放标准》(GB 21904—2008)表 2 标准,主要指标标准参数如表 4-8 所列。

表 4-8　废水排放标准　　(单位:mg/L,pH 值、色度除外)

项　目	pH 值	COD_{Cr}	NH_3-N	TN	TP	SS	色度
数值	7~8	300	20	30	1	50	50

4. 废水提标处理工艺流程

目前,厂区采用的废水处理工艺流程为"中和池+混凝池+厌氧+好氧+沉淀池",因废水浓度高,无预处理系统,且厌氧和好氧停留时间过短,造成出水不达标。

根据对双氧化预处理和生物处理该废水可行性的分析及小试实验研究,确定水质状况,确定对高浓度工艺废水采用"电催化氧化+电化学氧化"预处理,以去除水中 COD、有机氮等,降低其废水 COD 浓度及其生物毒性。经预处理后的高浓度工艺废水与厂区杂排水一起混合后进入生化系统。当 COD 较低且对微生物无毒性时,废水可以不经过"电催化氧化+电化学氧化"处理,直接进入水解酸化池。废水处理设施改造工艺流程如图 4-19 所示,新建调节池、中间水池、水解酸化池、好氧池、反硝化池、硝化池等水池,为保证出水 SS、TP、色度达标,在末端再增加一座斜管沉淀池、砂滤池。

5. 改造后各单元处理效果

改造后各单元处理效果如表 4-9 所列。

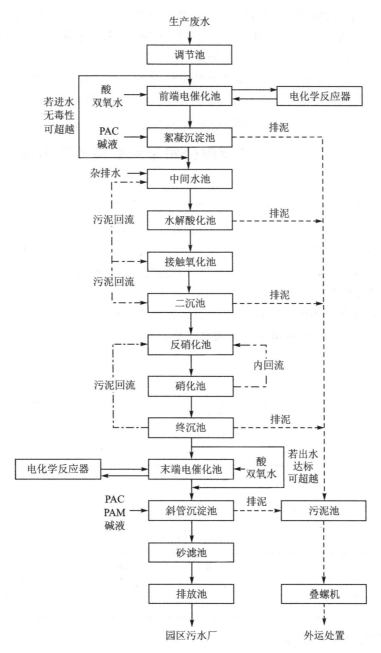

图 4-19　废水处理工艺流程图

表 4-9　改造后各单元处理效果

项　目	COD/(mg·L^{-1})	氨氮/(mg·L^{-1})
原水	7 680	310
出水	117	1.7

6. 总　结

本次设计时采用"双氧化＋絮凝沉淀＋水解酸化＋接触氧化＋二沉池＋反硝化＋硝化＋终沉池＋双氧化＋斜管沉淀＋砂滤"工艺，根据类似医药及其中间体生产废水处理的工程经验,含头孢类的废水生物毒性大,首先需经过高级氧化去除水中大部分 COD、有毒物质等,确定对高浓度工艺废水采用"电催化氧化+电化学氧化"预处理,以去除水中 COD、有机氮等,降低其废水 COD 浓度及其生物毒性。经预处理后的高浓度工艺废水与厂区杂排水混合后进入生化系统。当 COD 浓度较低且对微生物无毒性时,废水可以不经过"电催化氧化+电化学氧化"处理,直接进入水解酸化池。高级氧化后的废水再经过水解酸化+好氧处理后达标排放。且后增设一套双氧化装置,若水质不能达标排放,可以运行双氧化装置以确保出水达标。

4.4.4 内蒙古莱科作物保护有限公司废水处理改造方案

1. 项目概况

内蒙古莱科作物保护有限公司为香港恒凯农化企业有限公司投资建设。香港恒凯农化企业有限公司立足于国外市场的农药及农化公司,海外销售额超 20 000 万美元。

一期实施的废水处理工程针对四聚乙醛 2 000 t/a、稻瘟灵 2 000 t/a 和杀螺胺 1 800 t/a 产生的废水。根据现场交流,企业拟将生化处理后的废水进行回用,以实现近零排放。

2. 废水水量、水质

本次中水回用设计规模为 50 t/d。需要处理的废水为现有废水处理装置的出水,处理后需达到回用水质标准。中水回用的进水来自于现有废水处理装置的出水,主要指标参数如表 4-10 所列。

表 4-10 进水水质参数

项目	COD/$(mg \cdot L^{-1})$	TDS/$(mg \cdot L^{-1})$	电导率/$(\mu S \cdot cm^{-1})$	氨氮/$(mg \cdot L^{-1})$	SS/$(mg \cdot L^{-1})$	硬度
进水	500	5 000	10 000	35	30	50

3. 回用水水质

回用水水质如表 4-11 所列。

表 4-11 回用水质参数

项目	COD/$(mg \cdot L^{-1})$	TDS/$(mg \cdot L^{-1})$	电导率/$(\mu S \cdot cm^{-1})$	氨氮/$(mg \cdot L^{-1})$	SS/$(mg \cdot L^{-1})$	硬度
进水	30	100	200	1.5	20	10

4. 废水提标处理工艺流程

本工程所要处理的废水为生化处理出水,其 COD 最高为 500 mg/L 左右,所要求的处理程度较高,各项目出水水质指标要求严格。因此,拟采用的主体工艺为"高级氧化+膜浓缩"。因为本项目的生化出水 COD 最高为 500 mg/L 左右,会对后续 RO 膜系统造成堵塞,因此在进 RO 膜系统之前必须对该废水进行预处理,将 COD 降到 100 mg/L 以下。本工程采用三级 RO 膜系统对生化出水进行处理,每一级 RO 膜进水前均要进行预处理除去 COD、SS 等,预处理工艺采用"电催化 Fenton 氧化耦合电化学氧化"双氧化技术。

根据系统总的水量平衡和盐平衡,本工程项目设计规模为 50 m³/d,设计回用水水量约为 47 m³/d,回用率 94%,回用水替代自来水回用,浓水经后续蒸发结晶系统实现整个项目废水的零排放。

5. 污水站改造工艺路线图

污水站改造工艺如图 4-20 所示。

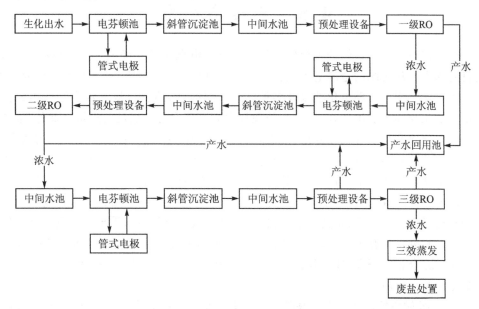

图 4-20 中水回用工艺流程图

6. 改造后各单元处理效果

改造后各单元处理效果如表 4-12 所列。

表 4-12 三级双氧化+RO 膜系统进出水质水量参数

项 目	双氧化进水			RO 进水			RO 产水			RO 浓水		
	水量/ $(t \cdot d^{-1})$	COD/ $(mg \cdot L^{-1})$	TDS/ $(mg \cdot L^{-1})$	水量/ $(t \cdot d^{-1})$	COD/ $(mg \cdot L^{-1})$	TDS/ $(mg \cdot L^{-1})$	水量/ $(t \cdot d^{-1})$	COD/ $(mg \cdot L^{-1})$	TDS/ $(mg \cdot L^{-1})$	水量/ $(t \cdot d^{-1})$	COD/ $(mg \cdot L^{-1})$	TDS/ $(mg \cdot L^{-1})$
一级双氧化+RO	50	500	5 000	50	100	5 000	32.5	30	100	17.5	300	15 000
二级双氧化+RO	17.5	300	15 000	17.5	100	15 000	11	30	100	6.5	300	45 000
三级双氧化+RO	6.5	300	45 000	6.5	100	45 000	3.5	30	100	3	300	90 000

7. 总 结

本工程所要处理的废水为生化处理出水,其 COD 最高为 500 mg/L 左右,所要求的处理程度较高,各项目出水水质指标要求严格。因此,拟采用的主体工艺为"高级氧化+膜浓缩"。因为本项目的生化出水 COD 最高为 500 mg/L 左右,会对后续 RO 膜系统造成堵塞,因此在进 RO 膜系统之前必须对该废水进行预处理,将 COD 降到 100 mg/L 以下。本工程采用三级 RO 膜系统对生化出水进行处理,每一级 RO 膜进水前均要进行预处理除去 COD、SS 等,预处理工艺采用"电催化 Fenton 氧化耦合电化学氧化"双氧化技术。

该项目经过三级双氧化耦合三级 RO 膜过滤,300 m³/d 规模,产水量为 273 m³/d,

COD≤30 mg/L,电导率≤200 μS/cm,三效蒸发为 7 m³/d,达到水零排放。

4.5 总结与展望

　　随着近年来对环境水污染的重视以及材料科学与电化学的不断发展,电氧化水处理技术的研究日趋深入。从传统的金属电极到新型功能性电极材料的开发、电极材料的微界面调控,从单一的电氧化过程到光助电化学以及多种反应过程的耦合联用,从废水中污染物的去除到实现废水资源化与同步能源化,电氧化水处理技术的研究取得了长足的进步。此外,电氧化技术逐渐融合膜分离和生物等其他方法,形成绿色、高效的净水工艺,提高了能源利用效率,助力于实现"碳中和"的社会建设。电氧化水处理技术的发展也存在一些瓶颈与挑战。提升传质效果是电氧化水处理技术效率的核心,而基于强化传质效率提出的穿透式电极反应器在电化学氧化水处理上的应用效果,仅 10 年左右,历史较短,利用穿透式构型可进一步提高阳极电化学氧化处理有机污染物的效率,尤其是搭建较大规模的穿透式反应器,采用(光)电化学氧化连续处理更大体量的废水仍有很大的研究空间;为满足实际工程应用而制备廉价高效的电极材料仍有待研究。综合相关研究与应用的态势,电氧化水处理技术在未来一段时间内的研究方向将主要聚焦于 3 个方面:

　　① 功能电极材料的设计开发。高效稳定的电极材料是电氧化水处理技术的核心,基于优化电子转移和微界面调控的电极材料的开发将直接影响电氧化水处理效率,是当前和未来的研究重点。同时,研制高效、廉价、可大规模制备的电极材料制备方法以期实现电氧化技术大规模实际工程应用。

　　② 反应器结构优化。电极反应器的结构优化将影响反应过程中的流道和流场分布,强化水处理效果,降低能耗损失。同时,多种工艺的组合联用,以实现协同效应,达到高效、绿色清洁生产。

　　③ 资源能源的回收。废水的污染物含有大量的化学能,如何将其化学能回收,实现污染物的降解和同步产能是未来水污染处理的方向,通过控制电极反应和精细化的微界面调控,将污染物高效分离与定向转化,进而实现资源化与能源化,是未来水污染控制技术研究的重要方向。

参考文献

[1] CHATZISYMEON E,DIMOU A,MANTZAVINOS D,et al. Electrochemical oxidation of model compounds and olive mill wastewater over DSA electrodes:1. The case of Ti/IrO2 anode [J]. Journal of Hazardous Materials,2009,167(1/2/3):268-274.

[2] TZEDAKIS T,SAVALL A. Electrochemical regeneration of Ce(Ⅳ) for oxidation of p-methoxytoluene [J]. Journal of Applied Electrochemistry,1997,27(5):589-597.

[3] RABAAOUI N,SAAD M E K,MOUSSAOUI Y,et al. Anodic oxidation of o-nitrophenol on BDD electrode:Variable effects and mechanisms of degradation [J]. Journal of Hazardous Materials,2013,250/251:447-453.

[4] GONZÁLEZ T,DOMÍNGUEZ J R,PALO P,et al. Development and optimization of the BDD-electrochemical oxidation of the antibiotic trimethoprim in aqueous solution [J].

Desalination,2011,280(1/2/3):197-202.

[5] AMMAR S,ABDELHEDI R,FLOX C,et al. Electrochemical degradation of the dye indigo carmine at boron-doped diamond anode for wastewaters remediation [J]. Environmental Chemistry Letters,2006,4(4):229-233.

[6] KRAFT A,BLASCHKE M,KREYSIG D. Electrochemical water disinfection Part Ⅲ: Hypochlorite production from potable water with ultrasound assisted cathode cleaning [J]. Journal of Applied Electrochemistry,2002,32(6):597-601.

[7] SEQUEIRA C A C,SANTOS D M F,BRITO P S D. Mediated and non-mediated electrochemical oxidation of isopropanol [J]. Applied Surface Science,2006,252(17):6093-6096.

[8] MATHESWARAN M,BALAJI S,CHUNG S J,et al. Mediated electrochemical oxidation of phenol in continuous feeding mode using Ag(Ⅱ) and Ce (Ⅳ) mediator ions in nitric acid: A comparative study [J]. Chemical Engineering Journal,2008,144(1):28-34.

[9] SERGIENKO N,RADJENOVIC J. Manganese oxide-based porous electrodes for rapid and selective(electro)catalytic removal and recovery of sulfide from wastewater [J]. Applied Catalysis B: Environmental,2020,267:118608.

[10] HUANG G L,YAO J C,PAN W L,et al. Industrial-scale application of the plunger flow electro-oxidation reactor in wastewater depth treatment [J]. Environmental Science and Pollution Research,2016,23(18):18288-18295.

[11] GERGER I,HAUBNER R. Gradient layers of boron-doped diamond on titanium substrates [J]. Diamond and Related Materials,2007,16(4):899-904.

[12] TIAN Y,CHEN X,SHANG C,et al. Active and stable Ti/Si/BDD anodes for electrooxidation [J]. Journal of the Electrochemical Society,2006,153(7):J80-J85.

[13] PLETCHERD,GREFF R,PEATR,et al. Instrumental methods in electrochemistry [M]. Elsevier,2001.

[14] FAN L,ZHOU Y,YANG W,et al. Electrochemical degradation of Amaranth aqueous solution on ACF [J]. Journal of Hazardous materials,2006,137(2):1182-1188.

[15] IANG X,WANG L,ZHU H,et al. Effect of pressure on nanocrystalline diamond films deposition by hot filament CVD technique from CH4/H2 gas mixture [J]. Surface and Coatings Technology,2007,202(2):261-267.

[16] GUO L,CHEN G. Long-term stable Ti/BDD electrode fabricated with HFCVD method using two-stage substrate temperature [J]. Journal of the Electrochemical Society,2007,154(12):D657-D661.

[17] GERGER I,HAUBNER R. The behaviour of Ti-substrates during deposition of boron doped diamond [J]. International Journal of Refractory Metals & Hard Materials,2008,26(5):438-443.

[18] SUN J R,LU H Y,LIN H B,et al. Boron doped diamond electrodes based on porous Ti substrates [J]. Materials Letters,2012,83:112-114.

[19] HIROMU S. Reactive ion etching of diamond in O_2 and CF4 plasma,and fabrication of porous diamond for field emitter cathodes [J]. Japanese Journal of Applied Physics,

1997,36(12S):7745.

[20] ZHANG C,JIANG Y H,LI Y L,et al. Three-dimensional electrochemical process for wastewater treatment: A general review [J]. Chemical Engineering Journal,2013,228: 455-467.

[21] SUSS M E,BAUMANN T F,BOURCIER W L,et al. Apacitive deoalination with flow-through electrodes [J]. Energy & Environmental Science,2012,5(11):9511.

[22] LIU Y B,DUSTIN LEE J H,XIA Q,et al. A graphene-based electrochemical filter for water purification [J]. Journal of Materials Chemistry A,2014,2(39):16554-16562.

[23] 袁玉南,唐金晶,陶长元,等. 脉冲电化学氧化处理低浓度氨氮废水[J]. 环境化学,2017, 36(12):2658-2667.

[24] YUAN Y N,TANG J J,TAO C Y,et al. Pulse current as electric source for electrochemical treatment of simulated low concentration ammonia nitrogen wastewater [J]. Environmental Chemistry,2017,36(12):2658-2667.

[25] MU'AZU N D,AL-YAHYA M,AL-HAJ-ALI A M,et al. Specific energy consumption reduction during pulsed electrochemical oxidation of phenol using graphite electrodes [J]. Journal of Environmental Chemical Engineering,2016,4(2):2477-2486.

[26] IBRAHIMDS, VEERABAHUC, PALANIR, et al. Flow dynamics and mass transfer studies in a tubular electrochemical reactor with a mesh electrode [J]. Computers & fluids,2013,73:97-103.

[27] 郭晓涛. 螺旋流管式反应器电解印染废水的参数优化和流场特性研究[D]. 哈尔滨:哈尔滨工业大学,2017:36-48.

[28] 朱维. 脉冲三维电极反应器的开发与柠檬酸废水处理应用研究[D]. 北京:清华大学, 2014:26-33.

[29] 王志伟. 板框式电化学反应器流场结构设计及数值模拟[D]. 郑州:郑州大学,2019: 10-24.

[30] 马锐军. 多级旋转电极电化学反应器流动特性及应用研究[D]. 北京:北京化工大学, 2016:43-58.

[31] 张义龙. 电催化氧化体系效能预测模型构建及反应器构型优化设计[D]. 哈尔滨:哈尔滨工业大学,2013:54-62.

[32] 苏文利,杨军,程志杨,等. 改进型三维电极电化学反应器处理含苯乙烯污水[J]. 环境工程,2019,37(8):107-110.

[33] ANGLADAA, URTIAGAA, ORTIZI. Pilots cale performance of the electro-oxidation of landfill leachate at boron-doped diamond anodes [J]. Environmental science & technology,2009,43(6):2035-2040.

[34] Wen-Shing Chen, Jing-Song Liang. Electrochemical destruction of dinitrotoluene isomers and 2,4,6-trinitrotoluene in spent acid from toluene nitration process[J]. Journal of Hazardous Materials,2009,161:1017-1023.

[35] Jakub S, Jirkovsky,Itai Panas,et al. Single Atom Hot-Spots at Au-Pd Nanoalloys for Electrocatalytic H_2O_2 Production[J]. Am. Chem. Soc,2011,133:19432-19441.

[36] Songhu Yuana B,Na Goub, Akram N,et al. Efficient degradation of contaminants of

emerging concerns by a new electro-Fenton process with Ti/MMO cathode[J]. Chemosphere,2013,93: 2796-2804.

[37] Ayse Kuleyin,Aysem Gok,Feryal Akbal. Treatment of textile industry wastewater by electro-Fenton process using graphite electrodes in batch and continuous mode[J]. Journal of Environmental Chemical Engineering,2021,9: 104782.

[38] Xu X,Chen J,Zhang G,et al. Homogeneous electro-Fenton oxidative degradation of reactive brilliant blue using a graphene doped gas-diffusion cathode[J]. Int J Electrochem Sci,2014,9: 569-579.

[39] H Haihong,Jiang B,Yuan J,et al. Cost-effective electrogeneration of H_2O_2 utilizing HNO_3 modified graphite/polytetrafluoroethylene cathode with exterior hydrophobic film[J]. Journal of Colloid and Interface Science,2019,533: 471-480.

[40] Song Chen,Lin Tang,Haopeng Fenga,et al. Carbon felt cathodes for electro-Fenton process to remove tetracyclinevia synergistic adsorption and degradation. Science of the Total Environment,2019,670: 921-931.

[41] LETXH,CHARMETTE C,BECHELAMY M,et al. Facile preparation of porous carbon cathode to eliminate paracetamol in aqueous medium using electro-fenton system [J]. Electrochimica Acta,2016,188: 378-384.

[42] Yan Xiaa,Hao Shanga,Qinggang Zhangb,et al. Electrogeneration of hydrogen peroxide using phosphorus-doped carbon nanotubes gas diffusion electrodes and its application in electro-Fenton[J]. Journal of Electroanalytical Chemistry,2019,840: 400-408.

[43] Ashitha Gopinatha,Lakshmi Pisharodyb,Amishi Popatc,et al. Supported catalysts for heterogeneous electro-Fenton processes: Recent trends and future directions[J]. Current Opinion in Solid State and Materials Science,2022,26: 100981.

[44] Enric Brillas,Ignasi Sire's,Mehmet A. Oturan. Electro-Fenton Process and Related Electrochemical Technologies Based on Fenton's Reaction Chemistry[J]. Chem. Rev., 2009,109: 6570-6631.

[45] Brillas E,Mur E,Casado J. Iron(Ⅱ)catalysis of the mineralization of aniline using a carbon-PTFE O{sub 2}-fed cathode[J]. Journal of the Electrochem. Soc.,1996,143: 49.

[46] Fangke Yu,Yang Chen,Yuwei Pan,et al.. A cost-effective production of hydrogen peroxide via improved mass transfer of oxygen for electro-Fenton process using the vertical flow reactor[J]. Separation and Purification Technology,2020,241: 116695.

[47] Anlin Xu,Weiqing Han,Jiansheng Li,et al. Electrogeneration of hydrogen peroxide using $Ti/IrO_2-Ta_2O_5$ anode in dual tubular membranes Electro-Fenton reactor for the degradation of tricyclazole without aeration[J]. Chemical Engineering Journal,2016, 295: 152-159.

[48] Badellino C,Rodrigues C A,Bertazzoli R. Oxidation of herbicides by in situ synthesized hydrogen peroxide and Fenton's reagent in an electrochemical flow reactor: study of the degradation of 2,4-dichlorophenoxyacetic acid[J]. Journal of applied electrochemistry, 2007,37(4): 451-459.

第5章 光化学高级氧化技术

5.1 概 述

基于光化学的高级氧化技术主要分为两大类,一是光激发氧化法:在紫外光或可见光的照射下,水中的光活性物种分解产生具有强氧化能力的羟基自由基(·OH)和硫酸根自由基(SO_4^-·)等参与有机污染物的降解,如UV/O_3、光-芬顿、UV/H_2O_2、UV/PS/PMS体系等;二是光催化氧化法:在紫外光或可见光的照射下,借助光催化剂产生电子-空穴载流子,生成·OH等活性物种作用于水中污染物的去除。

5.1.1 光激发氧化法

1. UV/O_3工艺

O_3一直被认为是绿色、安全和有效的氧化剂。O_3的氧化过程一般分为直接氧化和间接氧化两个部分。直接氧化的电极电势为2.07 eV,表现为对含有不饱和键的有机物具有强烈的选择氧化能力;更重要的是,O_3在水中溶解衰减产生少量的·OH不具有选择性,几乎对全部的还原性污染物具有氧化降解能力。UV/O_3组合工艺在UV光的照射下强化了O_3反应体系的氧化能力。该工艺的反应机理主要包括:UV光对污染物的直接光解、在UV光的作用下增强O_3与污染物的反应和在UV光的作用下加速O_3分解,产生更多的·OH。其中,·OH产生的机理包括:在UV光照射的条件下促使O_3分子转化为H_2O_2(式(5.1)),H_2O_2再与O_3反应生成·OH(式(5.2));H_2O_2在紫外光照射的条件下产生·OH(式(5.3))。

UV/O_3工艺中·OH的生成过程如下:

$$O_3 + H_2O \xrightarrow{hv} O_2 + H_2O_2 \tag{5.1}$$

$$O_3 + H_2O_2 \rightarrow HO_2^- + \cdot OH + O_2 \tag{5.2}$$

$$H_2O_2 + hv \rightarrow 2 \cdot OH \tag{5.3}$$

UV/O_3工艺始于20世纪70年代,当时主要用来处理一些含有有毒有害且不易生物降解的有机污染物废水,80年代以后,该工艺逐渐被应用于饮用水的深度处理。Prengle等[1]首次发现了UV/O_3工艺能够大大提高有机污染物的降解速率,显著降低溶液的COD,且组合工艺处理有机污染物的降解效能要优于单独使用UV或O_3时的处理效能。UV/O_3工艺对三卤甲烷、四氯化碳、多氯联苯、六氯苯等与臭氧反应活性最低的有机污染物具有较好的去除效果。UV/O_3工艺已被美国环保局确定为处理多氯联苯的最有效技术。

此外,UV/O_3工艺进行污染物水处理的反应过程受多种因素的影响,包括:UV光照射的强度及时长、O_3浓度、溶液初始pH值和溶液初始浓度等。

光强度越大,单位时间内产生的光子数目越多。当光照射的强度一定时,光照时间越长,产生的光子数目越多。因此,在UV/O_3工艺进行水处理去除污染物时受到UV光照射的强度和时长的影响。在刘雪莲等[2]的研究中发现,随着UV光照强度的提升,废水的COD去除率逐渐增高。这是因为当 UV 光照强度增大时,UV 光辐射直接氧化降解的有机污染物更多,同时产生的·OH 也增多。

当 UV 光源功率一定时,调节不同 O_3 浓度对废水处理有明显影响。一般情况下,随着 O_3 浓度的逐渐增高,废水的 COD 去除率大体呈现逐渐增高的趋势,但是随着 O_3 浓度的继续增高,COD 去除率反而下降。这是因为当 O_3 浓度较低时,O_3 先光解产生 H_2O_2,随后 H_2O_2 在紫外光照射下进一步生成·OH;当 O_3 浓度过高时,O_3 光解产生的 H_2O_2 与 O_3 反应生成·OH,此时·OH 生成量与 O_3 消耗量的比例降低。

通常情况下,当反应液从酸性 pH 值逐渐增大时,UV/O_3 工艺进行污染物水处理的效率一般先升高后降低。这归因于,当废水的 pH 值逐渐增大至碱性时,氢氧根浓度提升与 O_3 反应生成更多的·OH,加速污染物的降解,如式(5.4)~式(5.7)所示。但是当 pH 值继续增大时,·OH 可能发生相互猝灭,导致·OH 有效浓度下降,水处理效率变差。有研究表明,当 pH 值很高,引发臭氧分解形成·OH 的速度很快时,·OH 之间的反应成为链反应的结束步骤,水中·OH 有效浓度的增高只与引发速度的平方根成正比。此外,溶液初始浓度和水处理效率成反比,随着浓度的增高反应速率常数减小。

$$O_3 + OH^- \rightarrow ·O_2^- + HO_2· \quad (5.4)$$

$$·O_2^- + O_3 \rightarrow O_3^-· + O_2 \quad (5.5)$$

$$O_3^-· + H^+ \rightarrow HO_3· \quad (5.6)$$

$$HO_3· \rightarrow O_2 + ·OH \quad (5.7)$$

UV/O_3 工艺在水处理过程中包含了 UV/H_2O_2 工艺和 O_3/H_2O_2 工艺所涉及的反应。同时该工艺运行条件温和,特定波长的 UV 光为光化学的启动和持续运行提供了能量,有机物氧化选择性可控且不需要额外添加催化剂。在工业废水处理过程中将 UV/O_3 工艺用于预处理时,可将大分子难降解有机物和有毒物质降解成容易被生化降解的小分子、毒性较小的有机物,增强废水的可生化性,利于后续的生物降解工艺。

尽管 UV/O_3 工艺作为绿色高效的水处理工艺,但是还有诸多问题需要解决。首先,在此工艺处理过程中对水质 pH 的要求一般为弱酸性和中性,对部分废水需进行 pH 值调节;其次,还需大量的研究来形成体系的 O_3 定量投放标准,以优化操作参数,从而实现 UV/O_3 工艺实际应用的最大经济性和有效性。

2. UV/H_2O_2

一般认为,UV/H_2O_2 工艺的反应机理主要是:a. UV 通过有效光子直接激发有机物分子解离进行光降解;b. H_2O_2 直接氧化降解;c. H_2O_2 在 UV 照射下生成·OH 与有机污染物发生氧化还原反应,从而对水中有机污染物进行去除。其中,c 在 UV/H_2O_2 工艺过程中起主要作用。同时,UV/H_2O_2 工艺进行污染物水处理的反应过程受多种因素的影响,包括 UV 灯参数、反应介质条件、光催化反应器以及无机阴离子等。

根据光化学反应进行的程度与被吸收的光能的数量成正比,亦即与被吸收光的强度成正比。因此,一般情况下提高 UV 光照射强度有利于光化学反应的进行。这主要归因于光强度的提高增加了单位溶液的能量密度,有利于产生更多有效光子,进而激发 H_2O_2 产生更多的·OH,但是当 UV 强度达到一定值后,继续提高光强度则使整体的经济性降低,因此光源的强度应保持一个最佳值。除了 UV 光照射强度影响以外,UV 光波长的影响也值得考虑。UV 光波长为 100~380 nm,根据波长及功能的不同可以分为 4 个波段(真空 UV 光 100~200 nm、短波 UV 光 200~280 nm、中波 UV 光 280~315 nm 和长波 UV 光 315~380 nm)。

波长较短的 UV 光具有更强的激发能,能够更加有效地激发分子键解离释放出自由基。因此,在杀菌消毒和污染物处理研究领域,短波 UV 光的应用较为广泛;真空 UV 光虽然具有更强的能量,但是穿透力很差,只能在真空中传播,因而无法广泛应用;中波 UV 光和长波 UV 光具有穿透力强以及功率大等优势,在半导体光催化领域也获得了广泛的应用。

H_2O_2 作为·OH 的释放剂,在 UV/H_2O_2 工艺中起到了关键作用。研究发现当 H_2O_2 浓度较低时,增高 H_2O_2 的浓度有利于污染物的降解,但是当 H_2O_2 浓度达到一定值时,继续增高 H_2O_2 浓度则降低了污染物的反应速率。这是因为当 H_2O_2 浓度较低时,溶液中主要发生·OH 生成反应,随着 H_2O_2 浓度的提高在一定范围内有利于·OH 的生成,进而提高污染物的降解率和矿化率。而当 H_2O_2 浓度继续增高并超过极大值后,溶液中开始发生如下副反应:

$$H_2O_2 + \cdot OH \rightarrow HO_2 \cdot + H_2O \tag{5.8}$$

$$\cdot OH + HO_2 \cdot \rightarrow H_2O + O_2 \tag{5.9}$$

因此,H_2O_2 在作为·OH 释放剂的同时也是自由基侵蚀剂,产生的·HO_2 氧化能力远远小于·OH,抑制了反应过程。

除此之外,反应体系初始 pH、溶液温度、污染物的初始浓度以及无机阴离子等因素也会影响 UV/H_2O_2 工艺的污水处理速率和效率。目前,UV/H_2O_2 工艺处理高浓度污染物效率低下的原因之一是 UV 灯强度较小,溶液色度增加时 UV 光穿透力下降,导致反应无法充分进行。因此,开发大功率、高输出强度的 UV 灯,以及设计符合光学原理的光化学反应器是该技术走向工业化的关键因素之一。

3. UV/氯

1992 年,Nowell 和 Hoigne 首次在室外的水库和泳池中发现自由氯(HOCl 和 OCl^-)在太阳光下光解,同时证实了自由氯光解和·OH 形成的显著效率。之后,UV/氯工艺的潜力被很多自由氯光降解的研究所证明。

与其他 UV 体系在水处理中的反应机理类似,UV/氯工艺去除污染物主要包括三种降解途径:a. UV 光直接照射光降解有机污染物;b. 在 HOCl/OCl^- 的氧化作用下对有机污染物进行降解;c. UV 光照射下自由氯产生自由基对有机污染物进行降解。针对不同类型的有机污染物时,三种降解途径的贡献各不相同。在此工艺中有机污染物的直接光降解与 UV 光的能量(ε)和量子产率(Φ)这两个光化学参数紧密相关。ε 的大小与有机污染物的最高占有分子轨道和最低未占有分子轨道之间的能隙有关。在不同的 UV 光源下,ε 的大小也不同,同时溶剂的 pH 值和类型也会影响 ε 的大小。Φ 与 UV 光的波长、溶液 pH 值、反应体系温度、污染物浓度、溶剂类型和溶解氧的浓度有关。

与 UV/H_2O_2 工艺相比,UV/氯工艺通过 UV 光激发自由氯产生·OH 和·Cl,·Cl 的氧化还原电位为 2.47 V,具有和·OH 相当的氧化能力,在富电子结构的化合物降解过程中比·OH 具有更高的活性。此外,·OH 和·Cl 还能进一步和自由氯、氯离子和水分子生成活性氯物质(·OCl、Cl_2^- 和 $ClOH^-$ 等),可以有效降解水中农药、内分泌干扰素、药物及个人护肤品等持久性有机污染物。·Cl_2^- 也具有较强的氧化性,与 Cl·类似,可选择性地氧化有机物,并且自由氯相比有机物对 UV 光具有更大的摩尔吸收系数和更高的量子产率,对 UV 光的利用效率更高。活性氯降解有机物的方式主要包括氧化还原反应、加成反应和亲电取代反应,在整个 UV/氯工艺中所占的比重受到 UV 剂量的影响。在实际情况中,UV 光强较大,水力停留时间较短,氯的氧化作用在 UV/氯反应过程中可以忽略。

UV/氯工艺在饮用水消毒的工艺改造方面具有天然优势,与商用最广的 UV/H_2O_2 工艺相比,不需要引入额外的药剂,未被利用的余氯不需要猝灭且具有持续消毒能力。此外,自由氯具有更高的溶解度,传质问题较小,无需额外添加氧化剂。但是 UV/氯工艺的基础研究尚不完善,毒性变化缺乏评估,还需进一步的研究扩展和深入,以备在未来的饮用水深度处理中发挥实际作用。

4. UV/过硫酸盐

过硫酸盐包括过二硫酸盐(PDS)或过一硫酸盐(PMS),对有机物单独作用时,氧化剂本身的氧化作用并不明显。在 UV/过硫酸盐工艺中,通过外部能量(紫外线)有效活化过硫酸盐产生具有高反应活性的 $SO_4^-\cdot$ 来降解有机污染物。UV 光活化过硫酸盐是利用 UV 光照射的能量使过硫酸盐的 O—O 键断裂的活化方式,有以下两种反应途径:① UV 光直接活化过硫酸盐,如式(5.10)所示;② UV 光使水分子发生解离反应产生电子,通过电子传导激活过硫酸盐产生 $SO_4^-\cdot$,如式(5.11)所示。

$$S_2O_8^{2-} \xrightarrow{h\nu} 2SO_4^-\cdot \tag{5.10}$$

$$S_2O_8^{2-} + H_2O \xrightarrow{h\nu} SO_4^-\cdot + SO_4^{2-} + H^+ \tag{5.11}$$

相较于 $\cdot OH$,$SO_4^-\cdot$ 具有更长的半衰期,这使得 $SO_4^-\cdot$ 与目标污染物之间具有良好的传质和接触。同时,$SO_4^-\cdot$ 在水溶液中更加稳定,在降解水溶液中的有机化合物方面表现出更好的选择性。此外,相比基于 $\cdot OH$ 的工艺,基于 $SO_4^-\cdot$ 的 UV/过硫酸盐工艺具有更高的氧化电势、更好的选择性和去除效果,对含有不饱和键和芳环的污染物具有一定的氧化能力。在 UV/过硫酸盐工艺中,UV 光的有效波长和照射强度是 UV 光活化过硫酸盐体系的重要参数,当 UV 光波长大于 270 nm 时,生成的 $SO_4^-\cdot$ 较少,活化效率低;254 nm 的 UV 光活化过硫酸盐对有机污染物的氧化降解效率更高,同时对有机污染物的降解效率会随着 UV 光照射强度的增强而提高。

5.1.2 光催化氧化法

1972 年,Fujishima 和 Honda 发现在紫外光照射下,TiO_2 电极可以将水分解为氢气和氧气,即"本多-藤岛效应",从此开启了多相光催化的进程[3]。在之后的几十年里,研究人员发现在光照条件下,TiO_2 可有效降解多氯联苯、烷烃、烯烃和芳香烃的氯化物等一系列污染物,扩大了光催化氧化法在环境污水处理领域的应用。

光催化氧化法可以利用光能激发半导体光催化剂,通过电子-空穴载流子的分离和转移加速污染物的氧化。在此过程中,光催化剂的设计至关重要,它将光能转化为化学能,从而实现水中污染物的处理。整个光催化氧化过程包括半导体光催化剂的光吸收过程,受到光激发产生的光生电子-空穴对分离、迁移和重组过程,目标污染物在半导体光催化剂表面的吸附和脱附以及发生在催化剂表面的氧化还原反应[4]。当入射光能量大于半导体光催化剂的带隙(E_g)时,在价带上电子(e^-)被激发至导带,在价带中留下空穴(h^+),这些载流子在足够的时间内被分离和转移至光催化剂的表面并参与氧化还原反应。换句话说,带隙为 E_g 的半导体只能利用波长小于 1 246/E_g 的入射光。同时,半导体的 CB 和 VB 能级必须分别高于特定还原和氧化反应的相应电位。因此,给定半导体的 E_g 能量和 CB/VB 能级的这些热力学参数必须同时考虑,这基本上决定了入射光的利用效率和实现特定光催化反应的可能性。在光催化剂表面 e^- 和吸附氧反应产生超氧自由基($\cdot O_2^-$),h^+ 和 H_2O/OH^- 反应产生羟基自由基

(·OH),从而参与光催化过程实现有机物的矿化。其中在光催化过程中电子和空穴可通过产生自由基从而促进光催化反应的进行,近年来研究者们通过多种策略去抑制电子-空穴对的重组,从而加快光催化反应的进行。

与合适的热力学性质(包括带隙和CD/VB能级)相比,许多其他动力学因素,如光捕获效率、电荷分离/传输效率、反应物的吸附/扩散动力学和表面反应动力学,似乎对于实现显著提高的整体光催化效率更为重要。迄今为止,已经提出了半导体光催化的基本动力学条件,如图5-1所示。通常,半导体光催化涉及七个关键阶段:光捕获,电荷激发,电荷分离和转移,表面还原反应,表面氧化反应,体电荷重组,表面电荷重组。这些过程通常可分为三个主要过程:入射光子的吸收(阶段1和2)、电荷分离/转移(阶段3、6和7)和表面电荷利用(阶段4和5)。通常,总光催化效率很大程度上取决于连续过程中每个步骤的累积效率,可以用公式(5.12)来描述。

$$\eta_c = \eta_{abs} \times \eta_{cs} \times \eta_{cmt} \times \eta_{cu} \quad (5.12)$$

其中:η_c是太阳能转换效率,η_{abs}是光吸收效率,η_{cs}是电荷分离效率,η_{cmt}是电荷迁移和传输效率,η_{cu}是光催化反应的表面电荷利用效率[5]。因此,由于其复杂的多步骤过程,半导体光催化的动力学效率远大于热力学。

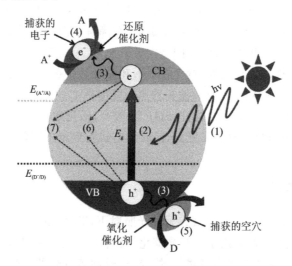

(1)—光捕获;(2)—电荷激发;(3)—电荷分离和转移;(4)—表面还原反应;
(5)—表面氧化反应;(6)—体电荷重组;(7)—表面电荷重组

图5-1 半导体光催化典型阶段示意图

基于半导体光催化机理的分析,研究人员发现,半导体光催化技术的关键是光催化剂的性能。目前,TiO_2和ZnO等光催化剂由于其光催化活性高,成本低和无毒性等优点,引起了研究者们的广泛关注。但是,它们仅在紫外光照射下才能展现出良好的光催化活性,而且其光生电子-空穴对重组率高,导致了光催化降解效率大幅度降低,大大限制了它们的实际应用。因此,开发新型高效的可见光驱动光催化剂有着重要的意义。到目前为止,研究者们开发出了超过150种用于环境治理等方面的半导体光催化剂,包括金属氧化物、硫化物、碳化物、卤化物、硫族化物、卤氧化物和氢氧化物。

5.2 光催化剂

光催化效率问题中至关重要的在于了解并改性光催化材料,如何在光催化高级氧化的应用中设计出性能更好的光催化剂是目前一个重要的研究课题。

在水介质中,·OH 和 h^+ 可有效氧化持久性有机与无机污染物。由于·OH 对有机物降解的非选择性特征,芳香族化合物和脂肪族化合物均可快速氧化和分解,反应速率在 $10^6 \sim 10^9 \text{ M}^{-1}\text{s}^{-1}$ 范围内。·OH 与各种有机物的主要反应包括三种类型:羟基取代反应、脱氢反应和电子转移反应。·OH 是一种高活性物质,因此不会在反应介质中累积。水溶性有机污染物的降解主要取决于光化学氧化过程中产生的·OH 的数量。除·OH 以外,AOP 还产生其他活性物质,如超氧自由基($O_2^- \cdot /HO_2 \cdot$)、过氧化氢(H_2O_2)、硫酸根自由基和氢自由基。

在基于 TiO_2 催化剂的光催化过程中,半导体材料被紫外光($\lambda < 400$ nm)照射、激发。它通常作为悬浮的胶体颗粒或固定在不同的基质上被研究。氧化和还原机制的结合是光催化特有的,而其他 AOPs 仅基于·OH 反应。但由于电子-空穴对的快速复合,用于氧化和还原污染物的 TiO_2 光催化剂的量子产率通常非常低($\Phi = 0.04$)。添加电子供体(如柠檬酸)可能导致电子空穴的"填充",并提高 CB 中负电子的还原速率。

TiO_2 光催化剂用于痕量有机物的去除,其优点包括催化剂的制备成本低、无毒、光化学性能稳定以及各种晶型和颗粒特性易于商业利用。非均相光催化技术大规模应用的限制主要基于两个因素:一是水处理后非均相催化剂从悬浮液中难以分离;二是底物上固定催化剂表面的质量传递过程受限。

5.2.1 光催化剂的制备及改性

在光化学氧化技术中,其效率的关键在于光催化剂的设计。尽管大多数半导体光催化剂在温和条件下反应良好,但未改性的半导体材料也存在固有的缺陷,如光能利用率低和反应速度迟缓。半导体材料的总催化效率取决于光吸收能力、光激发电子-空穴对的分离和转移以及表面的氧化还原反应。因此,深入了解光催化过程:电荷载流子的形成、分离、弛豫、捕获、转移、复合和运输对于光催化材料的新开发和表征至关重要。以 TiO_2 为例,在紫外光照射下具有高效的光催化性能,但紫外光只占太阳光的 5% 左右,严重限制了其实际应用。因此,对 TiO_2 进行改性,以获得更宽的光催化响应范围。

在光催化水处理的相关研究中,对光催化材料进行了大量的改性实验,以提高光生载流子的转移效率和活性氧的生成。通过缺陷化学、形貌调整、构建异质结、贵金属沉积等对光催化剂进行了改性,以提高其废水处理性能。

1. 缺陷化学

"缺陷"是指晶格中的一个缺口或洞,人们通常期望在天然或人造晶体材料的"缺陷"中找到原子或离子。根据能带理论,晶体非金属固体的集体电子能量可分为价带(VB)、禁带(FB)和导带(CB)。当温度为 0 K 时,集体晶格 CB 全部为空,VB 容纳所有电子。当接受光辐射或经历其他能量转移过程时,半导体材料 VB 中的电子获得能量并可以向上移动到 CB 中。此时,在价带中产生空位-光生空穴载流子(h^+),活性电子-光生电子载流子(e^-)则存在于导带中。这不会破坏原子的周期性排列,但由于空穴和电子分别带正电荷和负电荷,在它们周围会形成额外的电场。因此,周期性势场会发生畸变,从而激发产生 CB 电子或 h^+ 在材料的晶体层中移动或跳跃。如果晶格中的任何地方都有间隙,并且附近有传导电子,则间隙(缺陷)和电子构成电子-空穴对,通常称为电子缺陷。晶格中的空穴和某些原子或离子导带中的电子是半导体导电的主要原因。痕量杂质(天然杂质或掺杂剂)和晶体中的其他缺陷会改变晶体的能带结构,影响晶体中电子和空穴的浓度和运动,这对晶体材料的整体导电性有重要影响。

含有电子缺陷的材料的成分通常偏离简单的化学计量。因此,电子缺陷也称为"非化学计量缺陷",是产生 N 型(电子传导)和 P 型(空穴传导)半导体的重要基础。TiO_2 在还原性气氛中形成 TiO_{2-x}($x=0$ 或 1)。由于阳离子迁移率远低于电子迁移率,TiO_2 主要通过电子导电,因此是 N 型半导体。

不同的缺陷可能带来劣势,但也可用于改进光催化剂。目前,大量研究广泛探索了表面缺陷,如空位、结构畸变、功能修饰和杂化异质结构,提供了清晰的结构-性能关系。缺陷可用于调节和促进光催化剂的光吸收、电荷分离和转移以及表面氧化还原反应。通过理论模拟,可以进一步优化和调整缺陷结构,以提高光活性半导体的光催化性能。

原子掺杂在光催化领域得到了广泛的研究。改变材料的表面化学和光学性质,调节材料的能带结构,创建更多的反应位点,能显著提高光催化性能。Garcia-Muñoz 等人[6]将 Ti 掺杂到 $LaFeO_3$ 钙钛矿的结构中,取代晶格中的 La。这种掺杂方法改变了复合材料的组成和对称性,产生了缺陷结构并减小了带隙。它还可以导致氧空位的出现,从而抑制光生电子-空穴对的复合,提高光催化 Fenton 过程降解有机物的效率。从形态上看,Ti 的加入导致了结构的团聚并增加了中孔性。与未改性的 $LaFeO_3$ 相比,800 ℃ 煅烧的 Ti 掺杂 $LaFeO_3$ 的活性最佳。

确定这些缺陷的能级和化学性质是控制和利用缺陷的第一步。而如何利用它们的特点,则需要在理论基础上进行更具创新性的科学思考。Wu 等人[7]研究了 $g-C_3N_4$ 的结构缺陷,这些缺陷随着煅烧温度的升高而逐渐产生。结合表面光电压(SPV)光谱、光致发光光谱、紫外可见光谱、红外光谱和光催化测量,对热缺陷进行了深入的研究和分析。这些缺陷被确定为 $g-C_3N_4$ 晶格中的氨基/亚氨基键。随着煅烧温度的升高,热缺陷的数量增加,导致光致发光产物减少;光生载流子的数量减少和材料的准费米能级降低,导致光电压单调损失。亚带隙光电电压特征已经被检测到,是由于在异常带隙中的缺陷能级造成的。Wang 等人[8]开创了一种利用 $g-C_3N_4$ 中这种热缺陷设计新型高效 Z 型异质结的方法。这种亚带隙提供了电荷载流子复合的途径,使 II 型异质结转变为 Z 型异质结,具有更好的光催化降解性能。材料的 XPS 光谱反映了催化剂表面反应物结合能的偏差,这是由电子转移和电子屏蔽效应的变化引起的。$g-C_3N_4$ 和 $\alpha-Fe_2O_3$ 上的电子浓度分别增高和降低,表明形成了促进载流子分离的 Z 型异质结。本研究为光催化复合材料的制备提供了新的途径。

2. 贵金属沉积

贵金属(如金、银、铂)具有优异的电子催化和光学特性,几十年来受到了广泛关注。由于表面等离子体共振(SPR)取决于单个粒子的大小、形状和周围环境,所以贵金属纳米粒子可以有效地吸收可见光。半导体表面贵金属沉积在光催化反应中起着三个主要作用:电子陷阱效应、表面等离子体共振效应和共催化效应。在贵金属-半导体复合光催化剂中,由于贵金属的费米能级较低,在界面处将形成肖特基势垒(如图 5-2 所示),在相同费米能级产生电子流。贵金属表面的强活性电子可以直接与氧化剂反应,也可以与吸附在表面上的氧气结合形成 O_2^-·参与降解过程,从而提高电荷载流子的分离效率。SPR 意味着入射光的振荡电场导致贵金属颗粒的集体振荡(激发)。

参与 SPR 的光激发电子可能经历非辐射弛豫(电子多余的能量以热的形式耗散,电子回

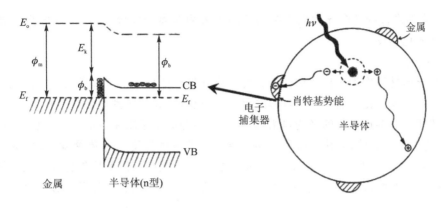

图 5-2 肖特基势垒基本原理示意图

到基态),但仍能在半导体 CB 内保留能量。这类电子可用于促进电荷转移过程,因为它们的能量仍然可以保持高于肖特基势垒能量。

Xu 等人[9]将 Ag-AgI 引入 Bi_3O_4Cl 表面,Ag-AgI/Bi_3O_4Cl 复合材料的合成工艺如下:0.3 g AgI/Bi_3O_4Cl 分散在 20 mL 去离子水溶液。然后,采用光还原技术在 AgI 表面制备 Ag 纳米粒子。在光还原过程中,悬浮液由太阳模拟器(PLS-SXE300,北京完美照明科技有限公司)照明 30 h,用乙醇和去离子水洗涤离心后,收集所有样品,最终产物在 50 ℃下干燥 12 h。Ag 纳米粒子的表面等离子体效应扩大了光吸收和响应范围,显著提高了甲基橙(MO)的降解速率。该研究还提出了钼降解过程中的三种电子转移路径:$AgI_{CB} \rightarrow Bi_3O_4Cl_{CB}$,$AgI_{CB} \rightarrow$ 银和甲基橙$\rightarrow$Ag。Truppi 等人[10]利用 TiO_2 纳米颗粒和等离子 Au 纳米棒合成了一种纳米复合材料,用于光催化降解萘啶酸。TiO_2/AuNRs(纳米棒)的合成采用一般共沉淀技术进行,如图 5-3 所示。AuNRs 样品(长宽比 3.5±0.5)通过基于两步程序的"种子"介导合成路线合成。第一步,通过混合 CTAB(1 mmol)和 $HAuCl_4 \cdot 3H_2O$(2.5×10^{-3} mmol)在室温下制备"种子"溶液,随后,在剧烈搅拌下添加 0.6 mL 冰 $NaBH_4$ 水溶液(0.01 mol/L)。第二步,用 500 mL 去离子水分散 CTAB 基 AuNRs(5.6×10^{-10} mol/L)制备生长溶液。将所得溶液持续搅拌直至其无色,表明 Au(Ⅲ)还原为 Au(Ⅰ)。这时,将 0.8 mL"种子"溶液添加到生长溶液中,并搅拌所得混合物。随后通过在 7 000 r/min 下重复离心 20 min 从未配位 CTAB 中纯化 AuNRs 溶液,然后将获得的分散 AuNRs 溶液溶解在 $TiOSO_4$ 水溶液中。在剧烈搅拌下,通过滴加 NH_4HCO_3 水解该溶液,从而促进氢氧化钛物种的形成及其与 AuNRs 在粉红色浆料中的沉淀。这种糊状物通过在水中分散和离心反复洗涤。沉淀物在 110 ℃烘箱中干燥过夜,研磨,并分别在 250 ℃、450 ℃、650 ℃下煅烧 2 h。纳米复合材料的光活性是未改性 TiO_2 的

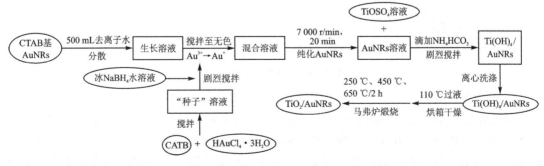

图 5-3 TiO_2/AuNRs 生产流程图

13倍,因为金纳米棒的各向异性纳米结构有利于表面等离子体效应,产生强的高度局部化电磁场并加强光化学反应。

3. 形貌调整

纳米半导体材料作为光催化剂的研究为提高光催化效率提供了多种灵活的途径。减小颗粒尺寸可获得更大的比表面积、更多的反应位点和更短的载流子到表面的迁移距离。然而,如果粒子的特征尺寸接近电子的平均自由程,将发生强烈的量子限制效应,更大概率导致光生电子-空穴对的重组。此外,电荷载流子迁移需要合适的浓度梯度或电势梯度,这与纳米材料的形态、结构和表面性质有关。近年来,在光催化材料的形貌控制以及形貌特征与光催化性能之间关系的研究方面取得了重大进展。纳米结构包括0D量子点、1D棒状、2D片状和3D球状结构。

Xiao等人[11]制造出的蜂窝状多孔$g-C_3N_4$具有较高的比表面积和较大的带隙,显著提高了光催化降解活性。它还引发了光催化和臭氧氧化之间的强烈协同作用,其中该材料在可见光照射和臭氧分子之间起到了桥梁作用。在可见光照射和臭氧存在下,对羟基苯甲酸(PHBA)可以完全矿化。采用一锅无模板法制备活性材料,以硫脲和NH_4Cl为原料,在空气气氛中热解制备了PGCN(多孔$g-C_3N_4$)。通常,将10 g硫脲和一定量的NH_4Cl(2 g、5 g、10 g或15 g)添加到100 mL烧杯中,加入10 mL超纯水。接着将烧杯置于水浴中,在65 ℃下搅拌几分钟。在自然条件下自然染色后,将白色固体转移到氧化铝坩埚中。然后将坩埚放入马弗炉中,以15 ℃/min的速率加热至550 ℃,并保持4 h。收集最终产物,用超纯水和乙醇洗涤,并在60 ℃的烘箱中干燥12 h。用2 g、5 g、10 g和15 g NH_4Cl制备的样品分别标记为PGCN-1、PGCN-2、PGCN-3和PGCN-4,如图5-4所示。通过硫脲和NH_4Cl的不同质量混合比,可以有效控制多孔结构。NH_4Cl作为起泡模板剂影响硫脲的聚合。随着前驱体中NH_4Cl含量的增加,逐渐形成疏松层和丰富的纳米孔。一般而言,较高的比表面积可增强反应物和产物的吸附和扩散。然而,孔隙率也可能引入更多表面缺陷,这些缺陷可以捕获电荷载体并阻止它们参与光催化反应。当质量比达到1.0时,生成的光催化剂"PGCN-3"表现出最有利的光催化性能。

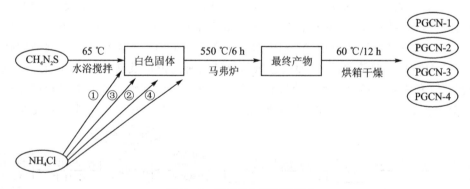

图5-4 PGCN生产流程图

4. 构建异质结

异质结复合材料的改性策略已广泛应用于光催化半导体材料中,以调整能带结构和促进光电子-空穴对的分离。异质结结构是指两种半导体材料通过表面组装或内部晶体界面交联的组合,因内置电场的存在促进电子和空穴产生更大的分离距离,从而提高光催化性能。由半导体照明产生的电子和空穴可以分别在半导体的CB或VB中侧向迁移,从而达到有效分离和移动光生载流子的目的。此外,异质结结构的构建对提高光催化剂的稳定性和扩大其吸收光谱也有重要作用。根据不同的带隙特性和电荷载流子转移模式,通常有三种类型的异质结:Ⅰ型、Ⅱ型和Ⅲ型异质结(如图5-5所示)。Ⅱ型异质结对于电子-空穴对的空间分离最为有效。一般来说,半导体的形貌和晶格结构及其能带结构和能带匹配是影响光催化剂性能的基本方面。为了获得更好的光催化活性,异质结的设计需要考虑内部异质结和界面中影响载流子传输的因素。

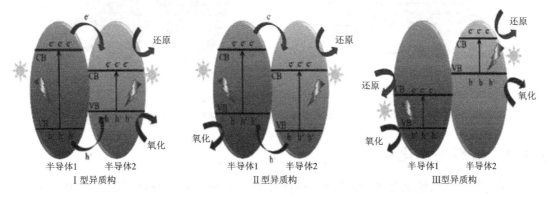

图5-5 典型半导体杂化纳米复合材料中的三种异质结示意图

Yang等人[12]报道了通过简单的浸渍煅烧技术合成ZnO-TiO$_2$纳米复合材料,并将其作为一种高效的光催化剂用于光催化臭氧氧化分解有机物。在该材料的典型合成方法中,将一定量的TiO$_2$添加到100 mL烧杯中,加入60 mL去离子水,然后搅拌0.5 h。接着将计算量的硝酸锌溶液(Zn/Ti摩尔比)添加到混合溶液中并搅拌2 h。随后,将所得混合物置于油浴中,在80 ℃下搅拌12 h,并将所得固体放入氧化铝坩埚中,然后将坩埚在马弗炉中在450 ℃下煅烧3 h。所得产品即为ZnO-TiO$_2$纳米复合材料。二氧化钛与氧化锌偶联形成异质结,加速了光生电荷载体的转移,提高了表面羟基自由基的生成,并显著提高了光催化活性。此外,在光催化剂表面富集羟基自由基还可以提高臭氧氧化过程中有机化合物的降解速率和矿化效率。

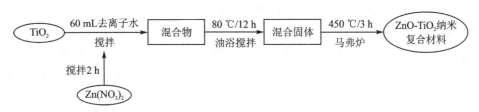

图5-6 ZnO-TiO$_2$纳米复合材料生产流程图

Z型是一种新型异质结,类似于Ⅱ型异质结,具有更强的氧化还原能力。与Ⅱ型异质结相比,Z型异质结具有明显的载流子迁移方向,较低CB中的e$^-$载流子和VB较高区域中的h$^+$载流子倾向于在界面处或界面附近重新组合和猝灭,而其余的e$^-$载流子和h$^+$载流子分别存在于较高的CB和较低的VB中,有助于更高效的氧化还原(如图5-7所示)。实现Z型的构造是一个值得深入研究的课题。Huang等人[13]报道了通过使界面带弯曲反向,调节界面费米能级,将传统的Ⅱ型复合材料直接转变为Z型结构。然而,电荷-载流子转移机制仍不明确。如何合理地设计和构建Z型异质结,还需要进一步研究。

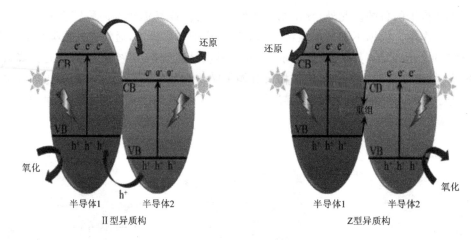

图 5-7 Ⅱ型和 Z 型异质结的电子迁移机制示意图

5.2.2 新型光催化材料

光催化剂和高级氧化反应的组合可有效降低废水处理的能源和材料消耗。二氧化钛是一种清洁且低成本的光催化剂,但其效率和合适的原料范围不足。由于铁的丰富性和低成本,在催化体系中使用铁作为无害低廉的 Fenton 试剂具有广阔的应用前景。然而,已知的光解和光催化技术在与紫外辐射(而不是太阳辐射)结合时效果最好,导致高能耗。TiO_2 具有更大的带隙,而 Fe 基催化剂可被阳光有效激活。

因此,以 Fe 基催化剂和氮化碳为代表的可见光活性材料已成为研究热点。然而,单一材料的低转化率仍然需要进一步优化。因此需要进一步的研究来寻找更合适的光催化剂材料,并对材料进行改进以进一步降低能耗,提高效率。

1. MOFs 材料

MOFs 是由有机连接体和金属氧簇组成的有机-无机杂化多孔材料。与传统光催化剂相比,MOFs 光催化剂的优点在于理想的拓扑结构、永久的纳米孔通道与高表面积,极大地促进了有机污染物的快速转移与降解。它们作为吸附剂、分离/过滤材料、离子导电材料和光催化剂材料的应用是目前研究的热点。此外,近年来,大量研究探索了利用 MOFs 作为平台整合不同功能分子成分以实现辐射吸收和驱动各种光催化反应的可能性。这些集成 MOFs 光催化系统具有多种金属氧化物簇和桥接有机连接器的可能组合,允许在分子水平上对这些光催化系统进行微调和合理设计。此外,金属氧化物薄膜的固有孔隙率促进了基质和产物通过开放骨架结构的扩散。在 H_2O_2 存在的情况下,H_2O_2 和 MOFs 表面上的金属组分之间会发生类 Fenton 反应,捕获 MOFs 光催化产生的光诱导电子,促进光生载流子的分离。在这种情况下,MOFs 在光催化芬顿反应中具有协同效应。此外,氧化剂和污染物可以在 MOFs 结构中快速分散,而开孔结构可以有效吸收污染物。由于在没有紫外光的情况下不反应,大多数 MOFs 在可见光范围内效率很低。在 MOFs 中添加胺(NH_2)基团进行可见光催化已有报道。铁基 MOFs(Fe-MOFs)因其更环保的优势一直备受关注。

2. COFs 材料

COFs 是周期性排列的具有高结晶度和高孔隙率的有机聚合物,由选定的有机嵌段通过亚胺键、环硼氧烷、硼酸酯、腙、吖嗪或酮烯胺等共价键连接而成。依靠构建模块的尺寸,可以构建二维(2D)或三维(3D)COFs,它们具有可利用的纳米级通道或孔隙,具有均匀的尺寸和可调性。多边形通道结构和孔壁提供了明确的纳米空间作为反应中心,使激发电子能够快速迁移。因此,近年来,COFs被认为是化学和材料领域的具有广泛前景与挑战性的光催化剂。使用COFs作为光催化剂有几个优点:a. COFs的拓扑结构、通道和能带结构可以通过引入各种分子结构单元进行调整。b. 其永久的纳米级的孔道结构具有很高的比表面积,从而产生更多的活性位点,使基材更容易接近COFs的光催化活性位点。c. 由于结构单元之间的共价键连接,COFs表现出很高的热稳定性和化学稳定性,从而延长了光催化剂的寿命。此外,光活性构建块可以稳定在刚性和稳定的结构中。d. 通常COFs作为光催化剂是由电子供体-受体(D-A)组成的。电子从供体到受体的转移提高了光生电子-空穴对的分离效率。e. π共轭体系的周期性有序柱状阵列有利于电子离域,从而使COFs具有优异的电子传输性能和突出的光电导率。

由叠加的芳烃片组成并在骨架结构中表现出激发电子迁移和载流子流动的光敏COFs材料,首先被用作需要产生和运输光生载流子的光电导材料。光敏COFs的半导体特性也使其在光催化水分解、有机合成或污染物降解等方面具有吸引力。K. Müllen 和 XC Wang 等人[14]在2010年报道了使用COFs作为光催化剂的第一项工作。他们展示了负载Pt的共轭聚(偶氮甲碱)框架,该框架由cc光催化从水中释放H_2。尽管这些材料的光催化性能相对较差,但它们为COFs的光催化应用提供了新的视野。从那时起,各种基于三嗪、卟啉、噻吩、腙或苊等的COFs作为光催化剂被开发用于水分解、染料降解、CO_2还原和有机反应。此外,由于光生载流子的高效分离,COFs与其他半导体的复合材料也引起了光催化领域的广泛研究兴趣。

通常,COFs是由有机结构单元通过可逆缩合反应的。COFs晶格内的连接键可以通过裂解和重组进行校正和重新排列,从而形成晶体结构而不是非晶态。自溶剂热法首次成功合成COFs以来,迄今为止,已采用溶剂热法、微波法、球磨法、声化学法和离子热法等多种方法合成COFs。COFs用于光催化氧化时,提高光催化活性的关键因素在于光生电荷的有效分离和转移。通常,光催化活性COFs由不同的功能分子嵌段(如氮杂环、硫杂环、卟啉、芳烃等)作为电子供体或受体,并通过共价键连接组成。由于共轭结构中的扩展离域,有序构建的D-A系统可使电荷从供体转移到受体。此外,COFs与其他不同能带能级的半导体之间形成异质结可以进一步提高光生载流子的分离效率。

3. 压电材料

近年来出现的一个新概念是利用光催化材料中铁电、热电或压电效应产生的内部电场来增强光生载流子的分离。在这些新系统中,压电材料在污染物光降解中的应用仍在研究中,最近在环境修复方面引起了相当大的关注。压电材料由于其非中心晶格对称性,通过偶极极化产生内置电场,从而表现出独特的催化性能。后者为光电离载流子的传输提供驱动力,并促进电子-空穴对的分离。You 等人[15]研究了一种压电光催化系统,该系统由非均相压电-ZnO@光电-TiO_2核壳纳米纤维组成,用于降解钼。尽管压电和光电核壳耦合催化系统已经成功开发,压电材料和光电材料在系统中的各自作用尚未阐明。了解压电和光电材料在耦合系统中的作用对于进一步提高双催化活性至关重要。

4. 层状双氢氧化物

层状双氢氧化物(LDHs)或类水滑石是一种二维阴离子黏土材料,可用通式$[M_{1-x}^{2+}M_x^{3+}(OH)_2(A^{n-})_{x/n}]^{x+}mH_2O$表示。近年来,LDHs作为光催化剂用于AOPs(光催化Fenton反应等),这是因为它们的组成、粒径、形貌、表面缺陷结构和电子性质可以通过不同的合成与剥离方法进行调节,以获得配位不饱和活性中心,从而促进多相催化负离子层间的静态相互作用使层间电子有序排列,使活性中心可以调整方向,从而提高结构稳定性。在基于 LDH 的多相光催化-Fenton 反应中,反应物接近水镁石相的边缘,水镁石可以提高后续的催化效率,有序层状结构为反应步骤提供了充足的空间。此外,表面上的羟基产生高度亲水的"水滑石"性质,这有助于在活性中心附近存在亲水污染物和 H_2O_2。这个条件是驱动所需氧化反应的必要条件。在光照下,LDH 可以被激发产生电子-空穴对。随后,H_2O_2 的分解产生·OH,可在更短的反应时间内实现更高的降解效率。目前,如何克服低电导率、低电子和电荷转移能力以及有效边缘位置不足的问题,特别是对于块状 LDH 粒子,仍然是一个挑战。

5.3 反应器

5.3.1 光化学氧化反应器

1. UV/O_3 反应器

在目前的研究中,常见的 UV 和 O_3 的工艺组合有三种,包括流动式先 O_3 氧化后 UV 辐照装置[16]、UV/O_3 同时反应装置[17]以及 UV/微 O_3 反应装置[18,19]。

(1) 流动式先 O_3 氧化后 UV 辐照装置

先 O_3 氧化后 UV 辐照的装置如图 5-8 所示。

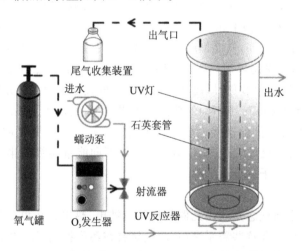

图 5-8 流动式先 O_3 氧化后 UV 辐照装置示意图

O_3 发生器产生 O_3 先经接触塔或射流器进入污染物水溶液氧化降解污染物,随后溶液再进入 UV 反应器,进一步 UV 辐照降解。UV 反应器的设计通常由流体动力学软件和光场辐射模型耦合进行优化设计,使得污染物和 O_3 接受较为均匀的 UV 辐射剂量,避免因出现短流等现象导致污水处理效率下降。如果溶液在流入 UV 反应器之前 O_3 未被完全消耗,剩余的 O_3 在 UV 辐照下产生氧化性自由基,对污染物进行二次降解,可有效去除单独 O_3 不易降解的污染物及降解过程中产生的中间产物,提升污染物的去除效率。

(2) UV/O_3 同时反应装置

如图 5-9 所示为 UV/O_3 同时反应装置,反应器通常为圆筒形,低压汞灯放置在石英套管内并安置于反应器中心,可发出波长为 254 nm 的 UV 光。O_3 发生器生成 O_3,通过反应器底部的曝气装置将富含 O_3 的气流持续鼓入水中。在不同反应时间间隔取样分析污染物的去除效果。此装置不仅结构紧凑,而且能够同时发生三种反应(UV 直接光解、O_3 分子氧化以及 •OH 间接氧化污染物),各反应之间具有产生协同效应的优势。但是也存在 O_3 不能预先选择性氧化污染物的不足之处,所以采用该反应装置需要考虑待处理水体的具体水质特征。如果水体中主要含有 O_3 难以氧化降解的污染物或希望控制 O_3 分子氧化生成的特定副产物(溴酸盐),可选择该装置。

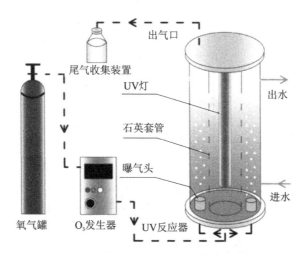

图 5-9 UV/O_3 同时反应装置示意图

(3) UV/微 O_3 反应装置

如图 5-10 所示,低压汞灯可同时发出真空 UV(VUV,185 nm)和 UV(254 nm)双波长辐射,其中 185 nm 辐射可光解空气中的 O_2 产生微量 O_3。因此,在 UV 灯管/石英套管结构的基础上,增加抽气系统,使经过干燥、净化的空气流经石英套管和灯管间的缝隙,经 185 nm VUV 激发产生 O_3 并通过曝气装置与水体均匀混合,可与 254 nm UV 光协同降解有

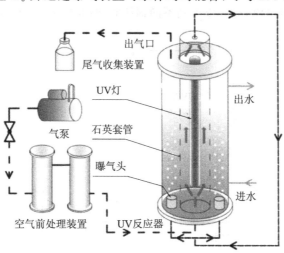

图 5-10 UV/微 O_3 反应装置示意图

机污染物。此设备简单,成本低,不需要 O_3 发生器,仅使用低压汞灯便可完成 UV/O_3 工艺。其缺点在于 O_3 产量少,效率低,对污染物的协同去除能力有限。

刘长安[20]采用 UV/O_3 两相反应器进行了去除饮用水中微污染物的中试研究,反应器如图 5-11 所示,中间配有紫外灯和石英套管紫外灯为上海亚明公司生产的长为 1.4 m 的 3 000 W 高压汞灯,其主波长为 365 nm,反应器外设有冷却夹套(控制反应在一定温度下进行)。O_3 发生器产生的 O_3 通过反应器底部的微孔钛板以鼓泡形式扩散入水中,自来水经恒流泵由反应器底部随 O_3 一起进入反应器中。通过调节流量(20~55 L/h)控制水在反应器中的停留时间。

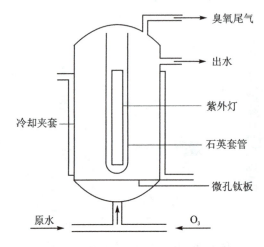

图 5-11 UV/O_3 两相反应装置示意图

2. UV/H_2O_2 反应器

如图 5-12 所示为一种过流式的 UV/H_2O_2 反应器[21]。溶液从下方进入,一次性流过反应器后从侧上方的出水口流出。反应器外壁为石英玻璃材质,用黑布包裹以免外界光线的影响和避免 UV 光泄漏。根据实验条件,在水箱中加入一定量的 H_2O_2 溶液,搅拌混合均匀。UV 灯试验前预热 15 min 以保证功率稳定,打开蠕动泵,使 ATZ 和 H_2O_2 混合溶液进入反应器。通过改变反应器进水流量,可以得到不同辐照时间(紫外剂量)下 ATZ 降解程度。

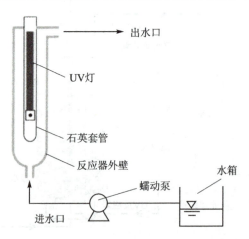

图 5-12 过流式 UV/H_2O_2 反应器示意图

3. UV/氯反应器

实验反应装置如图 5-13 所示,所有实验均在一个具有磁力搅拌的 500 mL 双层圆柱石英反应器中进行,在石英反应器的顶部覆盖了一个可以移动的玻璃盖。采用浸没低压汞灯(分别为 5 W、10 W、15 W)进行照射,实验室内温度为 22 ℃,低压汞灯光照波长为 254 nm。实验反应装置上配有流动的冷凝水,以便在实验过程中对反应装置进行冷却,UV 光照强度由 UVX 辐射计测定,其光照幅度范围为 $2\sim 6\ mW/cm^2$[22]。该实验探讨了低压 UV/氯共同消毒含聚二烯丙基二甲基氯化铵饮用水,对三氯硝基甲烷(TCNM)形成的影响。

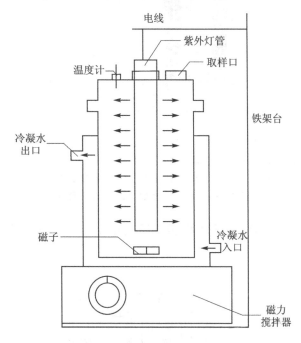

图 5-13　UV/氯消毒反应装置示意图

5.3.2　光催化氧化反应器

1. 光催化氧化固定床反应器

AN 等[23]设计了一种新型的悬浮式光催化反应器(如图 5-14 所示),通过微孔台板进行布气,并通过外加偏压促使光生电子和空穴分离,提高光催化效率。该反应器对 500 mL 0.25 mmol/L 喹啉溶液处理 120 min,降解率达到 93%。悬浮式光催化反应器一般为柱状,TiO_2 以粉体的形式填充在反应器中,通过鼓气或搅拌等方法使 TiO_2 粉体与污染物充分接触。其特点是 TiO_2 粉体比表面积大、传质效果好,但同时其降解率较低,当提高 TiO_2 粉体浓度时会降低光的穿透效率,并且 TiO_2 粉体难与溶液分离并回收。回收 TiO_2 粉体一般采取过滤、离心等方法,不仅操作复杂,而且成本较高。

Behnajady 等[24]将 TiO_2 涂覆于玻璃管表面,利用紫外灯从中间照射处理,并将 4 根石英管串联处理 30 mg/L 酸性红 27 溶液(如图 5-15 所示),结果发现随着流速的降低,溶液在该反应器内的停留时间延长,脱色率和 COD 去除率也随之提高。涂膜光催化反应器的催化剂主要以膜的形式存在,如将 TiO_2 涂抹在反应器的内外壁、灯管、不锈钢片、钛片、多孔泡沫镍和光纤材料等上面。TiO_2 在紫外光的照射下,将吸附在表面的污染物降解、矿化。这类反应

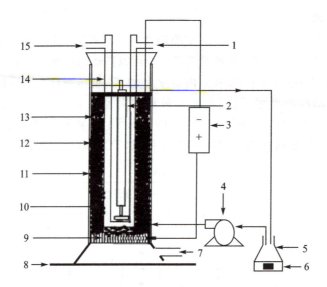

1—循环水入口;2—高压汞灯;3—恒电位仪;4—泵;5—储液器;6—磁力搅拌器;
7—压缩空气入口;8—反应器底座;9—微孔钛板阳极;10—包装材料;11—铝箔;
12—Pyrex 外筒;13—多孔钛圆环阴极;14—双井石英 U 型管;15—循环水出口

图 5-14　悬浮式光催化反应器示意图

器最大的特点是不需要对 TiO_2 进行分离,但是反应容易受到传质的限制。

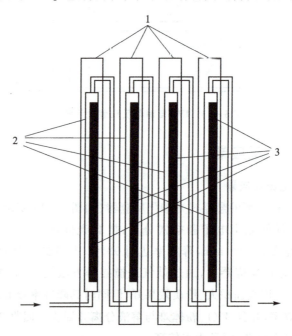

1—30 W 紫外灯;2—石英管;3—涂覆 TiO_2

图 5-15　Behnajady 等设计的普通涂膜光催化反应器示意图

2. 光催化氧化流化床反应器

尤宏等[25]将 TiO_2 涂覆于玻璃珠表面,并基于三相流化床的原理,建立了一种三相内循环流化床光催化反应器(如图 5-16 所示)。该反应器的整体结构为圆柱形,在径向上分为 3 个层次:中心部分为光源区;内层是气、固、液三相升流区;外层是降流区。该反应器底部安装环状曝气头,产生气泡,由于气泡上浮的作用,在升流区和降流区之间产生密度差,驱使流体夹带固体催化剂在两区之间循环流动。顶部放大段形成缓冲区,使气、固、液体分离,处理后的上清液流出反应器。

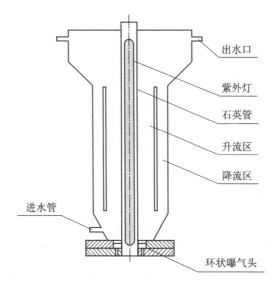

图 5-16　三相内循环流化床光催化反应器示意图

谭炜宇[26]研究通过构建原位光催化高级氧化陶瓷膜反应器,探究该技术应用于实际印染废水处理的可行性。实验装置如图 5-17 所示,由亚克力制成。陶瓷膜有效表面积为 0.042 3 m^2,平均孔径 0.1 μm,主要成分为氧化铝(硅元膜)。压力传感器适用范围 $-100 \sim 0$ kPa(米科)。4 个 18 W 紫外灯,共 72 W(KANADON)。光催化珠子由含有 6%海藻酸钠、12%二氧化钛、10%聚砜的 n-甲基-2-吡咯烷酮混合液制成。实验主要运行工况有三个阶段。预实验阶段:膜通量(Flux)为 $10 \sim 19$ L·m^{-2}·h^{-1},催化剂体积为 $1\% \sim 2\%$。低浓度阶段:Flux 为 10 L·m^{-2}·h^{-1},催化剂体积为 3%,$0 \sim 12$ h 紫外灯间歇(开:关为 1:1),$12 \sim 24$ h 紫外灯常亮。高浓度阶段:催化剂体积为 3%,紫外灯间歇(开:关为 1:3),$0 \sim 13$ h 的 Flux 为 10 L·m^{-2}·h^{-1},$13 \sim 22.5$ h 的 Flux 为 5 L·m^{-2}·h^{-1}。

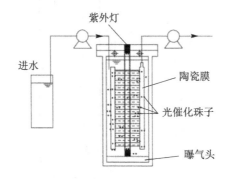

图 5-17　原位光催化高级氧化陶瓷膜反应器示意图

Pozzo 等[27]将 TiO_2 涂覆于石英砂表面,填充于窄通道流化床中(如图 5-18 所示),并测定了其光学性能,包括光谱吸收系数、散射系数和消光系数等。与悬浮式光催化反应器相比,填充床式光催化反应器中 TiO_2 与溶液的分离问题得到了很好的解决。但是,当溶液浓度升高时,溶液对光的吸收较强,对光的利用率较低,使反应成本偏高,限制了其实际应用。

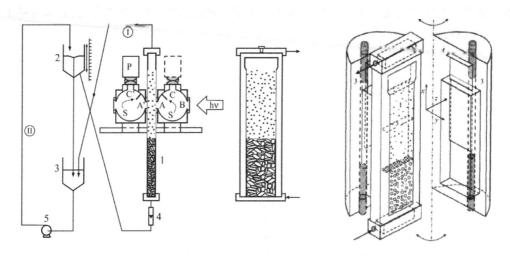

1—光化学反应器;2—水槽;3—水槽;4—流量计;5—蠕动泵

图 5-18　Pozzo 等设计的填充床式光催化反应器示意图

徐航[28]等设计的气升式环流光催化反应器用于去除水中活性红染料,实验表明去除率达到 88%。相比其他光催化氧化反应器,气升式环流反应器的催化效率要明显高于鼓泡式和搅拌式。气升式环流光催化反应器结构如图 5-19 所示。

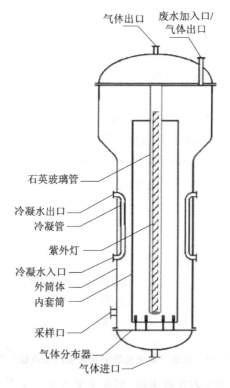

图 5-19　气升式环流光催化反应器示意图

刘永红[29]的 TiO_2/ACF 光催化反应器由"光源-冷却层-反应区"组成,如图 5-20 所示,材质为有机玻璃、高压汞灯(波长 385 nm,功率 300 W)作为光源置于反应器中心,中层为冷却层以防止高压汞灯温度过高影响实验正常进行,外层是由 TiO_2/ACF 构成的反应区,容积为 3.6 L。外层内壁用锡纸遮盖,以防止紫外光泄露,反应液的循环动力由潜水泵提供。将多种染料分别配制 100 倍色度的模拟废水,pH 值控制在 7.5 左右,模拟印染废水生化池出水色度为 11~13,通过光催化反应器连续循环处理。

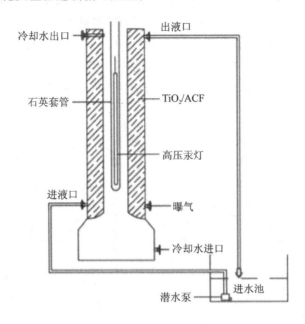

图 5-20 TiO_2/ACF 光催化反应器示意图

5.4 特征污染物降解机理

5.4.1 二甲硝唑

根据紫外/氯降解 DMZ 五种中间体的测定[30],提出了 DMZ 的降解途径,如图 5-21 所示。DMZ 降解后的五种可能的中间体,即 P1、P2、P4、P7 和 P9,在 UV/氯降解过程中被确定。DMZ 的降解途径主要包括二聚化、去甲基化、·OH 取代、氯化和开环。以前的报道表明硝基咪唑的硝基可以转化为氨基。同时,硝基转化为胺通常伴随着二聚产物的形成。在路线 A 中,两个 DMA 分子可以通过硝基和胺的转化形成可行的二聚产物(P1)。此外,P1 可以通过·OH 的氧化转化为偶氮二聚体(P2)。在 DMZ 工艺的直接电解过程中也检测到了相同的中间体(P1 和 P2)。由于多种自由基的氧化,P2 的咪唑环打开,并通过自由基的氯化和氧化进一步转化为 HNMs(DCNM 和 TCNM)等中间体。在路线 B 中,UV 照射或·OH 的氧化可能导致 DMZ 去甲基化形成 P3。接下来,P3 可以与·OH 反应,通过 N-脱硝反应形成 P4。在路线 C 中,DMZ 的硝基被羟基取代形成 P5,这被认为是水相中通过·OH 降解 DMZ 最可行的途径。羟基化的 P5 可以进一步受到·OH 的攻击,生成 P6。在活性自由基(·OH 和 RCS)的氧化作用下,P4 和 P6 可以进一步通过开环反应形成 P7 和 P8(羧酸)。MNZ 中与硝基相连的碳原子表现出最高的前沿电子密度（FED）。此外，咪唑环中的其他碳原子比硝基咪唑侧链中的碳原子具有更高 FED，表明这些碳原子更容易被亲电子物质（HOCl/OCl⁻）取代。在路线 D 中，考虑到 MNZ 和 DMZ 的化学结构相似，DMZ 可以通过亲电物质的置换反应转化为 P9，再通过 P9 的去甲基化反应生成 P10。这些形成的中间体，包括 P7 和 P10，可以通过活性物质的氯化和氧化转化为 HNM 和其他未鉴定的中间体。最终，这些中间体部分矿化为 H_2O 和 CO_2。这一推论可以通过紫外/氯过程中的 TOC 分析得到验证。在[DMZ] = 106.3 $\mu mol/L$、[氯] = 500 $\mu mol/L$、pH = 7.0 和 UV 剂量 = 2.09 mW/cm² 的条件下，经过 40 min 的 UV/氯处理后，去除了大约 23.5% 的 TOC。进一步将反应时间增加到 80 min，TOC 去除效率略有变化，这可归因于游离氯的耗尽。因此，随着初始游离氯用量的增加，TOC 去除效率可以进一步提高，中间体可以在合适的条件下在 UV/氯过程中实现完全矿化。

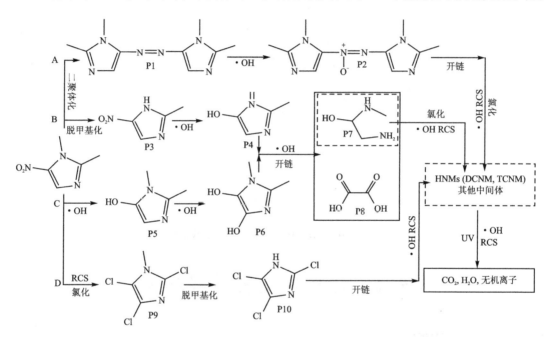

图 5-21　二甲硝唑降解示意图

5.4.2　马拉硫磷

在 UV/H_2O_2 降解过程中，涉及单独光解和·OH 氧化的双重作用，由图 5-22 可知，不同降解产物浓度随光照时间的变化趋势有所不同。产物 P2、P3、P4 和 P6 的浓度随着光通量的增加先快速升高后逐渐降低；而 P1 和 P5 的浓度随光通量的增加缓慢升高，后趋于平稳。先前有研究指出，·OH 主要攻击 OPPs 的 P—S 键，通过氧化脱硫反应生成含 P—O 键的产物 Oxon。在 UV/H_2O_2 反应系统中，马拉硫磷主要的降解路径是经过氧化脱硫反应生成大量的马拉氧磷。在·OH 作用下，马拉氧磷会再次分解生成二级降解产物 P3、P4 和 P5，而 P3 分子两端的 C—O 键断裂生成产物 P1 和 P2。

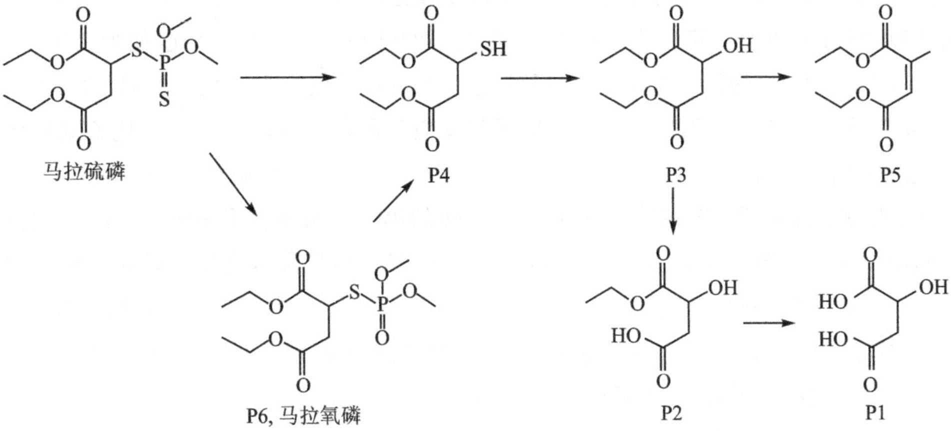

图 5-22 马拉硫磷降解示意图

5.4.3 二嗪磷

单独 UV 工艺处理时,水溶液中的二嗪磷有 3 个主要光氧化降解途径。第一个途径为 P9（二嗪磷）分子中嘧啶环上相连的 P—O 键发生断裂,生成了产物 P5 和 P2（如图 5-23 所

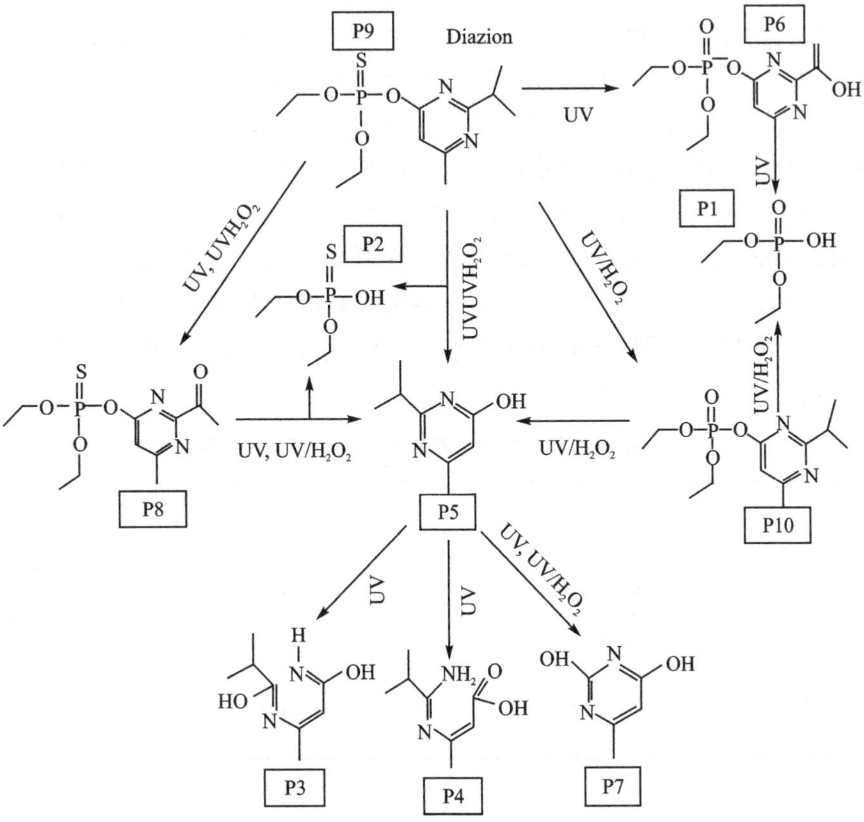

图 5-23 二嗪磷降解示意图

示)。有研究表明,该反应在水解、光解或受·OH 攻击时均能发生。P5 在 UV 光照作用下可转化为产物 P3、P4 和 P7,其中 P3 和 P4 为嘧啶环的开环产物。第二个途径为二嗪磷分子中异丙基(—CH(CH$_3$)$_2$)的第一个 C 发生羟基化(—OH),转化为羟基化二嗪磷;该中间产物分子中 1-羟基-异丙基(—C(CH$_3$)$_2$OH)发生氧化反应和脱羧反应转化为羟基化乙基衍生物,进一步氧化后转化为 P8(二嗪磷甲基酮)。P8 分子中的二乙基硫代磷酸基团从嘧啶环上断裂,伴随着 P2 和 P5 的生成,P5 的降解与上述二嗪磷的第一个降解途径相同。第三个途径为硫代磷酸基团中 P=S 键的氧化置换(P=O),生成了 P10,后经羟基化反应转化为羟基化产物,进一步反应转化为羟基化乙基衍生物,最后转化为 P6,P6 分子中的二乙基磷酸基团从嘧啶环上断裂,生成了 P1。在 UV/H$_2$O$_2$ 工艺中,二嗪磷的光氧化降解途径也主要有 3 个。其中,二嗪磷的 2 个降解途径与其在单独 UV 工艺中相似,只是 P5 的进一步降解时仅生成了 P7。二嗪磷在 UV/H$_2$O$_2$ 工艺中的第三个降解途径为二嗪磷硫代磷酸基团中的 P=S 键被氧化成 P=O 键,生成了 P10。

5.4.4 亚硝基二苯胺

Fe/Ti-MIL-NH$_2$ 吸附-光催化降解 NDPhA(亚硝基二苯胺)[31],在降解 NDPhA 的过程中,识别出丰度较高的三种中间产物,相关信息如表 5-1 所列。可以看出,在反应过程中,二苯胺(Diphenylamine,DPhA)丰度较高且呈先升高后下降的趋势,说明 DPhA 为 NDPhA 的首要降解产物且其在降解过程中会转化成其他产物;苯胺(Aniline,AN)丰度在反应前期缓慢升高,当时间为 600 min 时,其丰度急剧升高,表明 AN 不是 NDPhA 的首要降解产物,反应后期来源于其他产物的转化;2,4-硝基二苯胺和/或 4,4-硝基二苯胺的丰度呈线性升高的特点,表明在反应过程中可能存在多种途径生成 2,4-硝基二苯胺和/或 4,4-硝基二苯胺。根据产物结构与丰度,推测 NDPhA 可能通过以下途径被降解(如图 5-24 所示):首先,被吸附在催化剂表面的 NDPhA 发生敏化作用成为反应活性更高的 NDPhA*;其次,在·O$_2^-$、·OH、H$^+$、Fe[IV]=O 攻击下,NDPhA* 上的 N—N 键发生断裂形成 AN 与 DPhA,而 DPhA 又继续在·O$_2^-$、·OH、H$^+$、Fe[IV]=O 攻击下形成 AN,或是在·NO$_2^-$ 的攻击下发生苯环上的邻位、对位取代。

表 5-1 NDPhA 降解的中间产物及其丰富度随时间变化关系

成 分	m/z	分子式	丰 度					
			360/min	370/min	420/min	480/min	540/min	600/min
AN	94.130 2	C$_6$H$_7$N	0	2 302	3 254	3 660	7 175	27 405
DPhA	169.088 8	C$_{12}$H$_{11}$N	0	21 185	23 263	20 913	18 242	14 651
2,4-硝基二苯胺	215.081	C$_{12}$H$_{10}$N$_2$O$_2$	0	0	3 596	8 188	13 406	21 114

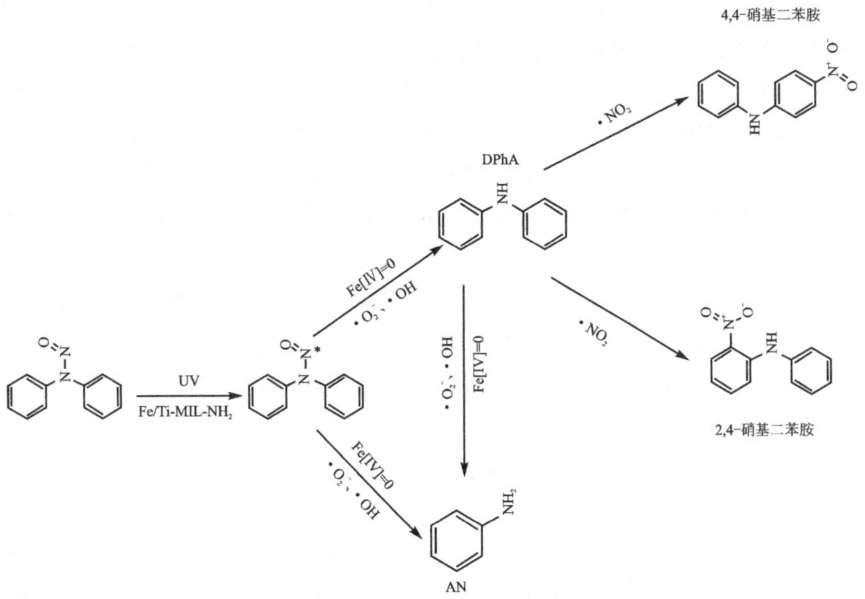

图 5-24　亚硝基二苯胺降解示意图

5.5　光催化实际废水应用

在过去的几十年中,太阳能光催化作为一种有效的废水处理工艺被广泛研究。虽然基础研究和工程研究已经确立了太阳能光催化废水处理技术,但工业应用仍处于起步阶段,太阳能利用效率、光反应器的建设和运行、光催化剂的分离均是将光催化应用于实际工业中的较大阻碍。

5.5.1　造纸厂废水应用

造纸厂是北美经济中的第五大产业。加拿大工业废水中超过 50% 的废物可归因于纸浆和造纸工业。造纸工业需要大量的水,也同样产生大量的废水。先前的研究表明,生产一吨纸需要消耗 2 000~6 000 加仑的水。该行业产生的废水通常采用生物工艺处理。然而,造纸工业废水中含有剧毒和难降解化合物,限制了生物法的应用。Ghaly 等[32]进行了一项重要研究,在太阳光下用合成的纳米二氧化钛处理造纸厂废水,他们发现造纸厂废水的生物降解指数从 0.16 提高到 0.35。这表明太阳能光催化氧化造纸废水可作为生物处理工艺前的一种有效预处理方法。

5.5.2　纺织废水应用

由于排放量大且成分难以降解,纺织废水被认为是工业污染物的主要来源。纺织工业有几种工艺,例如纤维上浆、煮练、退浆、漂白、漂洗、丝光、染色和处理。许多有机污染物通过废水的随意排放而释放到环境中,造成了严重的污染。以前的报道表明,纺织废水中含有染料、洗涤剂、油脂、油、重金属、无机盐和纤维。其中,染料残渣被认为是主要污染物,主要在后整理步骤中产生。纺织废水的一个明显特征是由于各种染料的存在而呈现出浓烈的颜色。根据 Easton 的报道,超过 30% 的使用过的染料在染色过程后仍留在反应器中,这导致大量偶氮染料进入废水。美国国家职业安全与健康研究所将偶氮染料视为诱变剂和致癌物。需要注意的是,这种染料很难脱色。尽管大部分纺织废水在排放前进行了处理,但传统的好氧生物法和物理化学处理等处理工艺无法满足提高排放标准的要求。Vilar 等[33]研究了通过太阳能驱动的高级氧化工艺处理纺织废水。在这项研究中,商业 TiO_2 P25 被用作光催化剂,当催化剂浓度为 200 mg/L 时,废水中几乎 70% 的颜色被脱除。催化剂的剂量被认为是研究中使用的光反应器的最佳浓度。然而,该处理过程中有机物的矿化程度相对较低,这可归因于氯化物浓度较高。

其他一些报道也证明了 TiO_2 是一种强大的光催化剂,用于降解纺织废水中的污染物。Neppolian 等[34]发现染料分子可以通过太阳能光催化完全降解为 CO_2、SO_4^{2-}、NO_3^-、NH_4^+ 和 H_2O,而添加其他辅助化学品如 H_2O_2 和 Na_2CO_3 可以分别极大地促进和抑制光降解。

参考文献

[1] Prengle H W J, Mauk C E. New technology: ozone/UV chemical oxidation wastewater process for metal complexes, organic species and disinfection[C]. Available from Copyright Clearance Center, Inc., New York NY as 0065-8812-78-9110-0178($ 1.45). In: Water--1977, AIChE Symposium Series, 1978, 74(178).

[2] 刘雪莲,孙思涵,徐朝萌,等. UV/O_3 耦合氧化处理钢铁行业反渗透浓水[J]. 工业水处理, 2021, 41(8): 87-91.

[3] Fujishima A, Honda K. Electrochemical photolysis of water at a semiconductor electrode[J]. Nature, 1972, 238(5358): 37-38.

[4] Low J, Yu J, Jaroniec M, et al. Heterojunction photocatalysts[J]. Advanced Materials, 2017, 29(20): 1601694.

[5] Li X, Yu J, Jaroniec M. Hierarchical photocatalysts[J]. Chemical Society Reviews, 2016, 45(9): 2603-2636.

[6] Garcia-Muñoz P, Lefevre C, Robert D, et al. Ti-substituted $LaFeO_3$ perovskite as photoassisted CWPO catalyst for water treatment[J]. Applied Catalysis B: Environmental 2019, 248: 120-128.

[7] Wu P, Wang J, Zhao J, et al. Structure defects in g-C_3N_4 limit visible light driven hydrogen evolution and photovoltage[J]. J. Mater. Chem. A 2014, 2(47): 20338-20344.

[8] Wang S, Teng Z, Xu Y, et al. Defect as the essential factor in engineering carbon-nitride-based visible-light-driven Z-scheme photocatalyst[J]. Applied Catalysis B: Environmental 2020, 260.

[9] Xu B, Li Y, Gao Y, et al. Ag-AgI/Bi_3O_4Cl for efficient visible light photocatalytic degradation of methyl orange: The surface plasmon resonance effect of Ag and mechanism insight[J]. Applied Catalysis B: Environmental 2019, 246: 140-148.

[10] Truppi A, Petronella F, Placido T, et al. Gram-scale synthesis of UV-vis light active plasmonic photocatalytic nanocomposite based on TiO_2/Au nanorods for degradation of pollutants in water[J]. Applied Catalysis B: Environmental 2019, 243: 604-613.

[11] Xiao J, Xie Y, Nawaz F, et al. Dramatic coupling of visible light with ozone on honey-

comb-like porous g-C_3N_4 towards superior oxidation of water pollutants[J]. Applied Catalysis B: Environmental 2016,183: 417-425.

[12] Yang T, Peng J, Zheng Y, et al. Enhanced photocatalytic ozonation degradation of organic pollutants by ZnO modified TiO_2 nanocomposites[J]. Applied Catalysis B: Environmental 2018,221: 223-234.

[13] Huang W, Ma B C, Lu H, et al. Visible-Light-Promoted Selective Oxidation of Alcohols Using a Covalent Triazine Framework[J]. ACS Catalysis 2017,7(8): 5438-5442.

[14] Huang N, Wang P, Jiang D. Covalent organic frameworks: a materials platform for structural and functional designs[J]. Nature Reviews Materials 2016,1(10).

[15] You H, Wu Z, Jia Y, et al. High-efficiency and mechano-/photo- bi-catalysis of piezoelectric-ZnO@ photoelectric-TiO_2 core-shell nanofibers for dye decomposition [J]. Chemosphere 2017,183: 528-535.

[16] Yaneth, Bustos-Terrones, Jesús, et al. Degradation of organic matter from wastewater using advanced primary treatment by O_3 and O_3/UV in a pilot plant[J]. Physics and Chemistry of the Earth, Parts A/B/C, 2016.

[17] Yang, Huifen, Pingfeng, et al. Degradation of sodium n-butyl xanthate by vacuum UV-ozone(VUV/O_3) in comparison with ozone and VUV photolysis[J]. Transactions of The Institution of Chemical Engineers. Process Safety and Environmental Protection, Part B,2016,102(7): 64-70.

[18] Zhao G, Lu X, Zhou Y, et al. Simultaneous humic acid removal and bromate control by O_3 and UV/O_3 processes[J]. Chemical Engineering Journal,2013,232: 74-80.

[19] D,Šojić,V,et al. Degradation of thiamethoxam and metoprolol by UV,O_3 and UV/O_3 hybrid processes: Kinetics, degradation intermediates and toxicity[C]// CROSSREF. CROSSREF,2012.

[20] 刘长安,孙德智. UV/O_3 反应器去除自来水中微污染物[J]. 中国给水排水,2003(06): 49-50.

[21] 詹露梦,李文涛,李梦凯,等. 过流式 UV/H_2O_2 反应器中阿特拉津降解动力学的测定及模拟评估[J]. 环境工程学报,2021,15(3): 982-991.

[22] 邓琳,洪至彦,朱繁芳,等. 三氯硝基甲烷在紫外/氯共同消毒过程中的生成与降解[J]. 东南大学学报(自然科学版),2017,47(5): 972-978.

[23] An T, Zhang W, Xiao X, et al. Photoelectrocatalytic degradation of quinoline with a novel three-dimensional electrode-packed bed photocatalytic reactor[J]. Journal of Photochemistry & Photobiology A Chemistry,2004,161(2-3): 233-242.

[24] Behnajady M A, et al. Photocatalytic degradation of an azo dye in a tubular continuous-flow photoreactor with immobilized TiO_2 on glass plates[J]. Chemical Engineering Journal,2006,127(1): 167-176.

[25] 尤宏,罗薇楠,姚杰,等. 三相内循环流化床光催化反应器及其性能[J]. 环境化学,2005(6): 67-70.

[26] 谭炜宇,陈卓,蔡文睿. 原位光催化高级氧化陶瓷膜反应器应用于实际印染废水的探究[J]. 节能与环保,2021(5): 76-77.

[27] Roberto L, Pozzo, et al. Design of fluidized bed photoreactors: Optical properties of photocatalytic composites of titania CVD-coated onto quartz sand[J]. Chemical Engineering Science, 2004, 60(10): 2785-2794.

[28] 徐航, 李梅, 于天龙. 不同反应器形式下纳米 ZnO 光催化降解活性红[J]. 河南科技大学学报(自然科学版), 2014, 35(1): 97-100+8.

[29] 刘永红, 王全红, 王宁, 等. TiO_2/ACF 光催化反应器在多种染料废水中的脱色应用[J]. 西安工程大学学报, 2021, 35(5): 1-6.

[30] Luo Wei, Deng Lin, Hu Jun, et al. Efficient degradation of dimetridazole during the UV/chlorine process: Kinetics, pathways, and halonitromethanes formation[J]. Separation and Purification Technology, 2022, 290.

[31] 颉亚玮, 黄静杰, 蒋毅恒, 等. Fe/Ti-MIL-NH_2 吸附-光催化降解 NDPhA[J]. 中国环境科学, 2022, 42(04): 1652-1662.

[32] Ghaly M Y, Jamil T S, El-Seesy I E, et al. Treatment of highly polluted paper mill wastewater by solar photocatalytic oxidation with synthesized nano TiO_2[J]. Chemical Engineering Journal 2011, 168(1): 446-454.

[33] Vilar V J P, Pinho L X, Pintor A M A, et al. Treatment of textile wastewaters by solar-driven advanced oxidation processes[J]. Solar Energy 2011, 85(9): 1927-1934.

[34] Neppolian, B., Choi H., Sakthivel S., et al. Solar light induced and TiO_2 assisted degradation of textile dye reactive blue 4[J]. Chenmosphere, 2002, 46(8): 1173-1181.

第6章 湿式氧化技术

随着全球用水量不断增加,工农业生产活动中水资源污染日渐加剧,如何更加高效地去除污染物已成为水处理行业面临的新挑战、新要求。对于传统废水处理技术难以处理的有机化合物,目前已研发出更加有效的处理方法——高级氧化技术(AOPs),如湿式氧化法(WAO)。高级氧化技术通过产生强活性自由基氧化来促进有机物的去除,其中自由基既可以由氧气产生,也可以由过氧化氢(湿式过氧化氢氧化)、臭氧(臭氧化)等其他介质产生。高级氧化的最终目的是将有机化合物优先地转化为二氧化碳和水,增加化合物的可生物降解性。湿式氧化适合作为处理有机物含量高、难生物处理或有毒有害废水的第一道工艺,并为多种污染物的氧化提供一个具有显著成本效益的替代方案。

6.1 湿式氧化技术及其衍生技术概述

6.1.1 简 介

湿式氧化技术(Wet Air Oxidation)简称 WAO,是一种新型有效的有毒、有害、高浓度难生化降解有机废水的处理方法。该方法是在高温(150~350 ℃)高压(0.5~20 MPa)的条件下,用氧气(或其他氧化剂,如臭氧、过氧化氢等)作为氧化剂,在液相中将有机污染物氧化成低毒或无毒物质的过程。湿式氧化工艺最初由美国的 F. J. Zimmermann 在 1944 年研究提出,并取得了多项专利,故也称齐默尔曼法。从原理上说,在高温、高压条件下进行的湿式氧化反应可分为受氧的传质控制和受反应动力学控制两个阶段,而温度是湿式氧化过程的最关键影响因素。温度越高,化学反应速率越高。另外温度的升高还可以提高氧气的传质速度,降低液体粘度。压力的主要作用是保证液相反应,使氧的分压保持在一定的范围内,从而保证液相中较高的溶解氧浓度。1958 年,湿式氧化技术首次被应用于处理造纸黑液,废水的 COD 去除率达 90%以上。到目前为止,世界范围内已有 200 多套湿式氧化装置应用于石化废碱液、烯烃生产洗涤液、丙烯腈生产废水及农药生产等工业废水的处理中[1-3]。

湿式氧化技术作为一种有效的高级氧化技术,已得到工业化应用,但是由于其苛刻的操作条件(高温高压)、腐蚀性环境(反应过程产生的羧酸中间体会降低 pH)、较高的投资成本和较长的停留时间,限制了其发展速度。因此,为了降低湿式氧化对温度和压力的操作条件,可利用催化剂的催化作用,提高废水中有机物与氧化剂的反应速率,使废水中的有机物及含 N、S 等的有毒物氧化成 CO_2、N_2、SO_2、H_2O,达到净化目的。这种将催化剂与湿式氧化技术结合使用的方法被称为催化湿式氧化(CWAO)。与传统湿式氧化技术相比,催化湿式氧化反应条件温和(低温和低压),在催化剂的作用下有机化合物的氧化程度更高,从而降低了建设和运营成本。催化湿式氧化常用在不太苛刻的操作条件下处理有毒有机废水,溶解的有机碳在较低温度和压力下、在催化剂、空气或氧气存在下于液相中被氧化。由于较低的能源需求,催化湿式氧化在氧化难溶化合物方面比传统湿式氧化更有效,而且催化剂更便宜,催化剂表面活性位点更丰富。理想的催化剂在腐蚀性环境中稳定,机械强度高,在多次运行后稳定,并可促使有机化合物的更高效氧化或完全矿化。

6.1.2 反应机理

目前的研究普遍认为,湿式氧化反应是自由基反应,反应分为链的引发、链的发展或传递、链的终止三个阶段。

① 链的引发:湿式氧化过程中链的引发是指由反应物分子生成自由基的过程。在这个过程中,氧通过热反应产生 H_2O_2,如下:

$$RH + O_2 \rightarrow R\cdot + HOO\cdot \quad (RH 为有机物) \tag{6.1}$$

$$2RH + O_2 \rightarrow 2R\cdot + H_2O_2 \tag{6.2}$$

$$H_2O_2 + M \rightarrow 2OH\cdot \quad (M 为催化剂) \tag{6.3}$$

② 链的发展或传递:自由基与分子相互作用,交替进行使自由基数量迅速增加的过程。

$$RH + \cdot OH \rightarrow R\cdot + H_2O \tag{6.4}$$

$$R\cdot + O_2 \rightarrow ROO\cdot \tag{6.5}$$

$$ROO\cdot + RH \rightarrow ROOH + R\cdot \tag{6.6}$$

③ 链的终止:若自由基之间相互膨胀生成稳定的分子,则链的增长过程将中断。

$$R\cdot + R\cdot \rightarrow R-R \tag{6.7}$$

$$ROO\cdot + R\cdot \rightarrow ROOR \tag{6.8}$$

$$ROO\cdot + ROO\cdot + H_2O \rightarrow ROOH + ROH + O_2 \tag{6.9}$$

6.1.3 工艺流程和特点

常见工业化规模的湿式氧化工艺流程如图 6-1 所示。待处理的废水经高压泵增压在热交换器内被加热到反应所需的温度,然后进入反应器;同时空气或纯氧经空压机压入反应器内。在反应器内,废水中可氧化的污染物被氧气氧化。反应产物排出反应器后,先进入热交换器,在被冷却的同时加热了原水;然后,反应产物进入气液分离器,气相(主要为 N_2、CO_2 和少量未反应的低分子有机物)和液相分离后分别排出[4]。

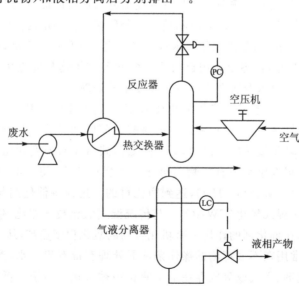

图 6-1 湿式氧化工艺示意图

湿式氧化工艺的显著特点是处理的有机物范围广、效果好,反应时间短、反应器容积小,几乎没有二次污染,可回收有用物质和能量。湿式氧化发展的主要制约因素是对设备要求高,一次性投资大。

与传统的湿式氧化技术相比,催化湿式氧化技术(CWAO)具有以下特点:

① 在传统的湿式氧化处理体系中加入催化剂,降低反应的活化能,从而在不降低处理效果的情况下,降低反应的温度和压力,提高氧化分解的能力,缩短反应的时间,提高反应效率,并减少了设备的腐蚀和降低了成本;

② 具有净化效率高、无二次污染、流程简单、占地面积小等优点;

③ 催化剂有选择性,并且污水中含有许多种类和结构不同的有机物,需要对催化剂进行筛选。

6.2 湿式氧化催化剂

6.2.1 湿式氧化催化剂简介

催化湿式氧化(CWAO)是在传统的湿式氧化处理工艺中加入适宜的催化剂以降低反应所需的温度和压力,提高氧化分解能力,缩短时间,防止设备腐蚀和降低成本。应用催化剂提高反应速度,主要因为:降低了反应的活化能,改变了反应历程。由于氧化催化剂有选择性,有机化合物的种类和结构不同,因此要对催化剂进行筛选评价。目前应用于湿式氧化的催化剂主要包括过渡金属及其氧化物、复合氧化物和金属盐类。根据所用催化剂的状态,可将催化剂分为均相催化剂(溶解金属盐)和非均相催化剂(固相)两类,催化湿式氧化也相应可分为均相催化湿式氧化和非均相催化湿式氧化。

① 均相催化湿式氧化法:通过向反应溶液中加入可溶性的催化剂,以分子或离子水平对反应过程起催化作用。催化湿式氧化法的最初研究集中在均相催化剂上,均相催化的反应温度更温和,反应性能更专一,有特定的选择性。均相催化的活性和选择性,可以通过配体的选择、溶剂的变换及促进剂的增添等,精确地调配和设计。

② 非均相催化湿式氧化法:在均相催化湿式氧化系统中,催化剂混溶于废水中。为避免催化剂流失所造成的经济损失以及对环境的二次污染,需进行后续处理以便从出水中回收催化剂,其流程较为复杂,提高了废水处理的成本。因此,研究者又开发出了非均相催化剂,即催化剂以固态存在,这样催化剂与废水的分离比较简便,可使处理流程大大简化。非均相催化剂具有活性高、易分离、稳定性好等优点。

6.2.2 催化剂制备

催化湿式氧化法的关键是采用高活性、高稳定性、易回收的催化剂。湿式氧化使用的催化剂应具有下列特征:① 氧化速率高,当反应受扩散控制时,使用催化剂应使相接触更好,从而加速反应;② 非选择性,能实现完全氧化;③ 在热的酸性溶液中,理化性质稳定;④ 在较高温度下活性高,使用寿命长,对废水中的毒物不敏感;⑤ 机械强度高,耐磨损。

1. 均相催化剂

在CWAO工艺中,铁、铜和锰盐通常用作均相催化剂。与非均相CWAO工艺相比,均相催化剂具有更好的性能,且工艺控制和反应器设计不太复杂。

均相催化剂广泛用于处理有毒有机污染物和工业废水[5]。Yang 等人使用铜、锰和铁（均相）催化剂研究了含有环氧丙烯酸酯单体的工业废水的 CWAO，其中铜催化剂对 COD 的去除率最高(77%)，CWAO 废水的可生化性也有所提高。Collado 等人分别在 180 ℃和 8 ℃下研究了硫氰酸盐与均质硫酸铜的 CWAO。1 MPa 氧气压力在 1 h 内，硫氰酸盐降解率达到 95%，在 CWAO 废水中发现硫酸盐、碳酸盐和铵离子。Cu^{2+} 的高活性归因于硫氰酸盐氧化过程中活性 Cu^{2+} 还原为 Cu^+，以及溶解氧将 Cu^+ 再氧化为 Cu^{2+}。

均相反应机制遵循 3 个步骤的自由基自催化途径：起始、传播和终止[6]。在 WAO 工艺中，对于苯酚等芳香族化合物，起始过程非常缓慢，随后是更快的动力学反应，导致 TOC 去除率低，并伴有各种中间化合物。由于芳香环的非选择性断裂(传播步骤)形成不需要的中间体，导致终止过程的动力学缓慢。均相催化剂遵循相同的反应机理，但温度较低。此外，均相 Cu^{2+}、Fe^{2+} 和 Mn^{2+} 催化剂在缓慢的动力学过程（初始步骤）后选择性地断裂芳香环，从而生成所需的中间体。在此过程中，苯酚氧化生成邻苯二酚和对苯二酚，进一步氧化生成许多自由基自催化途径的中间体。

自由基促进剂的加入提高了催化剂的活性，从而提高了有机物的氧化程度，Vaidya 和 Mahajani[7] 报告了使用铜催化剂通过添加氢醌（一种自由基发生器）来增强苯酚的氧化。此外，硝基苯和苯酚等有机化合物的共氧化表明，使用铜催化剂对苯酚的氧化程度较高。在 200~250 ℃、4~15 bar(1 bar=100 kPa)O_2 分压条件下，与 CWAO 处理污泥的单独盐相比，铜盐和铁盐的组合提高了均相催化剂的性能。硫酸铜具有较高的活性，但阻止悬浮有机物溶解到水介质中；而硫酸亚铁具有中等活性，但显示出将悬浮有机物转移到液相的活性。这两种催化剂的组合表现出协同效应，催化活性提高。Wang 等人[8] 研究了铜作为助催化剂 $(Cu_2[P_xW_mO_y]^{q-})$ 用于磷霉素制药废水的预处理，制药废水中含有 WO_3^{2-} 和 PO_4^{3-}，小檗碱废水中含有 Cu^{2+} 以及这两种形式的多金属氧酸盐(POM)的混合物，在 250 ℃和 1.4 MPa 压力下，共催化剂和 COD 去除率达到 40%，尽管 BOD/COD 比没有显著改善。结果表明，CWAO 废水中仍然存在毒性，不适合生物处理。这是由于固体晶体的沉淀和铜的溶解不会轻易发生。

然而，由于 CWAO 处理后溶解催化剂分离额外步骤的要求，尽管有机物的氧化速率高于非均相催化剂，但均相催化剂系统在经济上不可行，这使得该工艺成本较高。

2. 非均相催化剂

催化剂活性组分是决定催化性能的主要因素，而相同化学组分，催化特性又取决于催化剂的制备方法和条件。这是因为这些条件会改变催化剂的物理和化学结构，使其催化性能产生差异。其中化学结构包括元素种类、组成、化合态、化合物间反应等；物理结构包括晶型构造，如晶粒大小、晶型、晶格缺陷、孔结构、表面构造及形状等。工业催化剂的制备方法主要有混合法、浸渍法、沉淀法、熔融法等。

（1）混合法

混合法是工业上制造多组分固体催化剂最简单的方法。该法是将组成催化剂的各个组分放在球磨机或碾合机内，边磨细边混合，使各个组分间的粒子尽可能达到均匀分散，以保证催化剂主组分与助催化剂或载体的充分混合，从而获得肉眼难分辨的多组分催化剂混合物，如图 6-2 所示。混合法制造方便，生产能力大，操作费用低。但不易使催化剂各组分高度分散，均匀一致，催化剂的热稳定性和活性较差。

（2）熔融法

熔融法是将催化剂组分（主要是金属或金属氧化物）在加热熔融状态下互相混合，形成固

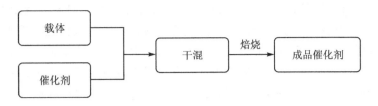

图 6-2 混合法制备催化剂流程图

溶体,如图 6-3 所示。此种方法制得的催化剂活性较高,机械强度好,但熔融法耗电量大,对电熔炉设备要求高,且制备工艺有较大局限性,通用性低。

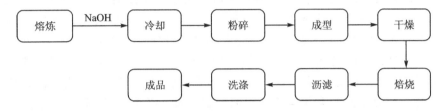

图 6-3 熔融法制备催化剂流程图

(3) 沉淀法

沉淀法是常用的催化剂制备方法,广泛应用于制备多组分催化剂。该法可与其他方法结合制造出多组分复合催化剂。其中共沉淀法最常用,首先配置好金属溶液,用沉淀剂,进行焙烧,其目的有:

① 除掉易挥发组分,保留有用组成,使催化剂具有稳定的活性;
② 使催化剂保持一定结晶度、晶粒大小、孔隙结构和比表面积;
③ 提高催化剂的机械强度。

无论用沉淀法、浸渍法或其他方法制得的氢氧化物或盐类都没有催化活性,称其为前驱体,经焙烧后才形成活性组分,如图 6-4 所示。例如:$VOC_2H_4 \rightarrow V_2O_4 \rightarrow V_2O_5$,$PdCl_2 \rightarrow PdO$,$Cu(NO_3)_2 \rightarrow CuO$,$TiCl_4 \rightarrow TiO_2$。

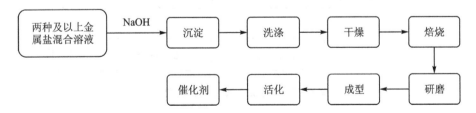

图 6-4 沉淀法制备催化剂流程图

(4) 浸渍法

浸渍法是基于活性组分(包括助催化剂)以盐溶液形态在表面张力作用下浸渍到多孔载体上,使其渗透到内表面;经干燥,水分蒸发逸出,活性组分的盐类遗留在载体的内外表面,经加热分解,即得到高度分散的负载型催化剂。因主活性组分、助活性组分及载体是在液相中混合,故分布均匀。金属含量可根据溶液浓度计算,同时通过多次浸渍可增加载体上金属的有效含量。

虽然浸渍法操作简单,但在制备过程中也会遇到许多问题。如干燥过程会导致活性物质向外表面移动,而使内表面浓度降低,或未被覆盖。因水分蒸发不是瞬间发生的,而是从载体颗粒的边缘开始,同时在孔径较大的面上优先进行。表面蒸发的液体通过毛细作用由内孔汲入的液体补充,结果使金属活性组分出现不均匀分布的倾向。孔中溶液可能经历不断浓缩直至结晶的过程。开始结晶时,含溶液的孔中都有晶核形成,进一步干燥时,金属盐结晶析出,其量取决于结晶开始孔中溶液的体积。若起初使用的金属盐溶液很稀,结晶开始以前,很多孔内实际上已不含金属微晶,因此,浸渍法需要控制活性物质的浓度,且采用快速干燥技术。

活性组分在载体上的分布有三种类型:以外表层为主的蛋壳型(即蛋黄型),均匀分布型和蛋白型。如何选择其类型,取决于催化反应的宏观动力学。当催化反应向外扩散控制时,以蛋壳型为宜。因为处于孔内部深处的活性组分对于反应无贡献,这对于节省活性组分用量,特别是贵金属催化剂,具有较大经济意义。当催化反应由动力学控制时,则以均匀型为宜,因为这时催化剂的内外表面都可以利用,而一定量的活性组分分布在较大的表面上,可以得到较高的分散度,增加催化剂的热稳定性。当介质中含有有毒物质,而载体又能吸附毒物时,催化剂外层载体起到对毒物的过滤作用,可延长催化剂寿命,则以蛋白型为宜。上述活性组分在载体上的分布形成了不同类型,通常用竞争吸附剂控制。如用钼酸铵-硝酸钴浸渍 $\gamma\text{-Al}_2\text{O}_3$ 载体时,采用乙二胺作竞争吸附剂,得到均匀型催化剂。用 H_2PtCl_4 溶液浸渍 Al_2O_3 载体时,一般得到蛋壳型 Pt/Al_2O_3 催化剂;但用多元有机酸作竞争吸附剂时,得到蛋白型分布的 Pt/Al_2O_3 催化剂;用无机酸或一元酸作竞争吸附时,可得到均匀型催化剂。因此选择合适的竞争吸附剂,可获得所需的不同分布类型催化剂。

主要操作方法是:如图 6-5 所示,把载体放入已调好酸碱度的活性物质溶液中搅拌浸泡,如活性物质易挥发,则可在蒸气相浸渍。经过一段时间(通常为 30~60 min)达到平衡后,用过滤、倾析或离心法除去多余溶液。必要时经洗涤后,再进行干燥、焙烧。焙烧过程是催化剂的活化过程。其温度、时间及变温方式等均对催化剂活性、结构和溶出性有影响。一般焙烧温度控制在活性组分金属的半熔融温度以下,最高不超过正常温度的上限。焙烧时活性金属原结合的酸根分解逸出,活性金属结合在载体晶格上,被烧成氧化物或还原为金属。

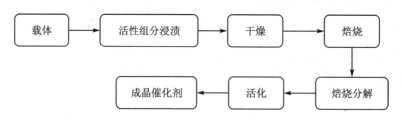

图 6-5 浸渍法制备催化剂流程图

6.2.3 非均相催化剂种类及载体

在均相催化湿式氧化系统中,催化剂混溶于废水中。为了避免催化剂流失造成的经济损失以及对环境的二次污染,需进行后续处理,其目的是回收催化剂。这样不仅使处理流程复杂,而且废水的处理成本提高。与均相催化剂相比,非均相催化剂以固态存在,催化剂与废水的分离比较简便,处理流程简化。由于非均相催化剂具有活性高、易分离、稳定性好等优点,因此在 20 世纪 70 年代后期,研究人员将注意力转移至高效稳定的非均相催化剂的研究上。一般非均相催化剂主要分为贵金属系列、铜系列和稀土系列三大类。

1. 贵金属系列催化剂

在非均相催化氧化中,贵金属对氧化反应具有高的活性和稳定性,已经被大量应用于石油化工和汽车尾气治理行业。为了使贵金属有较好的分散性并减少贵金属的用量,贵金属系列催化剂常采用浸渍法制备,即将贵金属负载于高比表面积的载体(如:活性炭、SiO_2、Al_2O_3、TiO_2、CeO_2、ZrO_2、NaY 沸石等)上。选用 Pt、Pd 等贵金属为活性组分制成的催化剂不仅有合适的烃类吸附位,而且还有大量的氧吸附位,可随着表面反应快速地发生氧活化和烃吸附。然而由过渡元素等非贵金属组成的催化剂则通过晶格氧传递达到氧化有机物的目的,液相中的氧不能及时得到补充,需较高的温度才能加速氧的循环,因此,一般非贵金属催化剂的起燃温度要比贵金属的起燃温度高得多。

2. 铜系列催化剂

与贵金属系列催化剂相比,铜系催化剂是较经济的催化剂。均相 Cu 系催化剂表现出了高活性,因此人们对非均相 Cu 系催化剂进行了大量的研究。前南斯拉夫 Levec 和 Pintar 对铜系列催化剂进行了长达 20 多年的系统性研究,在 130 ℃ 和低压的情况下研究了 CuO-ZnO/γAl_2O_3 催化剂处理含酚废水。实验表明,酚的去除率与酚的浓度成正比,与氧分压成 0.25 次方相关,活化能为 84 kJ/mol。Sadana 等以 γ-Al_2O_3 为载体,负载 10% CuO 处理酚,在 290 ℃、氧分压为 0.9 MPa,反应 9 min 后,有 90% 的酚转化为 CO_2 和 H_2O;此催化剂对顺丁烯二酸和乙酸的氧化也有很好的催化活性。Kochetkoa 等研究了各种工业催化剂,如 Ag/沸石、Co/沸石、Bi/Fe、Bi/Sn、Mn/Al_2O_3、Cu/Al_2O_3 等氧化含酚废水,发现 Cu/Al_2O_3 的催化活性最高,同时进一步在 Al_2O_3 载体上加入碱性 TiO_2 和 CoO 来强化效果,结果表明,催化活性与 Co 的含量有密切关系。Fortuny 等以苯酚为目标物,分别以 2%CoO、Fe_2O_3、MnO、ZnO 和 10% CuO 为催化剂的活性成分,以 Y-Al_2O_3 作为载体,制备出两种金属共负载型催化剂,在温度为 140 ℃、氧分压为 0.9 MPa 的高压反应器内反应 8 d,实验表明几种催化剂的降解效果都较好,其中 ZnO-CuO/Y-Al_2O_3 催化剂活性最好。

在国内,宾月景等[9]对比 Cu、Ce、Cd 和 Co-Bi 四类催化剂降解染料中间体 H-酸,其中 Cu/Ce 催化剂效果最好,在 200 ℃、3.0 MPa 氧分压下,pH 值为 12,反应 30 min 后,COD 的降解率在 90% 以上。谭亚军等[10]在 200~230 ℃、3.0 MPa 氧分压下,对染料中间体 H-酸废水进行研究,发现 Cu 系催化剂的活性明显优于其他过渡金属氧化物。尹玲等人考察了铜、锰、铁复合物催化剂的制备条件,Cu:Mn:Fe=0.5:2.5:0.5(原子比)的复合氧化物催化剂,对高浓度的丁烯氧化脱氢酸洗废水的湿式氧化处理有很好的催化活性;进一步研究表明,该催化剂对丙烯腈、乙酸、乙酸联苯胺和硝基酚等均显示出较好的去除效果。唐受印等人以三环唑农药生产废水为处理对象,利用正交法选择合适的处理工艺参数,并且考虑了 17 种化合物的催化活性。实验发现各催化剂活性依次为:单组分金属盐>单组分氧化物>复合型>混合型。在金属氧化物中 CuO/Al_2O_3 催化活性最高,COD_{Cr} 去除率达 77% 以上。

大量的研究表明,非均相 Cu 系催化剂具有活性高和廉价等优点,但是催化剂在使用过程中存在较严重的活性组分溶出现象,由此导致催化剂组分流失,催化性能下降,无法重复使用,且产生二次污染。有关文献报道了铜浸出的各种研究。Yadav 和 Garg[11](2012)研究了阿魏酸(木质素化合物,发现于纤维素原料中)在 90~160 ℃ 和 0.55~0.8 MPa 条件下,采用 CuO/CeO_2,COD 去除率为 70%。然而,由于活性中心上的碳质沉积和活性金属物种的浸出,观察到催化剂失活。在另一项研究中,Yadav 和 Garg 报告了通过向 Cu/CeO_2 催化剂中添加 AC 载体来最小化浸出,并且由于 AC 的高比表面积和更多结合位点,使用 Cu/Ce/AC 催化剂时

TOC 去除率增加到 88%。然而,第一次运行后,使用废催化剂时 TOC 去除率降低了 6%。Castro 等人[12]使用聚合物支撑的铜络合物(亚氨基二乙酸与乙酰丙酮铜)在 30 ℃和大气压力下将苯酚催化湿式过氧化氢氧化的铜浸出量降至最低,苯酚转化率达到 93%。类似地,Xu 和 Sun[13]使用 $Cu_{0.10}Zn_{0.90}Al_{1.90}Fe_{0.10}O_4$ 尖晶石催化剂研究了苯酚的 CWAO。在 170 ℃下获得了 100%苯酚转化率以及 95%COD 去除率。发现四配位铜离子在 20 次运行后对铜的浸出是稳定的,而高度分散的 Cu^{2+} 离子从催化剂表面完全浸出到反应溶液中。

3. 稀土系列催化剂

稀土元素在化学性质上表现出特殊的氧化还原性,而且稀土元素离子半径大,可以形成特殊结构的复合氧化物。在催化湿式氧化催化剂中 CeO_2 是应用较广泛的稀土氧化物,其作用表现在以下几方面:可提高贵金属的表面分散度;由于具有出色的氧存储能力——富燃条件下释放氧,贫燃条件下吸收氧,提高了催化剂在工作条件下的活性;能够起到稳定晶型结构和阻止体积收缩的双重作用。另外,CeO_2 能改变催化剂的电子结构和表面性质,从而提高催化剂的活性和稳定性。Oliviero 等[14]以苯酚和丙烯酸为目标物,研究加入 Ce 对催化剂活性的影响,实验发现 CeO_2 的"储氧"作用促进了 Ru/C 催化剂的活性,并且 Ru 微粒与 CeO_2 之间的作用对苯酚和丙烯酸降解效率有重要影响。Leitenburg 等以乙酸为研究对象,使用催化剂 CeO_2-ZrO_2-CuO 和 CeO_2-ZrO_2-MnO,发现 Cu 或 Mn 与 CeO_2 的协同作用能提高催化活性,并且使催化剂的溶出量减少,稳定性提高。Imamura 等[15]用含 Ce 的催化剂降解 NH_3,发现 Co/Ce 和 Mn/Ce 催化剂降解 NH_3 效果较好。Yao 等研究了多种 Ce 的化合物处理含环己烷和环己酮的废水,发现 CeO_2/Al_2O_3 催化剂的催化性能最好,含稀土 Ce 催化剂具有其他催化剂无法比拟的在酸性介质中稳定性良好的特点。我国稀土资源丰富,同时稀土催化剂在湿式氧化条件下各项性能稳定,故得到了重视和广泛应用。

表 6-1 所列为催化湿式氧化中常用的催化剂。

表 6-1 催化湿式氧化常用催化剂一览表

催化剂种类	金属	载体
均相催化剂	Cu、Zn、Fe、Cr、Ni、Co、Mo	
非均相催化剂	Ru、Rh、Pt、Ir、Pd、Cu、Mn、Ag	NaY 沸石、γ-Al_2O_3、ZrO_2、TiO_2、CeO_2

4. 催化剂载体

负载型催化剂的活性组分只有担载在高比表面积的载体上,才能很好地发挥作用。由此可见,载体的选择对催化剂活性产生很大影响。载体的作用主要是改变主催化剂的形态,对其起到分散和支载作用。理想的催化剂载体应具备如下特点:

① 具有适合反应过程的形状和大小;
② 具有足够的机械强度,能抵抗机械的和热的冲击;
③ 有较高的比表面积、适宜的孔结构和吸水率,以便负载活性成分,满足反应的要求;
④ 有足够的稳定性以抵抗活性组分、反应物及产物的化学侵蚀;
⑤ 能耐热,并具有合适的导热系数、比热、比重、表面酸碱性等性质;
⑥ 不含能使催化剂活性组分中毒的物质;
⑦ 原料易得,制备方便,价格低廉。

早期以活性氧化铝、氧化镁、硅藻土等为原料制得的颗粒状载体比表面积高,使用方便,但耐热性差,强度低,易破碎。目前常用的载体有活性炭、硅胶、分子筛、活性三氧化铝、TiO_2、

CeO_2 等。我国普遍采用 $\gamma-Al_2O_3$ 作载体,不仅具有高比表面积,而且还可增强活性成分的催化能力、耐热稳定性,同时价格低。除了 $\gamma-Al_2O_3$ 以外,人们还对其他高比表面积的材料进行了广泛研究,如以 TiO_2 和 CeO_2 为载体的贵金属催化剂都有很高的比表面积,表现出良好的催化性能。Fornasiero 等研究了以 CeO_2-ZrO_2 固溶体为载体的 Pt、Rh 催化剂,发现加入 ZrO_2 后,催化活性相应提高,但此类载体价格较高。表 6-2 给出了常用湿式氧化催化剂载体的性质。

表 6-2 常用湿式氧化催化剂载体的性质一览表

载 体	比表面积/$(m^2 \cdot g^{-1})$	孔容/$(mL \cdot g^{-1})$	孔径/nm
硅胶	200~800	0.2~0.4	2~5
$\gamma-Al_2O_3$	150~300	0.3~1.2	1~5
$a-Al_2O_3$	<10	0.03	0.5~2
活性炭	500~1 000	0.3~2.0	0.5~4
硅藻土	2~30	0.5~6.1	—
膨润土	280	0.46	—
分子筛	1 000	—	0.4~0.6
沸石	500~700	—	0.4~1

6.3 湿式氧化反应器

6.3.1 湿式氧化反应器的分类和结构组成

湿式氧化(WAO)工艺最早是由美国 ZIM-PRO 公司研制开发的,故又称为 ZIMPRO 处理工艺,1958 年由 Zimmerman 首次将其应用于污水处理。该工艺是将待处理的物料置于密闭的容器中,在高温高压条件下通入空气或纯度较高的氧作为氧化剂,利用湿式燃烧原理使污水中有机物降解。此后,日本、欧洲、美国等陆续将该技术应用于造纸废水、化工废水等高浓度有机物的废水处理中。据报道,至 2000 年,世界上采用这种工艺建成的 WAO 工厂已有 200 多家。ZIMPRO 工艺虽然处理效率高,但由于其反应器终端温度较高,对反应材质要求很高,需要耐高温高压、耐腐蚀,因此设备投资高,限制了它的进一步推广。为了缓和反应的条件,20 世纪 70 年代以来,在传统的湿式氧化法的基础上发展了催化湿式氧化法(Catalytic Wet Air Oxidation,简称 CWAO),它在传统的湿式氧化的基础上加入了适宜的催化剂以降低反应的温度和压力,缩短反应时间,减轻设备腐蚀和降低反应成本[16]。

6.3.2 反应器的设计与优化

目前湿式氧化采用的反应器可分为两种:一种是混合型列管式高压反应器,通常使用在采矿工业和炼油工业,投资费用高,运行上有一些问题。另一种是固定床反应器,如鼓泡反应器、滴流床反应器。目前,对于湿式氧化反应器的反应动力学和参数设计的研究报道很少,催化设计和研究还处于起步阶段。在 WAO 工艺的反应器方面,目前多集中在间歇反应器的研究,连续流反应器的研究较少且用于工程实例还不多[17]。

湿式氧化(WAO)反应器结构通常包括反应装置、热交换器、空气压缩机、气液分离器、污水槽和催化剂槽。尽管湿式氧化反应器种类繁多,但内部的功能结构基本相似。设计合理的反应器结构能够优化湿式氧化反应器的降解性能,提高污染物的矿化效率。

湿式氧化反应器的优化通常可通过提高氧气浓度、改变气液接触方式、更换催化剂种类、减小氧气气泡尺寸等方式提高特征废水降解效率,使催化剂催化效果最大化,进而优化湿式氧化(WAO)反应器的处理性能。

1. 湿式氧化反应器设计优化的理论基础

水中湿式氧化的过程可概括为:

① 待处理的废水经高压泵增压在热交换器内被加热到反应所需的温度,然后进入反应器。

② 同时空气或纯氧经空压机压入反应器内。在反应器内,废水中的可氧化污染物被氧气氧化。

③ 反应产物排出反应器后,先进入热交换器,被冷却的同时加热了原水。

④ 反应产物进入气液分离器,气相(主要为 N_2、CO_2 和少量未反应的低分子有机物)和液相分离后分别排出。

湿式氧化的局限性:

虽然湿式氧化(WAO)的处理效率很高,但是湿式氧化法在实际推广应用中仍存在一定的局限性,主要有以下原因:

① 湿式氧化一般要求在高温高压的条件下进行,其中间产物通常为有机酸,对设备材料的耐腐蚀性能要求比较高,同时还需要有较高的耐高温耐高压能力。

② 由于湿式氧化在高温高压条件下进行,故只适用于小流量高浓度废水处理,对于低浓度大流量的废水则很不经济。

③ 即使在较高的温度下,对某些有机物如多氯联苯、小分子羧酸的去除效果也不理想,难以做到完全氧化。

④ 反应器为压力容器,因此操作不当极易发生安全事故。

2. 湿式氧化主要设备

① 反应器:是 WAO 设备中的核心部分,工作条件是高温高压且所处理的废水通常有一定的腐蚀性,因此对反应器的材质要求较高,需要有良好的抗压强度,且需要内部材质耐腐蚀,如不锈钢、钛钢等。

② 热交换器:废水进入反应器之前,需要通过热交换器与出水的液体进行热交换,因此要求热交换器有较高的传热系数、较大的传热面积和较好的耐腐蚀性,以及良好的保温能力。悬浮物较多的采用立式逆流管套式热交换器,悬浮物较少的采用多管式热交换器。

③ 空气压缩机:为了减少费用,常采用空气作为氧化剂,当空气进入高温高压的反应器之前,需要使空气通过热交换器升温和通过压缩机提高空气压力,以达到需要的温度和压力。通常采用复式压缩机,根据压力要求选择段数,一般选择 3~4 段。

④ 气液分离器:是压力容器。氧化后的液体经过热交换器后温度有所降低,使液相中的 O_2、CO_2 和易挥发的有机物从液相进入气相而分离。分离器内的液体再经过生物处理或直接排放。

6.3.3 湿式氧化技术相关工艺

1. Zimpro 工艺

Zimpro 公司是目前世界上湿式氧化领域带头人。从 1958 年 Zimmermann 首次采用 Zimpro 工艺处理造纸黑液到现在为止,Zimpro 工艺被广泛地应用于至少 200 多家工厂,处理对象包括苯乙烯废水、碱液废水、制药废水、酚氰废水、石化废水、农药废水、焦化废水以及城市污水厂剩余污泥等。反应温度为 420~598 K,压力为 5~12 MPa,水力停留时间从几分钟到 4 h 不等。典型的 Zimpro 工艺流程,如图 6-6 所示。

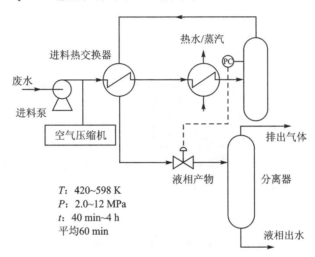

图 6-6 Zimpro 工艺示意图

2. Wetox 工艺(4~6 个连续搅拌小室组成的阶梯水平式反应器)

1970 年由 Fassel 和 Bridge 提出,Wetox 工艺将普通湿式氧化反应器分成几格,每格有单独的搅拌器,多级鼓入空气或纯氧以加速氧化剂与液相的混合。但是根据用 Wetox 工艺处理 PCB 废水的研究报告,结果并不如意,在 250 ℃的条件下,去除率只有 50%~70%,并且反应器形式的改变大大增加了投资费用。Wetox 工艺流程见图 6-7。

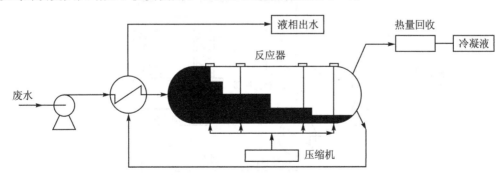

图 6-7 湿式氧化的 Wetox 工艺示意图

Wetox 工艺适用于有机物的完全氧化降解或作为生物处理的预处理过程,广泛应用于处理炼油、石油化工废液,如含氰废液、酸性废水、氯化含油污泥、含氨、氯废液等,也可用于造纸、钢铁、电镀等行业。

Wetox 也存在以下缺点:使用机械搅拌的能量消耗、转动轴的高压密封问题、维修问题,反应器水平放置占地较大。

3. Vertech WAO 工艺(深井反应器)

① 组成：如图 6-8 所示，深井反应器由一个垂直在地面下 1 200～1 500 m 的反应器及两个管道组成，内管为入水管。

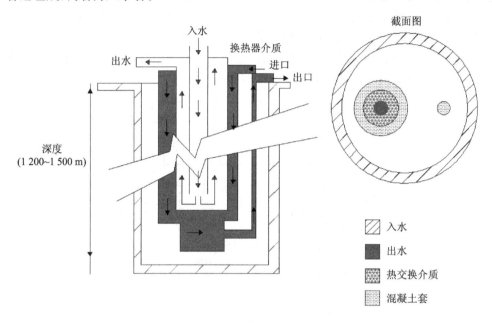

图 6-8 湿式氧化的 Vertech 工艺示意图

② 操作条件：井的深度在 1 200～1 500 m 之间，反应器底部的压力为 8.5～11 MPa，反应器的温度可达 550 K，停留时间约为 1 h。

③ 优点：高压可以部分由重力转化，减少了物料进入高压反应器所需要的能量。

④ 缺点：存在深井的腐蚀和热交换问题，反应器长，停留时间长。

4. KENOX 工艺(带有混合和超声波装置的连续循环反应器)

① 原理：如图 6-9 所示，废水和空气进入反应器后，先在内筒体内流动，之后从内、外筒

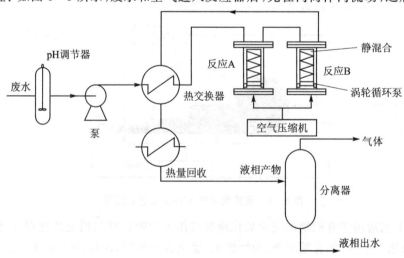

图 6-9 湿式氧化的 Kenox 工艺示意图

体间流出反应系统。内筒体内的混合装置便于废水和空气的接触。超声探测装置安装在反应器的上部,利用超声辐射的空气化效应在一定范围内瞬间产生高温和高压,加速反应进行。

② 操作条件:温度 T 在 473～513 K 之间,压力 P 在 4.1～4.7 MPa 之间,时间 t 为 40 min。高压可部分由重力转化,减少了物料进入高压反应器所需要的能量。

③ 缺点:使用机械搅拌能耗过高,高压密封容易出现问题,设备维护比较困难。

5. Oxyjet 工艺

① 组成:如图 6-10 所示,Oxyjet 工艺主要由喷射流混合器和反应器构成。

② 优点:经射流装置作用,液体形成细小的液滴,实际上产生大量的气液雾混合物,大大强化了传质面积,反应停留时间被极大缩短。

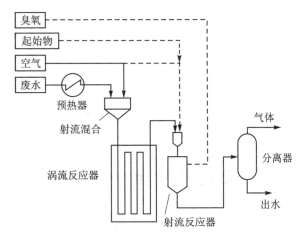

图 6-10 湿式氧化的 Oxyjet 工艺示意图

6.4 湿式氧化污染物降解

催化湿式氧化是一种通过将有毒污染物转化为可生物降解的中间体来提高废水生物降解性的技术。各种研究报告了催化湿式氧化处理后废水的毒性和生物降解性。Anushree 等人[18]使用 $Ce_{0.4}Fe_{0.6}O_2$ 催化剂研究了常压和 80 ℃下造纸工业废水的催化湿式氧化,废水的可生化性从 0.27 增加到 0.47。Wang 等人报告,在 150 ℃和 0.5 MPa 的氧气压力下使用钴催化 $NaNO_2$ 催化剂,垃圾渗滤液的生物降解性从 0.1 增加到 0.39。Tripathi 等人观察到,在 200 ℃和 0.69 MPa 氧分压条件下,使用钯/活性炭催化剂进行催化湿式氧化处理后,纳滤废弃物的生物降解性增强(0.11～0.46)。Li 等研究了使用 $FeCl_3$ 和 $NaNO_2$ 催化剂降解恩诺沙星(抗生素化合物)。催化湿式氧化实验在 150 ℃和 0.5 MPa 条件下进行。120 min 后,恩诺沙星降解率为 99%,TOC 去除率为 51%,BOD/COD 比从 0.01 增长到 0.12,表明生物降解性的改善。Bistan 等人使用酵母进行毒性试验,以检测废水中雌激素的毒性水平,并在 230 ℃下使用 Ru/TiO_2 催化剂观察到完全的毒性去除。Chen 等人报告在 140～160 ℃和氧气分压为 0.2～1 MPa 时,焦化废水的生物降解性(BOD/COD 比)从 0.23 增加到 0.84。Martín Hernández 等人在 180 ℃和氧分压 7.6 bar 条件下进行了对硝基苯酚的催化湿式氧化,使用 Ru/TiO_2 催化剂时,处理后可生物降解性增加 50%。Xu 等人研究了 150 ℃和 0.5 MPa O_2 条件下黄腐酸的催化湿式氧化,使用过硫酸钾($K_2S_2O_8$)促进活性炭催化剂,发现黄腐酸的可生物降解性从 0.13 增加到 0.95。Katsoni 等人研究了在 174 ℃ 和 0.7 MPa 氧分压下使用 AC 催化剂的三硝基苯酚(TNP)催化湿式氧化,TNP 降解率为 90%,2 h 内 BOD/COD 比由 0 提高到 0.25。Rubalcaba 等人观察到,在 140 ℃ 和 2 MPa 氧气分压下,使用 AC 催化剂进行过氧化氢促进的催化湿式氧化处理后,含有酚类化合物(苯酚、邻甲酚、对硝基苯酚)的废水的生物降解性增强,并建议将催化湿式氧化和生物工艺结合起来,以完全去除有机化合物。同样,Suárez-Ojeda 等人报告了 160 ℃ 和 2 MPa 氧分压条件下酚类化合物(苯酚、邻甲酚和 2-氯酚)的催化湿式氧化,以及催化湿式氧化废水生物降解性的改善。Zhang 等人[19]研究了在微波存在及常压下含 H-酸(1-氨基-8-萘酚-3,6-二磺酸)废水的催化湿式氧化,发现可生物降解性从 0.008 提高到 0.467。Posada 等人[20]报告了使用 Cu/CeO$_2$ 催化剂在 160 ℃ 和 1 MPa 压力下苯酚、2-氯酚和 4-硝基苯酚的催化湿式氧化,并且和未经处理的废水相比,废水的生物降解性有所提高。Santos 等人[21]报告了使用 AC 催化剂在 160 ℃ 和 16 bar 氧分压下对苯酚的催化湿式氧化,发现由于苯酚转化为可生物降解的中间体,如乙酸、马来酸和甲酸,废水的可生物降解性得到改善。Suárez-Ojeda 等人[22]使用综合催化湿式氧化和好氧生物处理,以获得 98% 含邻甲酚的高浓度废水的 COD 去除率。

因此,通过整合催化湿式氧化(在低操作条件下)和生物工艺实现有毒工业废水完全矿化的方法是一个有前景的方向。

6.5 湿式氧化技术应用案例

6.5.1 裂解装置废碱液湿式氧化处理技术的工业应用

邵李华等人开展了裂解装置废碱液湿式氧化处理技术的工业应用[23]。在采用热裂解方法制乙烯的工艺中,常使用 NaOH 脱除酸性气体。该系统排放的废碱液中,除含有 NaOH 外,还含有油分、硫化物等。其 pH 值、含油、含硫及 COD 等严重超标,直接排放对环境造成严重污染。

为解决裂解装置废碱液对环境的污染及二次利用的问题,中国石油大庆石化分公司化工一厂应用抚顺石油化工研究院开发的缓和湿式氧化法处理废碱液技术,联合建成了大庆乙烯废碱液湿式氧化工业装置。该装置于 2000 年 6 月在化工一厂建设,于 2001 年 9 月建成并投入运行。经历了清水开车、废碱液投运、提高负荷、稳定运行及高负荷冲击,效果较好。氧化后出水的硫化物浓度低于 5 mg/L。达到了除硫、脱臭的目的。对 COD、酚及其他有机物均有一定的去除作用,使乙烯装置废碱液的进一步综合利用成为可能。该装置运行情况良好,达到了其设计要求的出水指标。pH 值为 6~9,COD 小于 6 mg/L。这一项目每年可节约醋酸装置的中和用碱 2 500 t,节约 437.5 万元。节约中和用硫酸 2 500 t,节约 125 万元。两项合计一年可节约 562 万元。

如图 6-11 所示,来自裂解气碱洗装置的废碱液首先在废碱液储罐进行油水分离后,经加压泵加压,从反应器顶部进入,与来自反应器底部的空气和蒸汽混合,并被氧化。氧化后的汽液混合物从反应器上部经减压后进入洗涤塔。在循环洗涤塔中,首先进行汽液分离,液相经换热器换热后排出至醋酸装置综合池与废酸中和,汽相经冷却和洗涤后直接排入大气。

二价硫氧化的主要化学反应

$$2S^{2-} + H_2 + 2O_2 \rightarrow S_2O_3^{2-} + 2OH^- \tag{6.10}$$

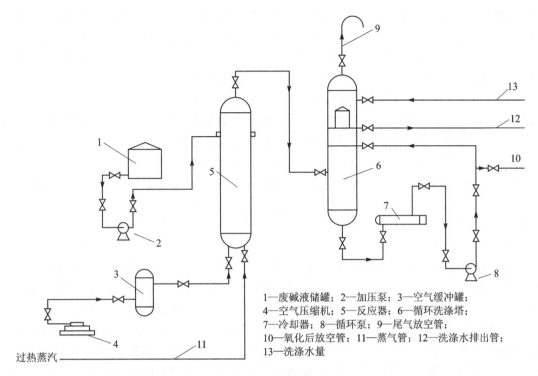

1—废碱液储罐；2—加压泵；3—空气缓冲罐；
4—空气压缩机；5—反应器；6—循环洗涤塔；
7—冷却器；8—循环泵；9—尾气放空管；
10—氧化后放空管；11—蒸气管；12—洗涤水排出管；
13—洗涤水量

图 6-11　废碱液湿式空气氧化流程示意图

$$S_2O_3^{2-} + 2OH^- + 2O_2 \rightarrow 2SO_4^{2-} + H_2O \tag{6.11}$$

缓和湿式氧化法处理乙烯装置废碱液的新技术初次应用于工业生产，由于废碱液水质条件的特殊性及水量的多变性，以及工艺条件要求比较苛刻等因素的影响，要求设备和管线的材质应耐腐蚀，耐高温。由于废碱液量远大于装置的设计处理能力，为减少污染物排放，废碱液湿式氧化装置只能随废碱液量的多少而相应调整装置废碱进料量。该装置设计进料量为 5 t/h，而实际进料量平均在 8 t/h。在此条件下，处理结果受到一定影响。因此，出水 S^{2-} 浓度无法满足硫化物浓度低于 5 mg/L 的要求。虽然如此，湿式氧化工艺用于处理裂解装置产出的废碱液是可行的。在反应温度为 190 ℃，反应压力为 2.8 MPa 的条件下，处理效率较为显著，S^{2-} 的去除率基本保持在 99.5% 以上，出水 S^{2-} 浓度基本保持 20 mg/L 以下，满足了醋酸装置中和废酸的要求，能够满足后续装置的需要和排放要求。

6.5.2　碱渣缓和湿式氧化+SBR 处理技术工业应用

邓德刚等人开展了碱渣缓和湿式氧化+SBR 处理技术工业应用[24]。在碱精制过程中，会产生高污染物含量的碱渣，其 COD、硫化物和酚的排放量占炼油厂污染物排放量的 20%～70%。它不仅是炼油厂的主要恶臭污染源，而且还直接影响了污水处理设施的正常运转和污水处理合格率。为了解决这一难题，抚顺石油化工研究院开发了缓和湿式氧化+SBR(间歇式活性污泥法)工艺。该工艺处理碱渣可以使碱渣中的硫化物含量低于 5 mg/L，可完全脱除碱渣的恶臭气味，并去除了一定数量的 COD 和酚。与传统处理方法比较，具有投资少、工艺灵活、操作简单、操作费用合理等特点。该工艺在上海、大庆、海南及乌鲁木齐等石化企业推广应用，取得了预期的效果。

炼油厂碱渣的特点是数量小、COD 浓度高，并含有高浓度硫化钠及有机硫醇、硫醚等恶臭物质,难以用一般的污水处理方法处理。湿式氧化工艺(WAO)作为高浓度废液的一种预处理手段,在温度 100~374 ℃ 范围内,在加压条件下,保持系统处于液相状态,利用空气中的氧作为氧化剂,将废水中溶解或悬浮的有机物和还原性无机物氧化,使无机物转化为盐类,使有机物或氧化分解为低分子有机酸、醇类化合物,或提高废水的可生化降解性能,或彻底氧化分解成 CO_2 和水。根据反应温度和压力,湿式氧化可以分为高温高压深度氧化和缓和湿式氧化两种。高温高压湿式氧化对污染物氧化彻底,缓和湿式氧化主要是将污染物改性,降低毒害性,利于后续处理。20 世纪 90 年代以来,抚顺石油化工研究院开发了碱渣缓和湿式氧化预处理工艺,用于处理炼油碱渣和乙烯碱渣,反应温度低于 200 ℃,一般为 150~190 ℃,大大降低了设备投资费用和运行费用。采用该工艺处理碱渣可以使其中的硫化物的含量低于 5 mg/L,完全脱除碱渣的恶臭气味。2000 年 1 月,该工业装置在上海高桥炼油厂正式投运试车。经历了清水开车、碱渣投运、提高负荷、稳定运行及高负荷冲击,装置运行稳定,达到了设计要求的出水指标,氧化后出水的硫化物浓度低于 5 mg/L,达到了除硫、脱臭的目的;对 COD、酚及其他有机物均有一定的去除作用;提高了碱渣废水的可生化降解性能。自该工艺投入使用以来,已成功地在大庆石化(2001 年 2 月)、长岭炼化(2003 年 5 月)、湛江东兴石化(2004 年 5 月)、镇海炼化(2007 年 8 月)、乌鲁木齐石化(2008 年 11 月)等 28 家炼化企业推广应用,取得了显著的环境效益和社会效益。由于碱渣水质的多变性、工艺条件控制要求比较苛刻等因素,在新工艺、新设备的推广应用中,也曾出现过一些问题,经过进一步考察原料碱渣中的杂质对装置运转的影响、反应器和换热器的设计选型、设备材质的选择及反应操作条件的控制(温度、压力、液体空速及气相负荷的控制)等方面的问题后,提出了解决办法,取得了一些经验,为进一步推广应用奠定了基础。

6.5.3　湿式氧化工艺处理丙烷脱氢装置含硫废碱液的工业应用

周彤等人开展了含硫废碱液湿式氧化(WAO)工程化应用[25]。工程化应用在反应温度 190 ℃、反应压力 3.0 MPa 的条件下,废碱液经过本装置处理后,出水 S^{2-} 低于 1.0 mg/L,COD 去除率大于 99%,达到设计要求。目前,已建成多套以湿式氧化工艺为核心的丙烷脱氢废碱液处理装置,为此类废碱液的高效处理提供了一条新途径。

图 6-12 所示为湿式氧化工艺处理丙烷脱氢装置含硫废碱液装置示意图。

丙烯是一种重要的化工原料,其用量仅次于乙烯,除用于生产聚丙烯外,还是多种化工产品的主要原料。近年来,随着聚丙烯等衍生物需求的迅猛增长,市场对丙烯的需求量也逐年递增。与传统生产丙烯的工艺相比,丙烷催化脱氢制丙烯工艺具有丙烯产率高、设备投资少等优势,能有效地利用液化石油气资源使之转变为有用的烯烃。在目前已工业化的丙烷脱氢制丙烯工艺中,又以 UOP 公司的 Oleflex 工艺应用最为广泛。Oleflex 工艺在生产丙烯的同时会产生一股碱洗废液,该废碱液是由丙烷脱氢反应器和催化剂再生装置中所含的酸性废气(H_2S 和 CO_2)经碱洗塔内一定浓度的氢氧化钠溶液洗涤吸收后产生的。此类废碱液含有高浓度的 COD 和硫化物,且具有较强的腐蚀性,若处理不当会影响企业废水的达标排放。

湿式氧化工艺是在一定的温度和使溶液保持在液相的压力条件下,以空气或氧气为氧化剂,将液相中溶解态或悬浮态的有机物氧化分解成无机物或小分子有机物的方法。中国石油化工股份有限公司大连石油化工研究院从 20 世纪 80 年代开始从事含硫废碱液湿式氧化处理工艺的研究,对不同种类的炼油废碱液进行了湿式氧化工艺的实验室研究和工业化应用。2013 年研究团队针对市场需求开发了以湿式氧化工艺为核心的丙烷脱氢废碱液处理技术。

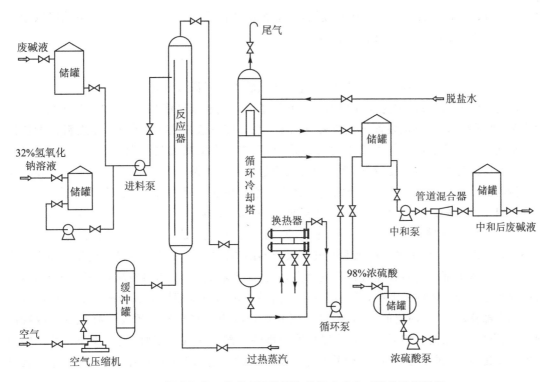

图 6-12 湿式氧化工艺处理丙烷脱氢装置含硫废碱液装置示意图

2015 年 6 月,工业化装置投入使用,运行情况良好,各项指标均达到设计要求。

1. 废碱液排放情况

国内某石化企业年产丙烯 6.6×10^5 t,丙烷脱氢反应器和催化剂再生装置产生的酸性气体经碱洗装置吸收后年排放废碱液 6 400 m³,通过采样分析,确定了废碱液的水质,如表 6-3 所列。其中 Na_2S 和 NaHS 的测定采用 GB 4178—1984《工业硫氢化钠中硫氢化钠和硫化钠含量的测定》规定的方法,COD 的测定采用 GB 11914—1989《水质 化学需氧量的测定 重铬酸盐法》规定的方法,S^{2-} 的测定采用 HJ/T60-2000《水质 硫化物的测定 碘量法》规定的方法,TDS(总溶解固体)的测定采用 HJ/T 51—1999《水质 全盐量的测定 重量法》规定的方法。

表 6-3 废碱液水质一览表

名 称	Na_2S/%	NaHS/%	COD/(mg·L^{-1})	TDS/(mg·L^{-1})	pH 值
丙烷脱氢废碱液	6.2	4.4	1.1×10^5	6.55×10^5	13.5

2. 废碱液湿式氧化处理工业装置

(1) 装置的规模及组成

装置设计处理量为 1.5 t/h,年处理能力为 12 000 t(运行时间以 8 000 h 计),操作弹性为正常处理能力的 50%~110%,运转方式为间断开工、连续运转。

本装置由湿式氧化单元、冷却单元、中和单元组成,其中包括湿式氧化反应器、循环冷却塔、换热器、空气增压机、加碱泵、废碱液进料泵、循环泵、中和泵、浓硫酸泵和氧化后废碱液输送泵等设备及储罐。

(2) 产品规格

根据设计要求,需保证装置出水 S^{2-} 在 10.0 mg/L 以下、COD 在 500 mg/L 以下;氧化尾

气中 H_2S 浓度符合 GB 14554—1993《恶臭污染物排放标准》的二级标准，非甲烷总烃浓度符合 GB 16297—1996《大气污染物综合排放标准》。

(3) 工艺流程

根据装置出水水质要求，研究团队通过小试试验确定了湿式氧化工艺的最佳反应条件(反应温度为 190 ℃，反应压力为 3.0 MPa)，并开发了丙烷脱氢废碱液"加碱中和—湿式氧化—酸化中和"处理技术，工业化装置工艺流程见图 6-12。废碱液来自生产装置，经进料泵加压后进入湿式氧化反应器内筒与外筒之间的环系，与反应器内的高温物料混合并发生氧化反应。由于原料废碱液中的碱浓度较低，为了保证反应过程在碱性条件下进行，需要补充一定量的氢氧化钠溶液。湿式氧化工艺氧化所需空气经空气增压机加压后进入反应器内筒的下部。当开工或原料 COD 浓度低时，为了保证反应温度，需要向反应器内通入蒸汽。在反应器内，由于空气的提升作用，物料一边反应一边向上流动，到反应器的上部，一部分作为内回流流向内筒与外筒之间的环隙，剩余的废碱液和空气从反应器的顶部排出，经减压后进入循环冷却塔。进入循环冷却塔下部的物料首先进行气液分离，液体流至塔底，经换热器冷却后一部分作为冷进料返回到循环冷却塔的中上部，另一部分排至储罐。在循环冷却塔塔底分离出的气相混合物向塔的上部移动，并与回流的冷碱液接触，气相混合物中的水蒸气和挥发性有机物被冷凝冷却，回到塔底，剩余的气相混合物进入循环冷却塔的上部与脱盐水接触，进一步净化后从塔顶排出。氧化后，废碱液与 98% 浓硫酸通过管道混合器混合，调节 pH 值为 6~9 后作为装置产品送出。

(4) 主要设备

丙烷脱氢废碱液处理装置中的主要设备见表 6-4。

表 6-4 丙烷脱氢废碱液处理装置中的主要设备一览表

设备名称	操作压力/MPa	操作温度/℃	规 格	数 量	材 质
湿式氧化反应器	3.0(顶)3.1(底)	190(顶)	$\Phi 1\,000$ mm× 12 000 mm	1	06Cr17Ni12Mo2Ti
循环冷却塔	0.25(顶)0.28(底)	40(顶)110(底)	$\Phi 1\,200$ mm× 15 168 mm	1	06Cr18Ni11Ti
换热器	0.38(壳程)	42(壳程)	管壳式换热器	1	碳钢(壳程)
	0.28(管程)	110(管程)			0.28(管程)
空气增压机	3.5		582 m³/h	1开1备	
管道混合器	0.5	95	文丘里混合器	1	20#钢内衬聚四氟乙烯

1) 湿式氧化反应器

湿式氧化反应器是带有一个内筒的鼓泡流内循环反应器。废碱液通过反应器上部 2 个对称的进料口进入反应器内外筒间的环隙，压缩空气和蒸汽以鼓泡流方式从反应器底部进入内筒。由于反应器内筒和内外筒间气含率的不同和内筒中空气的提升作用，在反应器内形成了高温内循环，利用内回流的热量加热原料废碱液，同时也利用回流区中的氧对废碱液中的污染物进行氧化。

2) 循环冷却塔

湿式氧化反应器出口物料是高温气液混合物，若采用间接换热的方式需要庞大的换热面积。本工艺采用循环冷却塔对反应后物料进行直接冷凝冷却。根据尾气中污染物的性质,循环冷却塔在对反应后物料进行冷凝冷却的同时,通过对其内部结构的设计实现了利用氧化后废碱液的剩余碱度对尾气进行先碱洗、后水洗的工艺,尾气可达标排放。

(5) 装置的安全措施

本装置处理的物料是丙烯生产装置产生的含硫废碱液,其中含有高浓度的硫化钠和硫氢化钠,具有很强的腐蚀性;同时由于该工艺的操作条件比较苛刻(190 ℃,3.0 MPa),为确保装置操作过程中的安全可靠,针对废碱液水质和处理装置的特点,采取了如下安全措施。

① 在装置运转过程中,湿式氧化反应器的压力、温度,循环冷却塔的压力、温度、塔底液位,空气增压机的压力、流量,废碱液进料泵的压力、流量等均设置在线监测报警。

② 所有带压设备设置安全阀,防止设备压力超高时发生爆炸。

③ 废碱液储罐、中和罐以及氧化后废碱液储罐设置氮气保护并配备消防水管线。

④ 废碱液储罐、氧化后废碱液储罐及浓硫酸罐设置蒸汽伴热和保温,中和后废碱液储罐只保温不伴热,所有输送管线进行防烫保温或隔热处理。

⑤ 所有废碱液储罐设置新鲜水线,检修时需对设备内部进行冲洗。

⑥ 所有储罐设置液位高低限报警。

(6) 装置处理效果

装置于2015年3月开工至今运行稳定,2017年7月对装置进行了标定,标定期间的操作条件见表6-5。标定期间的原料水质见表6-6。标定期间的装置出水和尾气排放情况见表6-7和表6-8。表6-8中,尾气中硫化氢分析方法为亚甲基蓝分光光度法,其检出限为0.003 mg/m³。

表6-5 丙烷脱氢废碱液湿式氧化处理装置标定期间操作条件一览表

设备	项目	设计数值	时间		
			7月4日9时	7月5日9时	7月6日9时
反应器	碱液进料量/(t·h^{-1})	1.5	1.47	1.45	1.5
	空气进料量/(m³·h^{-1})	582	560	565	589
	蒸汽进料量/(kg·h^{-1})	300	136	174	183
	反应器顶压/MPa	3	2.97	2.96	3.01
	反应器顶温/℃	190	193	192	190
	反应器底温/℃	190	191	190	189
循环冷却塔	顶压/MPa	0.25	0.25	0.25	0.25
	塔顶温/℃	40	34	35	35
	塔循环量/(t·h^{-1})	4.5	4	4	4
	塔底液位/m	0.9	0.89	0.9	0.89
中和单元	氧化后废碱液进料量/(kg·h^{-1})	1 500	1 500	1 500	1 500
	98% H_2SO_4 进料量/(kg·h^{-1})	7	7	7	7
	中和后的pH值	6~9	7.4	6.8	8.1

表6-6 标定期间的原料废碱液水质一览表

组 分	7月4日 9时30分	7月5日 9时30分	7月6日 9时30分
S^{2-}/(mg·L^{-1})	37 200	35 298	45 400
COD/(mg·L^{-1})	74 400	69 400	90 800
pH值	11.91	11.87	11.81
总碱度/%	9.26	8.6	7.55
TDS/(mg·L^{-1})	216 300	69 400	145 300

表6-7 标定期间装置出水水质一览表

组 分	设计值	7月4日 9时30分	7月4日 14时30分	7月5日 9时30分	7月5日 14时30分	7月6日 9时30分	7月6日 14时30分
S^{2-}/(mg·L^{-1})	<10.0	0.8	0.5	0.24	0.18	0.1	0.21
COD/(mg·L^{-1})	<500	119	182	110	95	112	113
pH值	>9	11.26	11.5	11.31	11.21	10.95	11.1
总碱度/%		0.15	0.13	0.26	0.16	0.12	0.19

表6-8 标定期间装置尾气排放情况一览表

时 间	硫化氢	非甲烷总烃
7月4日	<0.003	13.4
7月5日	<0.003	12.5
7月6日	<0.003	15.6

由表6-7、表6-8可以看出,在反应温度190 ℃、反应压力3.0 MPa的操作条件下,丙烯废碱液经湿式氧化工艺处理后,出水COD<200 mg/L,S^{2-}<1.0 mg/L,装置出水远低于设计要求(S^{2-}<10 mg/L,COD浓度<500 mg/L)。装置尾气中硫化氢未检出,符合GB 14554—1993的二级标准,非甲烷总烃浓度符合GB 16297—1996标准。

(7) 装置能耗

装置标定期间的能耗见表6-9。

表6-9 标定期间装置能耗数据统计一览表

名 称	规格参数				实际消耗量	
	数值	单位	数值	单位	数值	单位
高压蒸汽	3.12	MPa	261	℃	170	kg·h^{-1}
循环冷却水	0.5	MPa	≤32	℃	50	m^2·h^{-1}
非净化风	0.5	MPa	常温	℃	580	m^2·h^{-1}
新鲜水	0.4	MPa	常温	℃	0.9	m^2·h^{-1}
仪表风	0.6	MPa	常温	℃	20	m^2·h^{-1}
氮气	0.6	MPa	常温	℃	3	m^2·h^{-1}
动力电	380	V	16	回路	90	kW·h
照明电	220	V		回路	0.49	kW·h
浓硫酸	98	%			7	kg·h^{-1}

为了保证达到设计的处理效果,本工艺要求控制反应过程在一定温度和压力条件下进行,且利用空气中的氧气作为氧化剂来处理废碱液中的有机和无机还原性物质,因此装置的能耗主要包括非净化风、电能和蒸汽。

3. 结 论

① "加碱中和-湿式氧化-酸化中和"组合工艺处理丙烷脱氢废碱液是可行的,经本工艺处理后,出水 S^{2-} 浓度低于 1.0 mg/L,COD 去除率大于 99%,完全脱除废碱液的恶臭气味,装置出水经多效蒸发单元或冷冻结晶单元进一步处理后,可实现废碱液的零排放。

② 采用以湿式氧化工艺为核心的丙烷脱氢废碱液工业化处理装置已建成并投用 3 套,装置运行稳定,均达到设计要求,经济效益和社会效益显著。

③ 以湿式氧化工艺为核心的丙烷脱氢废碱液处理技术的成功开发,为此类废碱液的高效处理提供了一条新途径,具有广阔的应用前景。

参考文献

[1] 丁凯扬,周瑜.催化湿式氧化技术研究进展[J].广东化工,2013,40(12):107-109.

[2] Zimmermann F J. Wet air oxidation of hazardous organic in wastewater[P]. U. S. Patent. 2665249,1950.

[3] Zimmermann F J. New waste disposal process[J]. Chem. Eng,1958,65(8):117-121.

[4] 肖晔远,史云鹏.湿式氧化处理污水的应用现状及展望[J].工业用水与废水,2001(6):5-7+35.

[5] Fu D,Zhang F,Wang L,et al. Simultaneous removal of nitrobenzene and phenol by homogenous catalytic wet air oxidation[J]. Chinese Journal of Catalysis,2015,36:952-956.

[6] Arena F,Di Chio R,Gumina B,et al. Recent advances on wet air oxidation catalysts for treatment of industrial wastewaters[J]. Inorganica Chimica Acta,2015,431:101-109.

[7] Vaidya P D,Mahajani V V. Insight into heterogeneous catalytic wet oxidation of phenol over a Ru/TiO_2 catalyst[J]. Chemical Engineering Journal,2002,87:403-416.

[8] Wang G,Wang D,Xu X,et al. Wet air oxidation of pretreatment of pharmaceutical wastewater by Cu^{2+} and $[PxWmOy]^{q-}$ co-catalyst system[J]. Journal of Hazardous Materials,2012:217-218,366-373.

[9] 宾月景,祝万鹏,蒋展鹏,等.催化湿式氧化催化剂及处理技术研究[J].环境科学,1999(2):43-45.

[10] 谭亚军,蒋展鹏,祝万鹏,等.用于有机污染物湿式氧化的铜系催化剂活性研究[J].化工环保,2000,20(3):5.

[11] Yadav B R,Garg A. Efficacy of Fresh and Used Supported Copper-Based Catalysts for Ferulic Acid Degradation by Wet Air Oxidation Process[J]. Industrial & Engineering Chemistry Research,2012,51:15778-15785.

[12] Castro I U,Sherrington D C,et al. Synthesis of polymer-supported copper complexes and their evaluation in catalytic phenol oxidation[J]. Catalysis Today,2010,157:66-70.

[13] Xu A, Sun C. Catalytic behaviour and copper leaching of $Cu_{0.10}Zn_{0.90}Al_{1.90}Fe_{0.10}O_4$ spinel for catalytic wet air oxidation of phenol[J]. Environmental Technology, 2012, 33: 1339-1344.

[14] Oliviero L, Barbier J, Duprez D, et al. Catalytic wet oxidation of phone and Acrylic Acid over Ru/C and Ru-CeO/C catalyst[J]. Appl Catal, 2000, 25: 267-275.

[15] Imamura S, Aklra D. Wet oxidation of ammonia catalyzed by cerium based compositc[J]. Ind Eng Chem Res Dev, 1985, 24: 75-80.

[16] 苏晓娟,陆雍森,Laurent Bromet. 湿式氧化技术的应用现状与发展[J]. 能源环境保护, 2005(6): 1-4.

[17] 金盛,陈洪斌. 香精香料废水处理技术的研究与发展[J]. 中国沼气, 2006(2): 25-30.

[18] Anushree S. Kumar C. Sharma, Synthesis, characterization and catalytic wet air oxidation property of mesoporous $Ce_{1-x}Fe_xO_2$ mixed oxides[J]. Materials Chemistry and Physics, 2015, 155: 223-231.

[19] Zhang Y, Quan X, Chen S, et al. Microwave assisted catalytic wet air oxidation of H-acid in aqueous solution under the atmospheric pressure using activated carbon as catalyst[J]. Journal of Hazardous Materials, 2006, 137: 534-540.

[20] Posada D, Betancourt P, Liendo F, et al. Catalytic Wet Air Oxidation of Aqueous Solutions of Substituted Phenols[J]. Catalysis Letters, 2006, 106: 81-88.

[21] Santos A, Yustos P, Rodriguez S, et al. Wet oxidation of phenol, cresols and nitrophenols catalyzed by activated carbon in acid and basic media[J]. Applied Catalysis B: Environmental, 2006, 65: 269-281.

[22] Suarez-Ojeda M E, Guisasola A, Baeza J A, et al. Integrated catalytic wet air oxidation and aerobic biological treatment in a municipal WWTP of a high-strength o-cresol wastewater[J]. Chemosphere, 2007, 66: 2096-2105.

[23] 邵李华. 裂解装置废碱液湿式氧化处理技术的工业应用[J]. 乙烯工业, 2003(4): 28-30+5.

[24] 邓德刚,叶仲,韩建华. 碱渣缓和湿式氧化+SBR处理技术工业应用[J]. 石油石化节能与减排, 2011, 1(10): 36-41.

[25] 周彤,邓德刚,秦丽姣. 湿式氧化工艺处理丙烷脱氢装置含硫废碱液的工业应用[J]. 安全、健康和环境, 2019, 19(6): 22-26.

第7章 特征污染物的转化

7.1 引 言

随着城市化的建设及城镇人口的激增,社会工业化的进程大大加快,人们对工业产品的需求也与日俱增,因而造成了工业废水的种类及排放量日益增多,废水处理需求也随之增大。据统计,江苏省太湖流域污染源中,仅化工企业就有近5 000家,其中大部分为染料、医药、化学纤维及农药等精细化工产品生产的企业,所排废水具有成分复杂、有机氮比例高、毒性强及易于环境累积等特点。特别是含有难降解有机污染物的废水,此类废水具有成分复杂、处理难度大等特点,是目前水环境治理和水安全保障领域亟待解决的重大难题[1]。然而,之前的废水治理的指导方针和具体实施手段重点集中在了对COD、氨氮等常规的指标的削减,缺乏对工业源有机氮磷污染物的控制。有机氮磷物质,如硝基苯、苯腈等含氮苯环类,具有持久性且不易被微生物所降解的特点,它们经常会"穿透"常规的生化处理系统,排放到水体等自然环境后也不易通过天然的生物自净作用而逐渐减少其含量,所以它们会在水体、土壤等自然介质中不断积累,然后通过食物链进入生物体并逐渐富集,最后进入人体危害人体健康[2-3];咪唑、喹啉、吡啶和吲哚等氮杂环污染物(NHCs)都较难降解[4-6],因杂环结构增强了其溶解性,更易进入土壤和地下水[7],表现出高毒性、致突变性和致癌性[8-10]。NHCs具有高毒性和难降解性,广泛存在于生活和工业废水中,氮与芳香环的结合增加了NHCs在水中的溶解性,NHCs的迁移和转化更加容易[11-12]。由此,在河流沉积物和废水中发现了大量的NHCs[13]。此外,N原子的参与也增强了对破坏毒性的抵抗力。一旦释放到环境中,NHCs的高毒性、致畸性、致突变性和致癌性将危及各种生命形式[14]。因此,有必要开展对化工废水中NHCs高效的、经济的去除手段的研究。

7.2 特征污染物的分类

根据污染物的化学结构,将化工废水中常见的污染物进行了分类,分别为苯及其衍生物、含氮杂环污染物及其衍生物、含氧杂环污染物及其衍生物、含硫杂环污染物及其衍生物四大类。

7.3 特征污染物的降解

7.3.1 苯及其衍生物

1. 苯 酚

苯酚(Phenol),是一种有机化合物,化学式为C_6H_5OH,是具有特殊气味的无色针状晶体,有毒,它的熔点是43 ℃,沸点是181.9 ℃,密度为1.071 g/cm^3。是生产某些树脂、杀菌剂、防腐剂以及药物(如阿司匹林)的重要原料,也可用于消毒外科器械和排泄物的处理,及皮肤杀菌、止痒和中耳炎的处理。熔点43 ℃,常温下微溶于水,易溶于有机溶剂;当温度高于65 ℃时,能跟水以任意比例互溶。苯酚有腐蚀性,接触后会使局部蛋白质变性,其溶液沾到皮肤上可用酒精洗涤。小部分苯酚暴露在空气中被氧气氧化为醌而呈粉红色;遇三价铁离子变紫,通常用此方法来检验苯酚。

Santiago Esplugas, Jaime Gim Enez 等人[15]在早期的工作中,已经研究了用于降解水溶液中苯酚的高级氧化工艺(O_3、O_3/H_2O_2、UV、UV/O_3、UV/H_2O_2、$O_3/UV/H_2O_2$、Fe^{2+}/H_2O_2 和光催化)。本节通过以下参数对这些技术进行了比较:pH 影响、动力学常数、化学计量系数和最佳氧化剂/污染物比。在测试的过程中,臭氧组合(O_3/H_2O_2、O_3/UV 和 $O_3/UV/H_2O_2$)均未提高臭氧过程的降解速率,甚至产生轻微的抑制效应。关于 UV 过程(UV、UV/H_2O_2 和光催化),UV/H_2O_2 过程的降解率几乎是光催化和 UV 单独降解的五倍,动力学常数证明了这一点。芬顿试剂的降解速度最高,比紫外线法和光催化法高 40 倍,比臭氧氧化法高 5 倍。然而,臭氧氧化的降解速度和较低的成本使其成为苯酚降解最有吸引力的选择。芬顿试剂是降解苯酚最快的方法。然而,臭氧氧化的成本较低。在臭氧组合中,单次臭氧氧化的效果最好。在 UV 过程中,UV/H_2O_2 的降解率最高。

Arjunan Babuponnusamia, Karuppan Muthukumar 等人[16]研究了 Fenton 法、光电 Fenton 法降解苯酚的性能,并对它们的性能进行了比较。结果表明,苯酚的降解强烈依赖于 Fe^{2+} 浓度、H_2O_2 浓度、初始苯酚浓度和溶液 pH 值。Fe^{2+} 用量为 4 mg/L,H_2O_2 浓度为 500 mg/L,电流密度 12 mA/cm²,初始 pH 值为 3 时苯酚降解率和 COD 去除率较高。从动力学分析来看,这两个过程的反应级数为一级。最佳操作条件下的芬顿法和光电芬顿法速率常数分别为 0.006 7 min^{-1} 和 0.093 4 min^{-1}。在苯酚的初始浓度为 200 mg/L, pH 值为 3,H_2O_2 浓度为 700 mg/L,反应时间为 60 min 条件下,Fe^{2+} 的剂量范围为 0~8 mg/L。正如预期的那样,随着 Fe^{2+} 浓度的增高,苯酚降解和 COD 去除率增高。在低剂量(2 mg/L)下,光电 Fenton 工艺中观察到的苯酚降解和 COD 去除率比其他工艺高得多,这是由于 Fe^{2+} 离子和羟基自由基的再生作用,并且在 4 mg/L 剂量下观察到苯酚的完全去除。在 PEF 工艺中,反应 60 min 后,0 mg/L、2 mg/L 和 4 mg/L Fe^{2+} 的 COD 去除率分别为 37.1%、57.98% 和 72.31%。Fe^{2+} 浓度的进一步增高对 COD 去除没有显著影响,Fe^{2+} 剂量为 6 mg/L 和 8 mg/L 时的去除率分别为 75.66% 和 78.7%。在恒定 Fe^{2+} 用量为 4 mg/L,反应时间为 60 min 和 pH = 3 的条件下,H_2O_2 浓度对苯酚降解和 COD 去除的影响;H_2O_2 浓度的增高,使苯酚降解和 COD 去除率增高。在 800 mg/L H_2O_2 条件下,Fenton 法的苯酚降解率最高为 57%,COD 去除率为 46%。随着过氧化氢浓度的增高,苯酚降解效果变差,这是由于高浓度的过氧化氢消耗了羟基自由基。在初始苯酚浓度为 200 mg/L,Fe^{2+} 浓度为 4 mg/L 和 H_2O_2 浓度为 500 mg/L 条件下进行,PEF 工艺的电流密度保持在 12 mA/cm²,结果表明,pH 值对苯酚的降解有显著影响。在 pH = 3 条件下,苯酚降解率最高,COD 去除率最高。例如,PEF 工艺中,在 pH = 3 条件下,苯酚降解率为 100%,COD 去除率为 82.59%。pH 从 3 增大到 10,减少了所有选择工艺中的苯酚降解和 COD 去除。这是由于随着 pH 值的增大,氧化电位·OH 降低。在 pH = 3 时,该值范围为 2.65~2.80 V,而 pH = 7 时达到 1.90 V,而中和自由能不可用。因此,·OH 在接近中性 pH 值时比酸性 pH 值弱。当 pH 值超过 7 时,羟基自由基迅速转化为其共轭基·O^- 并且反应比羟基自由基反应慢。另一方面,在高 pH 值条件下,由于不溶性铁-水溶液的形成,使·OH 的生成降低。当 pH 值大于 9 时,这些配合物将进一步形成[$Fe(OH)_4$]$^-$。还应注意,在极低的 pH 值(<3)下,氢离子起到·OH 自由基清除剂的作用。在低 pH 值条件下,由于形成了与过氧化氢反应较缓慢的$[Fe(OH)(H_2O)_5]^{2+}$的复合物$[Fe(H_2O)_6]^{2+}$,反应速度降低。另外,在高浓度的 H^+ 离子存在下,过氧化物被溶解形成稳定的氧离子$[H_3O_2]^+$。氧离子使过氧化物亲电性增强其稳定性,并大大降低了与 Fe^{2+} 离子的反应性。

Edy Saputra,Syaifullah Muhammad 等人[17]采用超声辅助法制备了 $FeTiO_3/GO$ 纳米复合材料。在 pH=8、纳米复合材料用量为 0.75 g/L、GO 含量为 3% 时,可获得最大的光降解。动力学研究的 K_{app}(0.07 min^{-1})随着苯酚浓度的增高而降低。150 min 和 240 min 后,降解率和矿化率分别为 100%。超氧化物是光降解过程中的主要自由基。在无机离子中,HCO_3^- 对苯酚去除的阻碍作用最大。结果表明,$FeTiO_3/GO$ 纳米复合材料具有良好的稳定性,五次循环后可回收率仅降低 10.8%。根据这项研究的发现,$FeTiO_3/GO$ 纳米复合材料是一种高度稳定的催化剂,可以成功地从水溶液中去除酚类化合物,具有高度的可回收性。SAPUTRA E,Muhammad S,Sun H 等人[18]合成了不同晶相的 MnO_2 材料,它们呈现出不同的结构和形貌。$α-MnO_2$ 以纳米线的形式呈现,由于其高比表面积、氧损失和双隧道结构,在氧酮降解苯酚的活化中表现出最高的活性。$β-MnO_2$ 呈纳米棒状,但由于单通道和稳定的氧还原,其活性最低。$γ-MnO_2$ 存在于纳米纤维中,表现出中等活性。进一步研究表明,苯酚降解速率受 MnO_2 和 Oxone 负载量、苯酚浓度和温度的影响,降解遵循一级动力学特性,活化能为 21.9 kJ/mol。Rabaaoui 等人[19]研究了邻硝基苯酚在 BDD 电极上的电化学氧化,该电极在其他传统电极中具有最高的析氧电位。在硝基酚中,无论-OH 还是-NO_2,在 8 h 后,所有样品在 60 mA/cm^2 的条件下达到 96% 的矿化和 pH 值为 3。研究小组发现,与 NaCl 和 KCl 相比,Na_2SO_4 对邻硝基苯酚的降解最快,在酸性介质中降解效率更高。根据离子色谱数据,该小组提出了通过羟基自由基(OH·)和有机氮向 NH_4^+ 和 NO_3^- 的总转化通过羧酸的矿化途径离子。韦伯等人[20]发现,当温度为 150~230 ℃ 时,木材加工废水中的间苯二酚去除率从 27% 增加到 97.5%。Chen 和 Cheng[21]使用 WAO 和 CWAO 处理炼油废水(挥发性酚浓度为 36.8 g/L),例如,在混合反应器中,在 2 MPa 的空气压力下,WAO 仅实现了 13% 和 42% 的酚类化合物转化率。在相同条件下,使用 MnO_x-$CeO_x/γ-Al_2O_3$ 催化剂,酚类化合物的去除率从 42% 提高到 74%。Kuosa 等人[22]研究了在 pH 值分别为 2、7 和 10 时对硝基苯酚的臭氧氧化,在 pH 值为 2 时使用叔丁醇作为清除剂,以确保直接途径反应。检测到中间体对苯二酚、邻苯二酚、4 硝基邻苯二酚、草酸、马来酸和富马酸。在碱性 pH(pH=10)下,中间草酸的生成较快,而在 pH=7 下则较慢。还发现,与自由基途径相比,对硝基苯酚的分解更多地通过分子臭氧途径进行,并且在 pH 值为分别 7 和 10 时几乎相同。臭氧消耗是对硝基苯酚分解的一个函数,当使用 2.25 μmol/L 的叔丁醇时,臭氧消耗最高。Felis 和 Miksch[23]确定了壬基酚(NPs)的几种高级氧化工艺(UV、UV/H_2O_2、O_3 和 UV/O_3)的有效性。O_3 和 UV/O_3 过程在流动系统中作为均相水反应进行。在这两个过程中,分解效率取决于初始臭氧浓度。在均相臭氧分解过程中,NP 的初始浓度为 10 mg/L,臭氧剂量分别为 0.8 mg/L、1.0 mg/L 和 2.0 mg/L,反应 3 min 后,NP 的去除率分别为 45%、52% 和 60%。对于三种臭氧浓度相同的 UV/O_3 系统,去除率分别为 60%、62% 和 75%。Harufmi 等人[24]还使用 AOP(O_3-UV-TiO_2)来分解水中的苯酚。臭氧是通过紫外线照射空气中的氧气(波长 175~242 nm)产生的,可以节约能源。在 O_3-UV 过程中,苯酚分解是通过用紫外光照射样品溶液并加入臭氧来实现的。另一方面,在 O_3-UV-TiO_2 工艺中,苯酚的去除是通过在外部石英玻璃管的内部涂覆 TiO_2,并在用紫外光照射的同时供给臭氧来实现的。使用 O_3-UV-TiO_2 工艺,50 mg/L 和 100 mg/L 苯酚的分解分别在 120 min 和 240 min 内达到,COD 去除率在 240 min 内达到 100%。此外,200 mg/L 苯酚的分解率在 240 min 后达到 84.3%。

2. 甲 苯

甲苯,是一种有机化合物,化学式为 C_7H_8,是一种无色、带特殊芳香味的易挥发液体。它的熔点是 $-94.9\ ℃$,沸点是 $110.6\ ℃$,密度是 $0.872\ g/cm^3$,有强折光性。能与乙醇、乙醚、丙酮、氯仿、二硫化碳和冰乙酸混溶,极微溶于水;易燃,蒸汽能与空气形成爆炸性混合物,混合物的体积浓度在较低范围时即可发生爆炸;低毒,半数致死量(大鼠,经口)5 000 mg/kg;高浓度气体有麻醉性和刺激性。

Zhiping Yea,Guanjie Wang 等人[25]研究了各种铜锰催化剂(尖晶石和非晶态)对甲苯氧化的催化活性。首先观察到,使用 Cu-Mn 催化臭氧化甲苯的效率(91.2%)和 CO_x 产率(83.0%),在 130 min 时产生 MnOx。其次,铜锰催化剂的化学吸附和催化性能可归因于铜和锰之间的协同效应,例如电子转移过程。非晶态催化剂表面分散良好的 Vo 有助于 O_3 的化学吸附,相邻的 Mn 被认为是反应中的主要活性中心。此外,$CuMn_2O_4$ 具有尖晶石晶体结构,Cu^+/Mn^{4+} 的辅助位点被认为是反应位点。最后,提出了在铜锰催化剂上臭氧辅助催化氧化甲苯的可能途径,铜锰催化剂的不同物理化学性质导致中间产物分解反应速率不同,导致副产物数量和甲苯去除效率不同。Fukun Bi,Xiaodong Zhang 等人[26]研究了不同制备工艺对钯纳米颗粒形成的影响,研究了甲苯在钯-铀-乙二醇上的反应机理,以及甲苯 TPD、甲苯 TPSR 和原位漂移引入水对催化剂的影响。通过预浸渍法、$NaBH_4$ 还原法和 EG 还原法成功合成了高活性的 Pd-U 催化剂,与 Pd-U-H 和 Pd-U-NH 相比,Pd-U-EG 在 200 ℃ 下可完全转化成甲苯,对甲苯氧化具有优异的催化性能。这主要是由于钯纳米颗粒具有较高的表面含量和更多的晶格氧,并且具有良好的热稳定性和良好的可重复使用性。此外,在六次循环反应中,Pd-U-H 形成 Pd-np,增加了表面 Pd° 含量和晶格氧含量,大大提高了甲苯的催化氧化活性。同时,不同条件下的耐水性试验、甲苯 TPD 和甲苯 TPSR 表明,催化剂 Pd-U-EG 在高水分(约 10%～20%体积百分比)条件下可以提高对甲苯的吸收。更重要的是,在有无 H_2O 的条件下对甲苯 TPD、甲苯 TPSR 的研究,以及在 150 ℃ 和 190 ℃ 下,在 Pd-U-EG 上有或没有 H_2O 的原位漂移表明,在低温下,引入 H_2O 有利于甲苯的吸附,减缓了甲苯的脱附,并抑制了甲苯的降解。然而,在高温下,H_2O 的存在有利于甲苯的降解。此外,还揭示了甲苯燃烧的反应机理。甲苯快速转化为苯甲醛,然后是苯甲酸盐和马来酸,最终衰变为 CO_2 和 H_2O。Xufang Qian,Dongting Yue[27]通过简单的湿法浸渍方法电化学合成的 CQDs 可以以可控的量在 Bi_2WO_6 光催化剂上进行修饰,形成混合 $CQDs/Bi_2WO_6$ 的纳米复合材料,与原始 Bi_2WO_6 相比,其晶体结构和形貌保持不变。由于 CQDs 和 Bi_2WO_6 的有效耦合,$CQDs/Bi_2WO_6$ 的光吸收显示红移。$CQDs/Bi_2WO_6$ 纳米复合材料表现出增强的可见光和紫外可见光 PCO,丙酮和甲苯通过气固反应生成 CO_2,这应归因于 CQDs 和 Bi_2WO_6 的电子结构杂化加速了电荷分离和电子转移。总的来说,CQDs 将是一个有希望的候选者,用于平滑那些用于气固光催化修复气体污染物的经典光催化剂的电子转移。

3. 氯 苯

氯苯是一种有机化合物,化学式为 C_6H_5Cl,它的熔点是 $-45\ ℃$,沸点是 $132\ ℃$。氯苯为无色透明液体,有苦杏仁味,不溶于水,溶于乙醇、乙醚、氯仿、二硫化碳、苯等多数有机溶剂,主要用作染料、医药、农药、有机合成的中间体,还可用作溶剂,气相色谱参比物。

Pallavi Nagaraju,Shivaraju Harikaranahalli,Puttaiah Kitirote Wantala 等人[28]使用溶胶

凝胶技术制备金属掺杂的 ZnO 纳米颗粒,并进行不同光源下水介质中降解氯苯的应用。制备的 Ag/ZnO、Cd/ZnO 和 Pb/ZnO 的最佳带隙能分别为 2.97 eV、2.91 eV 和 2.81 eV。通过 XRD 测定,Ag/ZnO、Cd/ZnO 和 Pb/ZnO 纳米颗粒的晶粒尺寸分别为 191.8 nm、287.7 nm 和 71.9 nm。Ag/ZnO、Cd/ZnO 的 SEM 图像呈不规则形状并聚集,而 Pb/ZnO 则呈截短的纳米棒状形态,具有间距均匀的纳米颗粒,似乎是良好的结晶相。Ag/ZnO、Cd/ZnO 和 Pb/ZnO 纳米颗粒的平均粒径和 BET 表面积分别为 210~350 nm 和 7.456 m^2/g、150~360 nm 和 10.56 m^2/g 以及 60~165 nm 和 107.654 m^2/g。在可见光谱范围内,改性的 ZnO 纳米颗粒对氯苯的降解是有效的。在可见光源下,Pb/ZnO 纳米颗粒在短时间(<120 min)内对氯苯的去除率约为 100%。

Roya Nazari,Ljiljana Rajic,Ali Ciblak 等人[29]研究了钯(Pd)形式对钯催化电芬顿(EF)反应电化学降解地下水中氯苯的影响。在间歇式和流动式反应器中,EF 是通过在氧化铝粉末上原位电化学生成过氧化氢(H_2O_2),或在聚偏氟乙烯(PVDF)膜(Pd-PVDF/PAA)中由钯化聚丙烯酸(PAA)生成。在含有 10 mg/L Fe^{2+} 的混合间歇反应器中,2 g/L 对于粉末状催化剂(1% Pd,20 mg/L 的 Pd),初始 pH 值为 3,氯苯在 120 mA 电流下降解,一级衰变率显示在 60 min 内去除 96%。在相同条件下,旋转 Pd-PVDF/PAA 圆盘产生 88% 的氯苯降解。在自动调节 pH 值的柱实验中,主要成分为 10 mg/L 的氯苯、10 mg/L Fe^{2+} 和 2 g/L 的粉末状催化剂(0.5%Pd,10 mg/L Pd)。EF 反应可在流动条件下实现,无需外部 pH 调节和添加 H_2O_2,并可用于原位地下水处理。此外,带有固定化钯催化剂的旋转 PVDF-PAA 膜显示了将钯催化剂用于水处理的有效且低维护选项。

4. 硝基苯

硝基苯,是一种有机化合物,化学式为 $C_6H_5NO_2$,它的熔点是 5~6 ℃,沸点是 210~211 ℃;呈无色或微黄色具苦杏仁味的油状液体;难溶于水,密度比水大,易溶于乙醇、乙醚、苯和油。遇明火、高热会燃烧、爆炸;与硝酸反应剧烈;常作有机合成中间体及用作生产苯胺的原料,用于生产染料、香料、炸药等有机合成工业。

Yanhe Han,Mengmeng Qia,Lei Zhang 等人[30]采用活性容积为 0.018 m^3 的内循环微电解(ICE)反应器,研究了硝基苯的同步氧化还原降解,与传统的固定床反应器相比,冰反应器具有更高的硝基苯降解效率;研究了反应时间、曝气量、硝基苯初始浓度、初始 pH 值、铁碳体积比(Fe/C)等操作参数对反应的影响。在最佳操作条件下(反应时间=60 min,曝气量=5×10^{-4} m^3/s,硝基苯初始浓度=300 mg/L,pH=3.0,Fe/C=1:1),硝基苯去除率和化学需氧量分别为 98.2% 和 58%。处理后硝基苯溶液的生物降解指数为 0.45,是原液的 22 倍。通过高效液相色谱、紫外可见光谱、傅里叶变换红外光谱、气相色谱-质谱和离子色谱对反应中间体进行了鉴定。主要中间体被确定为苯胺、苯酚和羧基酸,表明硝基苯在冰反应器中被同步氧化和还原。根据确定的中间体,提出了冰反应器中硝基苯降解的可能途径。降解途径如图 7-1 所示。

Yang Sun,Zixu Yang,Pengfei Tian 等人[31]采用溶胶-凝胶法合成了氧化铝负载的铁铜双金属催化剂,并对硝基苯(NB)进行了催化降解。双金属 5Fe2.5Cu-Al_2O_3 催化剂在 1 h 内去除了 100% 的 NB(1×10^{-4} mol/L),比单金属 Fe 和 Cu 催化剂的 NB 降解效率更高。结合催化性能、X 射线光电子能谱和 H_2 程序升温还原的表征结果,研究者提出,铁和铜物种之间的协同效应在促进 Fe^{3+} 还原为 Fe^{2+} 方面起着至关重要的作用,从而提高了羟基自由基(·OH)的生成和 NB 的降解效率。为了阐明降解途径,采用气相色谱-质谱法和动态紫外-可

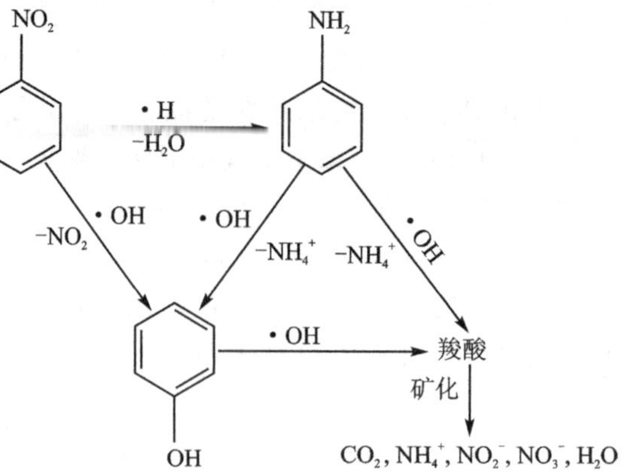

图 7-1 硝基苯降解途径

见光谱法检测降解过程中的中间体。结果表明,降解主要通过·OH 对芳香环的亲电加成反应进行,然后是开环反应和矿化反应。此外,铋可以有效地分解成稳定性较差的苯胺,易于降解。

A. E. ElMetwally,Gh. Eshaq,A. M. Al-Sabagh 等人[32]研究了采用双 US/UV 辐射源,以铁、铜、铋和氯氧化锌为催化剂降解硝基苯的成功途径。金属氯氧化物是一种有效的催化剂,能够使用低质量的催化剂和低浓度的氧化剂(氧化剂/污染物摩尔比=30.86)提高系统的降解性能。结果表明,协同效应对提高双体系的降解能力起着关键作用。数据表明,经测试的金属氯氧化物催化剂是可持续的催化剂,能够承受连续四次的严酷氧化条件。羟基自由基是不同反应物种中的第一个,它们可能贡献了在金属氯氧化物存在的条件下使用组合辐照系统产生的降解效率。光生空穴有效地参与了双辐射的协同作用,而相关电子被视为降解抑制剂。被测金属氯氧化物的带隙控制降解过程中显示的活性顺序。

5. 布洛芬

布洛芬为解热镇痛类非甾体抗炎药。它的熔点是 75~78 ℃,沸点是 157 ℃,密度为 1.03 g/cm^3。它通过抑制环氧化酶,减少前列腺素的合成,产生镇痛、抗炎作用;通过下丘脑体温调节中枢而起解热作用。

Nabil Jalloulia,Luisa M. Pastrana-Martínez 等人[33]利用 TiO_2 光催化中的紫外发光二极管(LED)研究了布洛芬(IBU)的降解和矿化。超纯水(UP)和城市污水处理厂(WWTP)经二级处理的废水样本,均含有 IBU,研究者将高浓度 IBU(230 mg/L)制药工业废水(PIWW)在 TiO_2/UV-LED 系统中进行了测试;优化了三个操作参数,即 pH 值、催化剂负载量和 LED 数量;采用高效液相色谱法(HPLC)和超高效液相色谱-串联质谱法(UHPLC-MS/MS)对 IBU 去除过程效率进行了评估;此外,通过测定溶解有机碳(DOC)含量来研究矿化作用;根据使用高分辨率质谱仪的液相色谱获得的数据,提出了转化产物的化学结构,据此提出了 IBU 降解的可能途径如图 7-2 所示;使用海洋细菌费氏弧菌进行生物测定,以评估原始废水和处理后废水的潜在急性毒性。得出,TiO_2 多相光催化对 UP 和 PIWW 中的 IBU 去除效率较高,但对城市污水处理厂废水的处理效率较低。无论研究基质如何,治疗后急性毒性降低约 40%。

Kosar Hikmat Hama,Aziz Hans Miessner 等人[34]研究了臭氧氧化、光催化臭氧氧化和光催化氧化等不同高级氧化工艺在水溶液中降解非甾体抗炎药(NSAIDs)双氯芬酸(DCF)和布洛芬(IBP)的效果。为了能够直接比较上述方法的效率,使用了一种具有通用设计的平面降膜反应器。结果表明,光催化氧化对这两种药物的降解都是中等程度的。然而,在黑暗中直

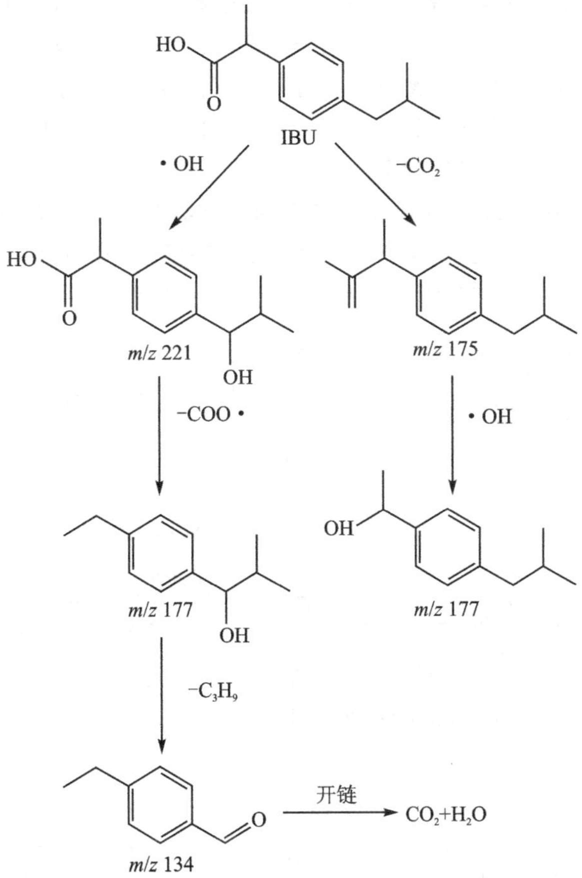

图 7-2 通过 UV LED/TiO2 光催化降解 IBU 的可能途径

接臭氧氧化对 DCF 的降解非常有效,能量产率最高,为 28 g/kW·h。通过臭氧氧化降解 IBP 的速度比 DCF 慢,估计能量产率为 2.5 g/kW·h,但即使在处理 90 min 后,臭氧氧化仍会导致矿化不良。臭氧氧化与光催化相结合,对 IBP 的降解产生协同效应,并且两种药物的矿化率都有提高。DBD 等离子体的降解取决于气体气氛和输入能量。他们研究了不同气体气氛和输入能量对过氧化氢生成以及 DCF 和 IBP 降解的影响。由于 Fenton 反应,向溶液中添加 Fe^{2+} 可提高 DBD 在氩气气氛中的降解效率。各氧化方法的矿化效率随总有机碳(TOC)的去除而变化。在 Ar/O_2 气氛中,光催化臭氧氧化和 DBD 等离子体对 TOC 的去除率最高。

7.3.2 含氮杂环及其衍生物

1. 吡咯及其衍生物

吡咯是含有一个氮杂原子的五元杂环化合物,其分子式为 C_4H_5N,为无色液体,熔点是 −24 ℃,沸点为 130～131 ℃,密度为 0.969 1 g/cm^3;微溶于水,易溶于乙醇、乙醚等有机溶剂。吡咯及其同系物主要存在于骨焦油中,煤焦油中存在的量很少,可由骨焦油分馏取得;或用稀碱处理骨焦油,再用酸酸化后分馏提纯。

Ajay Devidas Hiwarkar,Seema Singh 等人[35]研究提出了用 EOX 和 Pt/Ti 阳极矿化杂环芳香族化合物吡咯。采用全因子中心复合设计(CCD)方法优化四个关键操作参数,如电流密度 j、溶液 pH、电导率 k 和处理时间 t,使用化学需氧量(COD)去除和比能耗(每千克 COD 去除千瓦时)作为响应。期望函数法被发现有助于同时最大限度地提高 COD 去除率和降低能耗。在最佳条件下,COD 去除率和能源消耗分别为 82.9% 和 37.7 kW·h/kg COD。紫外-可见光谱、红外光谱和高效液相色谱分析用于检测在不同处理时间形成的中间体。CV 和 GC-MS 分析用于在最佳处理条件下测定中间体。HPLC 和 GC-MS 分析证实了马来酸、草酸、甲酸和乙酸的存在。离子色谱法用于测定 NO_2^-、NO_3^- 的浓度变化,在最佳条件下,TOC 的去除证实了吡咯的矿化和降解,去除机理遵循伪一级动力学。根据不同分析的结果,提出了吡咯的降解途径,如图 7-3 所示。由于电化学生成的高活性 OH 自由基和氯化活性物种的协同作用,顽固性杂环吡咯在 Pt/Ti 阳极上发生电化学氧化降解。

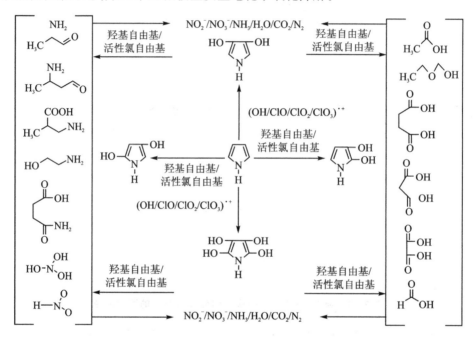

图 7-3　吡咯与 Pt/Ti 阳极的电化学氧化降解途径

Yongsong Cao,Lei Yi 等人[36]研究了在含有 TiO_2 光催化剂的水溶液中虫螨腈在紫外光下的光诱导降解。虫螨腈的光催化降解遵循伪一级降解动力学($C_t = C_0 e^{-kt}$)。该研究侧重于使用气相色谱-质谱(GC-MS)和 ^{1}HNMR 鉴定降解过程中可能的中间产物。在治疗过程中,通过多种技术鉴定出六种芳香族中间体,其中一些通过符合真实标准的方法得到进一步确认。对降解产物的结构分析表明,降解途径有两条:a. 虫螨腈裂解成吡咯-α-羧酸,然后吡咯基裂解成 4-氯甘氨酸;b. 虫螨腈被脱溴,脂肪族醚基被从吡咯基上裂解,吡咯基被进一步裂解形成 4-氯苯基甘氨酸,甘氨酸被降解成 4-氯苯甲酸,进一步分解成无机离子和二氧化碳(见图 7-4)。

2. 吡唑及其衍生物

吡唑,又名 1,2-二氮唑(1,2-Diazole)、二氮二烯五环、邻二氮杂茂,是白色针状或棱形结晶,从乙醇中结晶的吡唑是无色针状晶体。它的熔点是 66~70 ℃,沸点是 187 ℃,密度是 1.116 g/cm³;有似吡啶的臭味和刺激性苦味,能溶于水、醇、醚和苯。当环上碳原子有取代基时,其沸点和熔点升高;当氮原子上有取代基时,化合物的沸点和熔点就降低。它易发生氯化、溴化、碘化、烷基化、酰化反应。分子式为 $C_3H_4N_2$。吡唑吞入有毒,对眼睛、皮肤、呼吸道有刺激作用。

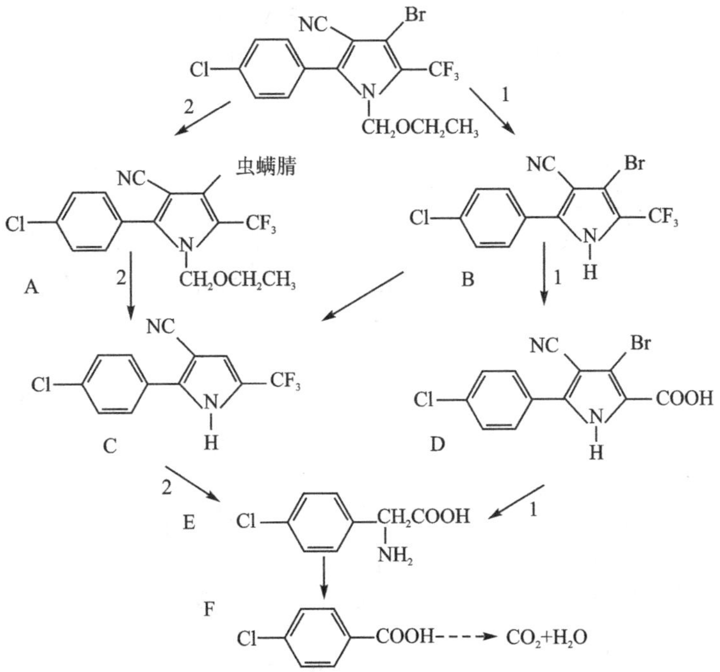

图 7-4 紫外辐照 TiO_2 悬浮液中氯苯那普利的光催化降解途径

Siqi Liu,Ruiqian Liu 等人[37]通过模板电沉积成功制备了一种新型的三维多孔 RuO_2 电极,并研究了其在持久性吡唑电化学处理中的应用。电沉积方法在形成均匀且相互连接的 RuO_2 电极大孔腔中起着至关重要的作用。由于使用 PS 模板形成了大量的表面缺陷位点,3D 骨架中也产生了大量中孔。所制备的 $3D-RuO_2$ 具有独特的结构性质,比电活性中心大,吸附能力强,降解效率高。$3D-RuO_2$ 电催化 180 min 后,吡唑的去除率可达 96.3%,而 $TF-RuO_2$ 和 $EF-RuO_2$ 电极的去除率分别为 56.8% 和 76.2%。降解能力的提高应归功于 $3D-RuO_2$ 的高比表面积,这导致了强大的吸附能力,并显著增强了污染物向电极表面的传质。在低电流密度下,吸附和直接氧化对吡唑的降解起主导作用;而在高电流密度下,即大于 $2.0\ mA/cm^2$,3D-RuO2 电极上同时发生间接氧化。

Xiezhen Zhou,Siqi Liu 等人[38]制备了一种高度有序的三维大孔 PbO_2(3D 多孔 PbO_2)电极,用于氮杂环化合物的电化学氧化。以 TiO_2 纳米管阵列为基底,SnO_2-Sb 为中间层,采用模板电化学沉积法制备了三维多孔 PbO_2 电极。通过场发射扫描电子显微镜和 X 射线衍射对三维多孔 PbO_2 电极的形貌和成分进行了表征,发现其具有高度有序的大孔 $\beta-PbO_2$ 结构的均匀分布。Brunner-Emmet-Teller 分析表明,该电极具有 $37.39\ m^2/g$ 的大比表面积。电化学测量表明,该电极具有 1.89 V 的良好析氧电位和 $14.48\ mC/cm^2$ 的内部伏安电荷,高于传统的 PbO_2 电极。此外,3D 多孔 PbO_2 电极对吡咯、吡唑和四唑的电化学氧化和 TOC 去除率分别为 93.4%、72.7%、61.2%,对 TOC 去除率分别为 66.7%、57.3% 和 38.6%,都优于传统的 PbO_2 电极。通过高效液相色谱、气相色谱-质谱和离子色谱对中间体进行检测和分析,提出吡咯、吡唑和四唑的降解途径,如图 7-5 所示。最后,本研究采用密度泛函理论方法进行了量子化学计算,与实验检测结果相一致。

Rui Li,Dinusha Siriwardena,David Speed 等人[39]研究了在实验室制备的含有 3 mmol/L 过氧化氢和 16 mM 无机氟化物的水混合物中,使用 Fenton 法处理 53 mmol/L 吡唑和

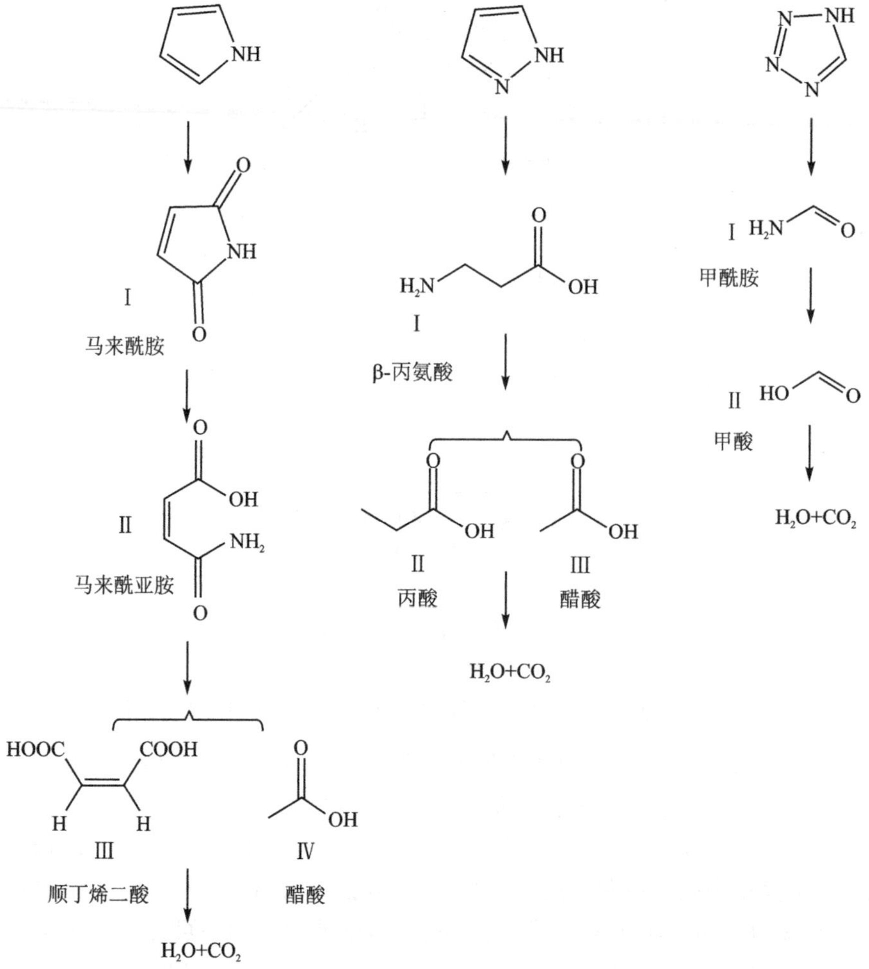

图 7-5 吡咯、吡唑、四唑的电化学降解途径

34 mmol/L 2-(2-氨基乙氧基)乙醇(称为二乙醇胺,DGA);研究了芬顿法的操作变量,如温度(10 ℃、18 ℃或25 ℃)、铁剂量(32.3 mmol/L、37.3 mmol/L 或 74.5 mmol/L)和 pH 值(2.5、3.0 或 3.5)对降解率的影响。研究结果表明,Fenton 法可有效去除实验室制备的废水中的吡唑和 DGA,由于铁诱导的过氧化氢放热分解,液体温度从 10 ℃升高到 25 ℃,其去除率提高。亚铁离子浓度越高,过氧化氢分解速度越高,同时羟基自由基生成速度也越高。然而,该反应也会产生大量难以控制的热量,从而需在·OH 生成速率、溶液温度和铁剂量之间进行权衡。由于 H_2O_2 和 Fe^{3+} 之间的配位以及溶液 pH 值的降低,pH 值在 2.5~3.5 范围内对吡唑和 DGA 的降解作用不显著。

3. 咪唑及其衍生物

咪唑,分子式为 $C_3H_4N_2$,是一种有机化合物,是二唑的一种,是分子结构中含有两个间位氮原子的五元芳杂环化合物。它的熔点是 88~91 ℃,沸点是 257 ℃,密度是 1.030 3 g/cm³。咪唑环中的 1-位氮原子的未共用电子对参与环状共轭,氮原子的电子密度降低,使这个氮原子上的氢易以氢离子形式离去。咪唑既具有酸性,也具有碱性,可与强碱形成盐。咪唑的化学性质可以归纳为吡啶与吡咯的综合,这两个结构单元恰恰在类脂水解的催化中起重要作用。咪唑的衍生物存在于生物机体中,在科学研究与工业生产中比咪唑本身更重要,例如 DNA、血红蛋白等。

John F. Guateque-Londoño, Efraím A. Serna-Galvis 等人[40]在研究中,分别通过声化学和 UVC/H_2O_2 研究了药物氯沙坦在模拟新鲜尿液中的降解(因为尿液是该化合物的主要排泄途径)。最初,人们特别关注这些过程的降级行为;然后,对 Fukui 功能指数进行理论分析,以确定药物上易受羟基自由基攻击的富电子区域;之后,测试了这些工艺矿化氯沙坦和其去除植物毒性的能力。研究发现,在声化学处理中,羟基自由基起到了主要的降解作用。反过来,在 UVC/H_2O_2 中,光和羟基自由基消除了目标污染物。声化学系统对新鲜尿液中氯沙坦的清除干扰最小。确定污染物咪唑中的原子是最容易被自由基初级转化的部分。这与行动过程中产生的初始降解产物一致。虽然这两种方法对氯沙坦的矿化能力都很低,但声化学处理将氯沙坦转化为非植物毒性产品。本研究展示了两种高级氧化工艺去除新鲜尿液中代表性药物的相关结果。

4. 吡啶及其衍生物

吡啶,是一种有机化合物,化学式 C_5H_5N,是含有一个氮杂原子的六元杂环化合物。它的熔点是-41.6 ℃,沸点是115.3 ℃,密度是 0.983 g/cm^3,可以看做苯分子中的一个(CH)被 N 取代的化合物,故又称氮苯;无色或微黄色液体,有恶臭。吡啶及其同系物存在于骨焦油、煤焦油、煤气、页岩油、石油中。吡啶在工业上可用作变性剂、助染剂,以及合成一系列产品(包括药品、消毒剂、染料等)的原料。2017 年 10 月 27 日,世界卫生组织国际癌症研究机构公布的致癌物清单中,吡啶属于 2B 类致癌物。

Duo Li, Jingyan Tang, Xiezhen Zhou 等人[41]以 Ti/SnO_2-Sb 负载管状多孔钛电极为阳极的电催化反应器系统已成功用于降解吡啶。他们采用 Pechini 法制备的管状多孔 Ti/SnO_2-Sb 电极具有致密、均匀的表面和较大的比表面积,孔分布集中且正常,析氧电位相对较高(2.1 V vs. SCE)。与静态模式相比,流动模式下的电催化反应器具有更好的吡啶降解性能,这证明诱导对流可以提高电化学氧化效率。根据吡啶的去除率和拟一级反应,Ti/SnO_2-Sb 管式微孔电极的最佳操作条件为初始吡啶浓度 100 mg/L,电解质浓度 10 g/L,电流密度 30 mA/cm^2 和 pH = 3,在此条件下吡啶的去除率达到 98%。氮无机离子(NO_2^- 和 NO_3^-)的浓度用 IC 进行测量。通过计算过渡态的吉布斯自由能,发现反应更容易形成吡啶-3-醇。吡啶氧化的中间产物包括甲酸、丙二酸、马来酸和富马酸。基于这些发现,他们提出了 Ti/SnO2-Sb 管状微孔电极电化学降解吡啶的途径,如图 7-6 所示;测定了中间产物的 TOC,表明吡啶在 Ti/SnO_2-Sb 管状多孔电极上的矿化和降解是同时进行的。

Pei Lv, Congqing Yang 等人[42]建立了基于紫外可见分光光度法的 HO· 检测方法,研究了电高级氧化过程中 HO· 的产生及其影响机理,分析了吡啶的 HO· 降解机理,比较了 HO· 捕获剂、水杨酸(SA)和对苯二甲酸(TA)的捕集能力。与 SA 相比,TA 具有更大的 HO· 累积捕获量和更高的捕获效率。以 TA 为清除剂,研究了电化学条件的影响。结果表明,泡沫镍电极具有较高的能量效率。随着电解液浓度的增加,HO· 的捕获容量大大增加。碱性条件更有利于 HO· 的形成。在相同的电化学氧化条件下,提高电流密度可以加速自由基的产生。研究者研究了吡啶在不同 pH 值条件下的电化学降解机理,结果表明,在不同 pH 值条件下,电化学处理的吡啶降解产物不同:在酸性条件下,吡啶环开放形成烯烃和烷烃等有机物;在碱性条件下,吡啶环打开形成酮和其他有机物质,如图 7-7 所示。主要原因是 pH 值影响了 HO· 对吡啶的开环方式。

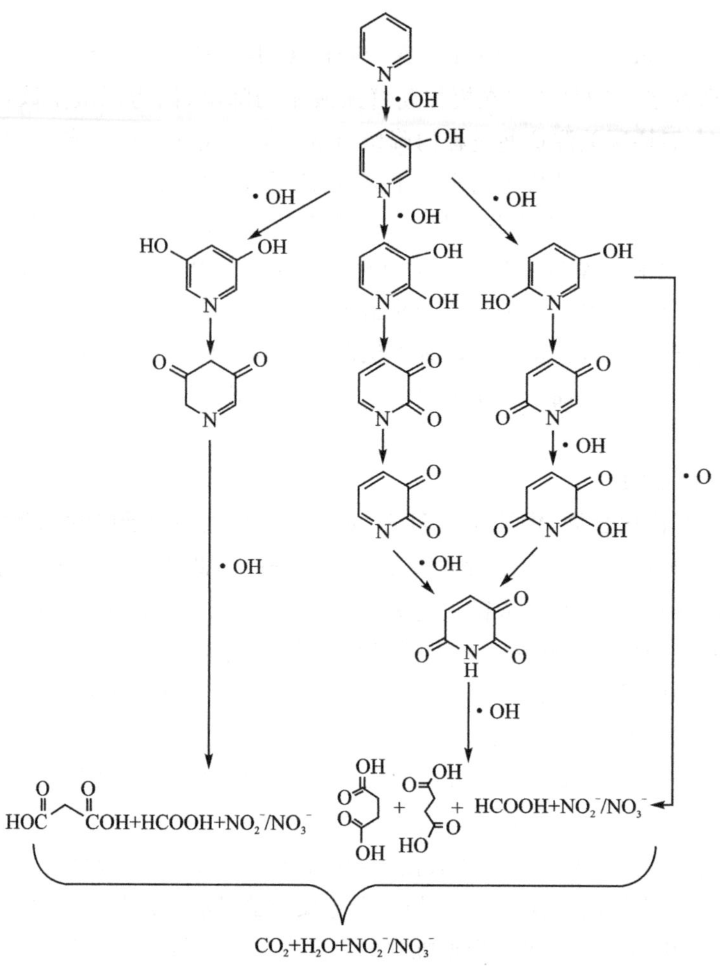

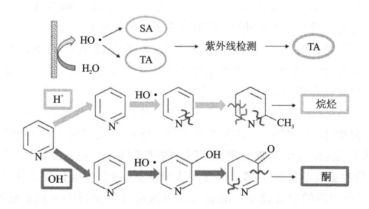

图7-6 吡啶的电化学降解途径

图7-7 吡啶在酸碱条件下的电化学降解途径

5. 吡嗪及其衍生物

吡嗪,分子式 $C_4H_4N_2$。两个氮原子占1、2两位的称为哒嗪,占1、3两位的称为嘧啶,它们都是吡嗪的同分异构体。无色晶体,它的熔点是 54 ℃,沸点是 115~116 ℃,液态的相对密度为 1.031 1 g/cm^3;具有与吡啶类似的气味;溶于水、乙醇、乙醚等。吡嗪是一种很弱的碱。

它的芳香性与吡啶类似,很不容易发生亲电取代反应,而对亲核试剂比较活泼。碳原子上的氢被甲基或卤素取代后,卤素或甲基上的氢具有活性。

Maria Antonopouloua,Nikolaos Ioannidis 等人[43]研究了 UV-A/氯工艺去除 2-异丙基-3-甲氧基吡嗪(IPMP),这是文献中广泛报道的一种化合物。研究发现,所研究的工艺对超纯水和饮用水中的 IPMP 的去除都是有效的。在初始中性 pH 值下,初始氯气用量对降解效率有显著影响。以饮用水为基质对 IPMP 的降解效率略有抑制。清除实验强调了各种活性物质(如 HO·、·ClO、·Cl、·Cl_2^-)的重要作用,它们是在这个过程中产生的,直到现在还没有被全面研究。此外,电子顺磁共振波谱(EPR)实验进一步证实了 HO·的重要作用。总的来说,UV-A/氯处理过程中形成的各种自由基增强了 IPMP 的降解,主要促进羟基、氢过氧基和脱烷基衍生物的形成。相比之下,氯化副产物只在微量元素中被发现。

6. 嘧啶及其衍生物

嘧啶,也称作 1,3-二氮杂苯,是一种杂环化合物,化学式为 $C_4H_4N_2$。它的熔点是 20~22 ℃,沸点是 123~124 ℃,密度是 1.055 g/cm^3。嘧啶(Pyrimidine)由 2 个氮原子取代苯分子间位上的 2 个碳形成,是一种二嗪。和吡啶一样,嘧啶保留了芳香性。

L.Elsellami、N.Hafidhi 等人[44]研究了胸腺嘧啶($C_5H_6N_2O_2$)的高级氧化过程,胸腺嘧啶是嘧啶家族的一种核酸。正如所观察到的那样,在紫外光照射下,胸腺嘧啶在 TiO_2 上发生光降解;研究了不同的参数,包括胸腺嘧啶在 TiO_2 光催化剂上的吸附、降解动力学以及 pH 值对胸腺嘧啶降解光催化性能的影响。此外,还研究了胸腺嘧啶光降解产物的矿化作用。

7.3.3 含氧杂环及其衍生物

1. 呋喃类

四氢呋喃是一个杂环有机化合物,分子式为 C_4H_8O。它的熔点是 −108.5 ℃,沸点是 66 ℃,密度是 0.888 g/cm^3,属于醚类,是芳香族化合物呋喃的完全氢化产物,是一种无色、可与水混溶、在常温常压下有较小粘稠度的有机液体。这种环状醚的化学式可写作$(CH_2)_4O$。由于它的液态范围很大,所以是一种常用的中等极性非质子性溶剂。它的主要用途是作高分子聚合物的前体。尽管四氢呋喃的气味和化学性质与乙醚很相似,但是麻醉效果却很差。在世界卫生组织国际癌症研究机构公布的致癌物清单中,四氢呋喃属于 2B 类致癌物。

Keisuke Ikehata,Ling Wang-Staley 等人[45]研究证实了基于臭氧和紫外线的 AOP 对于降解污染地下水中常见的几种半挥发性有机物(SVOC)和挥发性有机物(VOC)的有效性。在调查的现场地下水样本中检测到的 SVOC 和 VOCs 中,发现 1,4-二氧六环和两种氯化乙烷比其他化合物(包括四氢呋喃和氯化乙烯)更持久。尽管它们的化学结构相似,但四氢呋喃比 1,4-二氧六环对基于臭氧的处理更具反应性。采用 O_3/H_2O_2 工艺(6 mg/L O_3 和 1.5 mg/L H_2O_2)和 UV/H_2O_2 工艺(1 000 mJ/cm^2 UV 和 20 mg/L H_2O_2)对水样进行处理,研究结果发现该组合工艺可以降解 200 μg/L 的 1,4-二氧六环、110 μg/L 的 1,1-二氯乙烯和 10 μg/L 的三氯乙烯。由于地下水样本中的溴化物浓度较高(0.35 mg/L),在臭氧处理(包括 O_3/H_2O_2)中发现溴酸盐的形成非常重要。添加 H_2O_2 和/或 UV 改善了臭氧对 1,4-二氧六环的降解,这说明了羟基自由基反应的重要性。使用臭氧 AOP(包括 O_3/H_2O_2、O_3/UV、H_2O_2/UV 和 UV/H_2O_2 AOP)完全去除 1,4-二恶烷仍然可行。在以臭氧为基础的处理过程中,溴酸盐的生成得到了证实。根据 1,4-二氧六环的去除结果,O_3/H_2O_2 AOP 被认为是最佳的处理方案之一,尤其是对于 ISCO。UV/H_2O_2 AOP 也很有希望,因为它的反应器水力相对简单,并且没有溴酸盐生成的可能性。然而,由于基于紫外线的技术不适用于ISCO,因此仅建议使用该AOP作为当前异位处理方法的更具成本效益的替代方法。

7.3.4 含硫杂环及其衍生物

噻吩(Thiophene),化学名称为1-硫杂-2,4-环戊二烯,是一种杂环化合物,也是一种硫醚。分子式C_4H_4S。它的熔点是-38 ℃,沸点是84.2 ℃,密度是1.066 g/cm³。在常温下,噻吩是一种无色、有恶臭、能催泪的液体。噻吩天然存在于石油中,含量可高达数个百分点。工业上,用于乙基醇类的变性。和呋喃一样,噻吩是芳香性的,噻吩的芳香性仅略弱于苯。硫原子2对孤电子中的一对与2个双键共轭,形成离域π键。

YanZhong Zhen、Jie Wang等人[46]通过光还原工艺成功合成了可见光驱动的Ag/α-MoO₃异质结。以制备的催化剂为探针,在可见光照射下对噻吩进行了有效降解,降解过程符合拟一级动力学模型。当催化剂用量为1.5 g/L时,5%Ag/α-MoO₃异质结表现出最高的光活性,噻吩的降解率达到98.4%。光致发光光谱和光电流实验表明,光生电子e^-/h^+的传输和分离因α-MoO₃纳米带表面的Ag纳米组分负载而被显著增强。活性物种捕集实验表明·O^{2-}和h^+为主要活性组分,提高了光催化活性。此外,5%Ag/α-MoO₃对噻吩的降解表现出良好的稳定性。基于其显著且稳定的光催化剂催化性能,该研究可能为燃料油光催化氧化脱硫和环境保护提供线索。

参考文献

[1] SCHERINGER M, STREMPEL S, HUKARI S, et al. How many persistent organic pollutants should we expect? [J]. Atmospheric Pollution Research, 2012, 3(4): 383-391.

[2] 马成龙. 苯并三唑衍生物的合成及其应用[D]. 武汉工程大学, 2015.

[3] 蔡金玲. 臭氧降解水中苯并三唑类物质的反应动力学及效能研究[D]. 哈尔滨工业大学, 2008.

[4] JING J, LI J, FENG J, et al. Photodegradation of quinoline in water over magnetically separable Fe3O4/TiO2 composite photocatalysts [J]. Chemical Engineering Journal, 2013, 219: 355-360.

[5] CHEN Y, XIE X-G, REN C-G, et al. Degradation of N-heterocyclic indole by a novel endophytic fungus Phomopsis liquidambari [J]. Bioresource Technology, 2013, 129: 568-574.

[6] PADOLEY K V, MUDLIAR S N, BANERJEE S K, et al. Fenton oxidation: A pretreatment option for improved biological treatment of pyridine and 3-cyanopyridine plant wastewater [J]. Chemical Engineering Journal, 2011, 166(1): 1-9.

[7] PADOLEY K V, MUDLIAR S N, PANDEY R A. Heterocyclic nitrogenous pollutants in the environment and their treatment options - An overview [J]. Bioresource Technology, 2008, 99(10): 4029-4043.

[8] CHANG L, ZHANG Y, GAN L, et al. Internal loop photo-biodegradation reactor used for accelerated quinoline degradation and mineralization [J]. Biodegradation, 2014, 25

[9] KAMATH A V,VAIDYANATHAN C S. New pathway for the biodegradation of indole in Aspergillus niger [J]. 1990,56(1):275-280.

[10] ZHU Q,MOGGRIDGE G D,AINTE M,et al. Adsorption of pyridine from aqueous solutions by polymeric adsorbents MN 200 and MN 500. Part 1:Adsorption performance and PFG-NMR studies [J]. Chemical Engineering Journal,2016,306:67-76.

[11] ZHOU L,CAO H,DESCORME C,et al. Wet air oxidation of indole,benzopyrazole,and benzotriazole:Effects of operating conditions and reaction mechanisms [J]. Chemical Engineering Journal,2018,338:496-503.

[12] SU-HUAN K,FAHMI M R,ABIDIN C Z A,et al. Advanced Oxidation Processes:Process Mechanisms,Affecting Parameters and Landfill Leachate Treatment [J]. Water Environ Res,2016,88(11):2047-2058.

[13] ZHUANG S,LV X,PAN L,et al. Benzotriazole UV 328 and UV-P showed distinct antiandrogenic activity upon human CYP3A4-mediated biotransformation [J]. Environmental Pollution,2017,220:616-624.

[14] ZHU H,MA W,HAN H,et al. Degradation characteristics of two typical N-heterocycles in ozone process:Efficacy,kinetics,pathways,toxicity and its application to real biologically pretreated coal gasification wastewater [J]. Chemosphere,2018,209:319-327.

[15] ESPLUGAS S,GIMéNEZ J,CONTRERAS S,et al. Comparison of different advanced oxidation processes for phenol degradation [J]. Water Research,2002,36(4):1034-1042.

[16] BABUPONNUSAMI A,MUTHUKUMAR K. Advanced oxidation of phenol:A comparison between Fenton,electro-Fenton,sono-electro-Fenton and photo-electro-Fenton processes [J]. Chemical Engineering Journal,2012,183:1-9.

[17] MORADI M,VASSEGHIAN Y,KHATAEE A,et al. Ultrasound-assisted synthesis of $FeTiO_3$/GO nanocomposite for photocatalytic degradation of phenol under visible light irradiation [J]. Separation and Purification Technology,2021,261:118274.

[18] SAPUTRA E,MUHAMMAD S,SUN H,et al. Different Crystallographic One-dimensional MnO_2 Nanomaterials and Their Superior Performance in Catalytic Phenol Degradation [J]. Environmental Science & Technology,2013,47(11):5882-5887.

[19] RABAAOUI N,SAADMEK,MOUSSAOUI Y,et al. Anodic oxidation of o-nitrophenol on BDD electrode:Variable effects and mechanisms of degradation [J]. Journal of Hazardous Materials,2013,250-251:447-453.

[20] WEBER B,CHAVEZ A,MORALES-MEJIA J,et al. Wet air oxidation of resorcinol as a model treatment for refractory organics in wastewaters from the wood processing industry [J]. Journal of Environmental Management,2015,161:137-143.

[21] CHEN C,CHENG T. Wet Air Oxidation and Catalytic Wet Air Oxidation for Refinery Spent Caustics Degradation [J]. JOURNAL OF THE CHEMICAL SOCIETY OF PAKISTAN,2013,35(2):243-249.

[22] KUOSA M,KALLAS J,HAKKINEN A. Ozonation of p-nitrophenol at different pH values of water and the influence of radicals at acidic conditions [J]. Journal of Environmental Chemical Engineering,2015,3(1): 325-332.

[23] FELIS E,MIKSCH K. Nonylphenols degradation in the UV,UV/H_2O_2,O_3 and UV/O_3 processes - comparison of the methods and kinetic study [J]. Water Science and Technology,2015,71(3): 446-453.

[24] SUZUKI H,ARAKI S,YAMAMOTO H. Evaluation of advanced oxidation processes (AOP) using O_3,UV,and TiO_2 for the degradation of phenol in water [J]. Journal of Water Process Engineering,2015,7: 54-60.

[25] YE Z,WANG G,GIRAUDON J-M,et al. Investigation of Cu-Mn catalytic ozonation of toluene: Crystal phase,intermediates and mechanism [J]. Journal of Hazardous Materials,2022,424: 127321.

[26] BI F,ZHANG X,CHEN J,et al. Excellent catalytic activity and water resistance of UiO-66-supported highly dispersed Pd nanoparticles for toluene catalytic oxidation [J]. Applied Catalysis B: Environmental,2020,269: 118767.

[27] QIAN X,YUE D,TIAN Z,et al. Carbon quantum dots decorated Bi_2WO_6 nanocomposite with enhanced photocatalytic oxidation activity for VOCs [J]. Applied Catalysis B: Environmental,2016,193: 16-21.

[28] NAGARAJU P,PUTTAIAH S H,WANTALA K,et al. Preparation of modified ZnO nanoparticles for photocatalytic degradation of chlorobenzene [J]. Applied Water Science,2020,10(6): 137.

[29] NAZARI R,RAJICL,CIBLAK A,et al. Immobilized palladium-catalyzed electro-Fenton's degradation of chlorobenzene in groundwater [J]. Chemosphere,2019,216: 556-563.

[30] HAN Y,QI M,ZHANG L,et al. Degradation of nitrobenzene by synchronistic oxidation and reduction in an internal circulation microelectrolysis reactor [J]. Journal of Hazardous Materials,2019,365: 448-456.

[31] SUN Y,YANG Z,TIAN P,et al. Oxidative degradation of nitrobenzene by a Fenton-like reaction with Fe-Cu bimetallic catalysts [J]. Applied Catalysis B: Environmental,2019,244: 1-10.

[32] ELMETWALLY A E,ESHAQ G,AL-SABAGH A M,et al. Insight into heterogeneous Fenton-sonophotocatalytic degradation of nitrobenzene using metal oxychlorides [J]. Separation and Purification Technology,2019,210: 452-462.

[33] JALLOULI N,PASTRANA-MARTiNEZ L M,RIBEIRO A R,et al. Heterogeneous photocatalytic degradation of ibuprofen in ultrapure water,municipal and pharmaceutical industry wastewaters using a TiO_2/UV-LED system [J]. Chemical Engineering Journal,2018,334: 976-984.

[34] HAMA AZIZ K H,MIESSNER H,MUELLER S,et al. Degradation of pharmaceutical diclofenac and ibuprofen in aqueous solution,a direct comparison of ozonation,photocatalysis, and non-thermal plasma [J]. Chemical Engineering Journal, 2017, 313:

1033-1041.

[35] HIWARKAR A D,SINGH S,SRIVASTAVA V C,et al. Mineralization of pyrrole,a recalcitrant heterocyclic compound,by electrochemical method: Multi-response optimization and degradation mechanism [J]. Journal of Environmental Management,2017, 198: 144-152.

[36] CAO Y,YI L,HUANG L,et al. Mechanism and Pathways of Chlorfenapyr Photocatalytic Degradation in Aqueous Suspension of TiO_2 [J]. Environmental Science & Technology,2006,40(10): 3373-3377.

[37] LIU S,LIU R,ZHANG Y,et al. Development of a 3D ordered macroporous RuO_2 electrode for efficient pyrazole removal from water [J]. Chemosphere,2019,237: 124471.

[38] ZHOU X,LIU S,YU H,et al. Electrochemical oxidation of pyrrole,pyrazole and tetrazole using a TiO_2 nanotubes based SnO_2-Sb/3D highly ordered macro-porous PbO_2 electrode [J]. Journal of Electroanalytical Chemistry,2018,826: 181-190.

[39] LI R,SIRIWARDENA D,SPEED D,et al. Treatment of Azole-Containing Industrial Wastewater by the Fenton Process [J]. Industrial & Engineering Chemistry Research, 2021,60(27): 9716-9728.

[40] GUATEQUE-LONDOñO J F,SERNA-GALVIS E A,ÁVILA-TORRES Y,et al. Degradation of Losartan in Fresh Urine by Sonochemical and Photochemical Advanced Oxidation Processes [J]. 2020,12(12): 3398.

[41] LI D,TANG J,ZHOU X,et al. Electrochemical degradation of pyridine by Ti/SnO_2-Sb tubular porous electrode [J]. Chemosphere,2016,149: 49-56.

[42] LV P,YANG C,QU G,et al. Detection of HO• in electrochemical process and degradation mechanism of pyridine [J]. Journal of Applied Electrochemistry,2020,50(11): 1139-1147.

[43] ANTONOPOULOU M,IOANNIDIS N,KALOUDIS T,et al. Kinetic and mechanistic investigation of water taste and odor compound 2-isopropyl-3-methoxy pyrazine degradation using UV-A/Chlorine process [J]. Science of The Total Environment,2020, 732: 138404.

[44] ELSELLAMI L,HAFIDHI N,DAPPOZZE F,et al. Kinetics and mechanism of thymine degradation by TiO_2 photocatalysis [J]. Chinese Journal of Catalysis,2015,36 (11): 1818-1824.

[45] IKEHATA K,WANG-STALEY L,QU X Y,et al. Treatment of Groundwater Contaminated with 1,4-Dioxane,Tetrahydrofuran,and Chlorinated Volatile Organic Compounds Using Advanced Oxidation Processes [J]. Ozone-Science & Engineering,2016, 38(6): 413-424.

[46] ZHEN Y,WANG J,LI J,et al. Enhanced photocatalytic degradation for thiophene by Ag/α-MoO_3 heterojunction under visible-light irradiation [J]. Journal of Materials Science: Materials in Electronics,2018,29(5): 3672-3681.